运筹与管理科学丛书 3

蚁群优化算法

马 良 朱 刚 宁爱兵 著

科学出版社

北 京

内 容 简 介

本书围绕蚁群算法这一来自昆虫世界的优化思想，对其基本原理、核心步骤及其在最优化相关领域的实现作了详细介绍. 主要内容包括蚁群算法基本原理、蚁群算法在 TSP 及其扩展问题求解中的应用、蚁群算法在 VRP 及其扩展问题求解中的应用、蚁群算法在最优树问题求解中的应用、蚁群算法在整数规划问题求解中的应用、一般连续优化问题的蚁群算法以及多目标蚁群算法等. 书中还给出了一些主要算法的 Delphi 程序实现源代码，可供参考或修改使用.

本书可供运筹学、管理科学、系统工程、计算机科学等有关专业的高校师生、科研人员和工程技术人员阅读参考.

图书在版编目（CIP）数据

蚁群优化算法 / 马良，朱刚，宁爱兵著. 北京：科学出版社，2008.2
（运筹与管理科学丛书；3）

ISBN 978-7-03-020568-1

Ⅰ. 蚁⋯ Ⅱ.①马⋯ ②朱⋯ ③宁⋯ Ⅲ. 智能控制-算法 Ⅳ.TP273

中国版本图书馆 CIP 数据核字（2007）第 189936 号

责任编辑：赵彦超／责任校对：陈玉凤

责任印制：吴兆东／封面设计：陈 敬

科学出版社 出版
北京东黄城根北街 16 号
邮政编码：100717
http://www.sciencep.com

北京廖诚则铭印刷科技有限公司 印刷
科学出版社发行 各地新华书店经销

＊

2008 年 2 月第 一 版 开本：B5（720×1000）
2022 年 1 月第六次印刷 印张：16 1/2
字数：310 000

定价：78.00 元
（如有印装质量问题，我社负责调换）

《运筹与管理科学丛书》序

运筹学是运用数学方法来刻画、分析以及求解决策问题的科学. 运筹学的例子在我国古已有之, 春秋战国时期著名军事家孙膑为田忌赛马所设计的排序就是一个很好的代表. 运筹的重要性同样在很早就被人们所认识, 汉高祖刘邦在称赞张良时就说道: "运筹帷幄之中, 决胜千里之外."

运筹学作为一门学科兴起于第二次世界大战期间, 源于对军事行动的研究. 运筹学的英文名字 Operational Research, 诞生于 1937 年. 运筹学发展迅速, 目前已有众多的分支, 如线性规划、非线性规划、整数规划、网络规划、图论、组合优化、非光滑优化、锥优化、多目标规划、动态规划、随机规划、决策分析、排队论、对策论、物流、风险管理等.

我国的运筹学研究始于 20 世纪 50 年代, 经过半个世纪的发展, 运筹学队伍已具相当大的规模. 运筹学的理论和方法在国防、经济、金融、工程、管理等许多重要领域有着广泛应用, 运筹学成果的应用也常常能带来巨大的经济和社会效益. 由于在我国经济快速增长的过程中涌现出了大量迫切需要解决的运筹学问题, 因而进一步提高我国运筹学的研究水平、促进运筹学成果的应用和转化、加快运筹学领域优秀青年人才的培养是当今我们面临的十分重要、光荣、同时也是十分艰巨的任务. 我相信, 《运筹与管理科学丛书》能在这些方面有所作为.

《运筹与管理科学丛书》可作为运筹学、管理科学、应用数学、系统科学、计算机科学等有关专业的高校师生、科研人员、工程技术人员的参考书, 同时也可作为相关专业的高年级本科生和研究生的教材或教学参考书. 希望该丛书能越办越好, 为我国运筹学和管理科学的发展做出贡献.

袁亚湘

2007 年 9 月

前　　言

　　齐心协力搬运食物，是人们生活中见得最多的蚂蚁行为. 据说蚂蚁很爱卫生，经常对其巢穴进行大扫除，将垃圾堆在一起，然后拉到巢外. 每个蚂蚁只需对自己周围的环境作出适当的反应，整个群体就能完成一件在旁观者看来似乎是非常复杂的任务. 个体的行为简单、盲目而且带有随机性，整体的行为却连贯、流畅与一致. 蚂蚁的群体合作精神令人钦佩，它们的寻食、御敌、筑巢之精巧又令人惊叹.

　　于是，以蚂蚁和其他群居性动物为模型，计算机科学家开发了相互合作以解决复杂问题的软件代替人，如在繁忙的通信网络中重新安排通信源. 受蚂蚁分工合作（蚁后管生男育女、工蚁管干活、兵蚁管保卫）特点的启迪，人们设计了求解任务分配问题的蚁群算法，并应用于工厂中的汽车喷漆问题，从而提高了整体生产率. 有人以蚂蚁群体为蓝本设计出几个机器人共同推盒子的算法. 另外，一些公司开始研究人工蚂蚁，并用于管理公司的电话网，以及对用户记账收费等工作.

　　人类对蚂蚁观察和研究后发现，蚂蚁有能力在没有任何可见提示下找出从其窝巢至食物源的最短路径，并且能随环境的变化而变化，适应性地搜索新的路径，产生新的选择. 这种自催化行为的本质思想是一种正反馈机制，因此，有人将蚂蚁王国理解成一种增强型学习系统.

　　群体中的每一个蚂蚁看来都有它自己的安排和计划，但是，这些蚂蚁作为一个整体是有高度组织性的，把所有个体的活动综合成一个天衣无缝的整体似乎并不需要任何监督. 事实上，研究群居性昆虫行为的科学家们发现，昆虫群落一级上的合作基本上是自组织的：在许多场合中，个体之间的相互作用产生协调一致的行为. 尽管这些相互作用可能很简单（例如，一只蚂蚁也就是紧跟着另一只蚂蚁留下来的轨迹路线而已），但是它们合起来却可以解决棘手的问题（例如，从通往一个食物源的无数条可能路径中找出最短的一条），从一群群居性生物中产生出来的这样一种集体行为就被称为"群集智能"（swarm intelligence）.

　　蚁群算法这种来自生物界的随机搜索寻优方法目前已在许多方面表现出相当好的性能，其求解问题的领域也在进一步扩大. 本书对蚁群算法的阐述将主要聚焦在最优化领域（包括组合优化和连续优化），尤其是一些组合优化. 该分支中的许多问题都是迄今为止仍悬而未决的著名难题，具有极大的挑战性，诸如旅行商问题、度约束最小树问题、二次分配问题、图着色问题等所谓的 NP 难题. 鉴于计算困难是这类问题的固有性质，因此，目前尚无法用有效算法精确求解. 但这些问题在现实领域中有着广泛的应用，因而寻找其实际而有效的算法就显得颇为重要. 近年来，一系列来自自然界的进化型算法被相继引入，其思想吸收了许多看似无关的其他学科中的概念和方法，典型的有模拟退火算法、遗传算法、禁忌搜索法、蚁群算法等. 本书主要就蚁群算法这种新的仿生类算法思想，对一系列不同的优化问题设计了相应的求解策略并在计算机上予以实现，获得了满意的效果.

结群而居的昆虫，如蚂蚁、蜜蜂等很早就引起了博物学家和艺术家们的极大兴趣，比利时诗人 Maurice Maeterlinck 就曾写道："是什么东西在支配着它们？是什么东西在维持秩序、预见未来、制定计划并保持平衡？……"这的确是一些令人困惑不解的问题.

自然界的蚁群、鸟群、鱼群、羊群、牛群、蜂群等，其实时时刻刻都在给予我们以某种启示，只不过我们常常忽略了大自然对我们的最大恩赐！……

本书的出版得到了上海市高校青年科学基金（No.98QN28）、上海市曙光计划（No.2000SG30）、国家自然科学基金（No.70471065）、上海市重点学科建设（No.T0502）等项目的资助，在此谨致谢意.

同时，感谢所有被本书直接或间接引用其文献资料的同行学者.

感谢作者的研究生崔雪丽（博士后）、张瑾（博士）、金慧敏（硕士）、廖飞雄（硕士）、王洪刚（硕士）等人所做的大量工作.

作　者

2007 年 7 月 5 日

目　录

第1章 引　　论

1.1　组合优化与计算复杂性

1.1.1　最优化问题与局部搜索

最优化问题似乎自然地分为两类：一类是连续变量的问题, 另一类是离散变量的问题.

在连续变量的问题中, 一般是求一组实数, 或者是一个函数, 因而常常被称为函数优化, 一般可分为线性规划和非线性规划; 在组合问题里, 是从一个无限集或者可数无限集里寻找一个对象 —— 典型的是一个整数、一个集合、一个排列, 或者一个图, 这种离散变量的问题, 往往被称为组合优化.

一般地, 这两类问题有相当不同的特色, 并且求解它们的方法也很不同.

在组合优化的研究中, 从某种意义上说, 我们是从它与连续优化间的分界线入手的.

定义 1.1　一个最优化问题的一个实例 (或例子) 是一对元素 (F, f), 其中 F 是一个集合或可行点的定义域, f 是费用函数 (目标函数) 或映射

$$f : F \to R^1.$$

问题是求一个 $x \in F$, 使 $\forall y \in F$, 有

$$f(x) \leqslant f(y) \quad (\text{不失一般性, 假定为最小化}).$$

这样一个点 x 称为给定实例的整体 (或全局) 最优解, 或者在不引起混淆的情况下, 简称为最优解.

定义 1.2　一个最优化问题, 就是它的一些实例的集合 I.

非形式地说, 在一个实例里, 我们有输入数据以及用于求解的足够信息. 一个问题就是实例的总体, 通常这些实例是用类似的方式产生的.

对某些问题的实例, 求其整体最优解可能存在不可克服的困难, 但是求一个解 x, 使得在邻域 $N(x)$ 里存在没有比 x 更好的解是可能的. 在这个意义上, 我们可以说这样的解 x 是最好的.

定义 1.3　给定一个最优化问题实例 (F, f) 的一个邻域 N, 一个可行解 $x \in F$, 若 $\forall g \in N(x)$, 有 $f(x) \leqslant f(g)$, 称 x 为关于 N 的局部最优解.

邻域函数是优化中的一个重要概念, 其作用是指导如何由一个 (组) 解来产生一个 (组) 新的解. 邻域函数的设计往往依赖于问题的特性和解的表达方式 (编码). 由于优化状态表征方式的不同, 函数优化和组合优化中的邻域函数的具体方式将明显存在差异.

函数优化中的邻域函数是在距离空间中通过附加扰动构造而成, 如

$$x' = x + \eta \cdot \zeta,$$

其中 x' 为新解, x 为旧解, η 为尺度参数, ζ 为满足某种概率分布的随机数或白噪声或混沌序列或梯度信息等. 显然, 采用不同的概率分布 (如高斯分布、柯西分布、均匀分布等) 或下降策略, 将实现不同性质的状态转移.

在组合优化中, 邻域函数也是基于在一点附近搜索另一个使目标函数下降的点的基本思想. 但上述距离邻域的概念已不再适用, 因此需对其进行重新定义.

定义 1.4   对于组合优化问题 (D, F, f), 其中 D 为所有解构成的状态空间, F 为 D 上的可行域, f 为目标函数, 则一个邻域函数可定义为一种映射, 即

$$N : x \in D \to N(x) \in 2^D,$$

其中, 2^D 表示 D 所有子集的集合, $N(x)$ 为 x 的邻域.

局部搜索法是基于贪婪思想, 利用邻域函数进行搜索的. 它通常可描述为: 从一个初始解出发, 利用邻域函数持续地在当前解的邻域中搜索比它好的解. 若能找到如此的解, 则使之成为新的当前解, 然后重复上述过程; 否则结束搜索过程, 并以当前解作为最终解. 在搜索过程中, 始终向着离目标最接近的方向搜索.

局部搜索法可能落入局部最优点, 或由于步长和初始点选择不好而错过最优点, 在实际应用中可采用相应的修正方法. 如对于局部最优问题: 每次并不一定选择邻域内最优的点, 而是依据一定的概率, 从邻域内选择一个点, 目标函数好的点, 被选中的概率也大, 而目标函数差的点, 被选中的概率则较小.

对于步长问题, 可以采用变步长方法, 在接近最优点附近, 采用某种策略改变步长.

对于起始点问题, 可以采用随机生成的一些初始点, 从每个初始点出发进行搜索, 找到各自的最优解, 再从这些最优解中选择一个最好的结果作为最终的结果.

在许多优化算法中, 尤其是那些实用算法, 局部搜索法 (或其修改形式) 往往作为一种改进策略被嵌入算法中, 从而提高算法的效果.

1.1.2 计算复杂性

组合优化研究离散现象中所出现的优化问题、性质与算法, 在工程技术、经济管理、计算机技术等方面有着广泛的应用.

组合优化问题一般是一个极小化 (或极大化) 问题, 它由下面三部分组成:

(1) 实例集合;

(2) 对每一个实例 I, 有一个有穷的可行解集合 $S(I)$;

(3) 目标函数 f, 它对每一个实例 I 和每一个可行解 $\sigma \in S(I)$, 赋以一个有理数 $f(I, \sigma)$. 如果 π 是极小化 (或极大化) 问题, 则实例 I 的最优解为这样一个可行解 $\sigma^* \in S(I)$, 使得对于所有 $\sigma \in S(I)$, 都有

$$f(I, \sigma^*) \leqslant f(I, \sigma) \quad (\text{或} f(I, \sigma^*) \geqslant f(I, \sigma)).$$

组合优化的主要内容是研究如何寻找适合解决某个实际离散问题的算法. 这里, 算法是指在有限步骤内求解某一问题所使用的一组定义明确的规则. 一个算法应该具有以下五个重要特征:

(1) 有限性: 一个算法必须保证执行有限步之后结束;

(2) 确切性: 算法的每一步骤必须有确切的定义;

(3) 输入: 一个算法有 0 个或多个输入, 以刻画运算对象的初始情况, 所谓 0 个输入是指算法本身限定了初始条件;

(4) 输出: 一个算法有一个或多个输出, 以反映对输入数据加工后的结果. 没有输出的算法是毫无意义的;

(5) 可行性: 算法原则上能够精确的运行.

衡量一个算法是否优良的标准, 是看这个算法解决问题所花费的时间和空间有多大. 算法对时间和空间的需求量称为算法的时间复杂性和空间复杂性. 所谓的 "计算复杂性", 通俗地说, 就是用计算机求解问题的难易程度.

若一个算法的复杂性 $f(n)$ 是问题规模 n 的多项式函数, 则称这个算法是有效的或有多项式界的, 或简称该算法是 "好" 算法或多项式算法. 那些算不上是 "好" 算法的典型代表之一是指数算法, 即复杂性 $f(n)$ 是 n 的指数函数的算法.

算法的复杂性对计算机的求解能力有着重大影响, 甚至起着决定性的作用. 若要依据难度去研究各种计算问题之间的联系, 按复杂性把问题分成不同的类, 那么首先需要一个计算模型, 用以说明哪种操作或步骤是许可的, 以及它们的代价有多大. 常用的计算模型有图灵机、随机存取机、组合线路等. 通过这些计算模型可以研究问题复杂性的上界和下界, 或寻求最佳算法.

图灵机是一种抽象的计算模型, 由英国数学家图灵 (Turing) 于 1936 年提出. 由于图灵机在计算能力上等价于数字计算机, 故利用图灵机可以研究计算机的能力和局限性. 一台多带图灵机由一个有限状态控制器和 k 条读写带 ($k \geqslant 1$) 组成. 这些读写带的右端无限长, 每条带都从左到右划分为方格, 每个方格可以存放一个带符号, 且带符号的总数是有限的. 每条带上都有一个由有限状态控制器操纵的读写头

或称为带头, 可以对这 k 条带进行读写操作. 有限状态控制器在某一时刻处于某种状态, 且状态总数是有限的.

多带图灵机如图 1.1 所示.

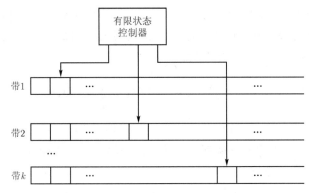

图 1.1 多带图灵机

根据有限状态控制器的当前状态及每个读写头读到的带符号, 图灵机的一个计算步实现下面三个操作之一或全部:

(1) 改变有限状态控制器中的状态;

(2) 消除当前读写头下的方格中原有带符号并写上新的带符号;

(3) 独立地将任何一个或所有读写头, 向左移动一个方格 (L) 或向右移动一个方格 (R) 或停在当前单元不动 (S).

形式上, 一个图灵机可记成一个七元组: $M = (Q, T, I, \delta, b, q_0, q_j)$, 其中,

Q 是有限状态的集合;

T 是有限带符号的集合;

I 是输入符号的集合, $I \subset T$;

b 是唯一的空白符, $b \in T - I$;

q_0 是初始状态;

q_j 是终结 (或接受) 状态;

δ 是下一动作函数, 是从 $Q \times T^k$ 到 $Q \times (T \times \{L, R, S\})^k$ 的映射.

若用一台图灵机来识别语言, 图灵机的带符号集 T 应当包括这个语言的字母表中的全体符号和一个空白符 b, 也许还有其他符号. 开始时, 第一条带上放有一个输入符号串, 从最左的方格起每格放一个输入符号, 这条带上其余方格都是空白. 其他各带上也全是空白. 所有读写头都处在各带左端第一个方格上. 当且仅当图灵机从指定的初始状态 q_0 开始, 经过一系列计算步后, 最终进入终止状态 (或接受状态) q_j 时, 称图灵机接受这个输入符号串. 这台图灵机所能接受的所有输入符号串的集合, 称作这台图灵机识别的一个语言.

图灵机 M 的时间复杂性 $T(n)$ 是它处理所有长度为 n 的输入所需的最大计算步数. 如果对某个长度为 n 的输入, 图灵机不停机, $T(n)$ 对这个 n 值无定义.

图灵机的空间复杂性 $S(n)$ 是它处理所有长度为 n 的输入时, 在 k 条带上所使用过的方格数的总和. 如果某个读写头无限地向右移动而不停机, $S(n)$ 也无定义.

许多算法都是多项式时间算法, 即对规模为 n 的输入, 算法在最坏情况下的计算时间为 $O(n^k)$, k 为一个常数. 但是有一些问题, 虽然可以用计算机求解, 但是对任意常数 k, 它们都不能在 $O(n^k)$ 的时间内得到解答. 在图灵机计算模型下, 这类问题的计算复杂性至今未知. 为研究这类问题的计算复杂性, 人们提出了一个能力更强的计算模型, 即非确定性图灵机计算模型, 简记为 NDTM (non-deterministic Turning machine). 在这个计算模型下, 许多问题就可以在多项式时间内求解.

确定性图灵机, 简记为 DTM (deterministic Turing machine), 其移动函数 δ 是单值的, 即对于 $Q \times T^k$ 中的每个值, 当它属于 δ 的定义域时, $Q \times (T \times \{L, R, S\})^k$ 中只有唯一的值与之对应.

一个 k 带的非确定性图灵机 M 也是一个 7 元组: $(Q, T, I, \delta, b, q_0, q_j)$. 与确定性图灵机不同的是, 非确定性图灵机允许 δ 具有不确定性, 即对于 $Q \times T^k$ 中的每一个值 $(q : x_1, x_2, \cdots, x_k)$, 当它属于 δ 的定义域时, $Q \times (T \times \{L, R, S\})^k$ 中有唯一的一个子集 $\delta(q : x_1, x_2, \cdots, x_k)$ 与之对应. 可以在 $\delta(q : x_1, x_2, \cdots, x_k)$ 中随意选定一个值作为它的函数值, 这个不确定的函数 δ 仍称为移动函数.

在采用图灵机作为标准的计算工具的情况下, 可以形式化地定义如下几类计算问题:

(1) P(polynomial) 类问题. 由确定型图灵机 (DTM) 在多项式时间内可解的一切判定问题所组成的集合 (所谓判定问题是指给定问题实例及整数 L, 问是否存在目标值不超过 L 的可行解).

(2) NP (non-deterministic-polynomial) 类问题. 由非确定型图灵机 (NDTM) 在多项式时间内可计算的判定问题所组成的集合.

由于确定型图灵机在任一状态一次只能做一种运算, 而非确定型图灵机在同一时刻里可以同时做多种运算, 即每步有多个结果. 因此 NP 问题的含义是: 用多台处理机并行计算, 这个问题存在着多项式算法, 而改用单台处理时不一定能找到多项式算法. 因此, 确定性图灵机可看作是非确定图灵机的特例, 由此, 可在多项式时间内被确定性图灵机接受的语言也可在多项式时间内被非确定性图灵机接受, 故 P $\subset$ NP.

(3) NP 完全问题. 如果判定问题 $\pi \in$ NP, 并且对所有其他判定问题 $\pi' \in$ NP, 都有 π' 多项式变换到 π, 则称判定问题 π 是 NP 完全的 (NP-complete).

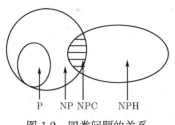

图 1.2　四类问题的关系

所有的 NP 完全问题组成的集合称为 NP 完备类, 这些问题在算法复杂性上是等价的, 它们构成一个等价类, 记为 NPC.

(4) NP 难题 (NP-hard). 若所有的 NP 问题都可以转换为 π, 则称 π 为 NP 难题, 简记为 NPH. π 是 NP 难题并不要求 π 属于 NP 类.

上述四类问题的关系可用图 1.2 表示.

1.1.3　典型组合优化难题

组合优化问题常常涉及排序、分类、筛选等, 是运筹学的一个重要分支. 典型的组合优化难题有旅行商问题 (traveling salesman problem, TSP)、图着色问题 (graph coloring problem, GCP)、工件排序问题 (job-shop scheduling problem, JSP)、二次分配问题 (quadratic assignment problem, QAP)、度约束最小树问题 (degree-constrained minimum spanning tree problem, DCMSTP) 等.

1.　旅行商问题

旅行商问题 (简记 TSP), 又称旅行推销员问题、货郎担问题等, 是指有一货物推销员从城市 1 出发到城市 2, 3, · · · , n 去推销货物, 然后回到城市 1, 问应怎样选择一条总行程最短的路线 (各城市间距离 d_{ij} 为已知). 由于推销员的每条路线可用以 1 开始的一个排列来表示, 因此所有可能的路线最多有 $(n-1)!/2$ 条. 这样, 假如用穷举法来解决此问题, 那么即使 n 不太大, 也是很难求解的.

2.　图着色问题

图着色问题 (简记 GCP) 要求对给定图 G 找出最少的顶点着色数, 使得图中任何两个关联顶点都具有不同的颜色.

记图的最大顶点度数为 Δ, 则图的最小着色数以 Δ + 1 为上界.

3.　工件排序问题

在工件排序问题 (简记 JSP) 中, 有 n 个相互独立的任务 $J_1, J_2, · · · , J_n$, 所需加工时间分别为 $T_1, T_2, · · · , T_n$, 并均可由 m 台机器 $M_1, M_2, · · · , M_m$ 中的任一台完成, 且每台机器一次仅可完成一项任务, 现要找最优任务安排, 使得完成所有任务的时间最少.

当 m 不超过 2 时, 该问题可用简单有效的方法进行求解. 但一般情形下, 此问题仍是一个难以处理的 NP 难题.

4.　二次分配问题

二次分配问题 (简记 QAP) 的原始提法为：已知有 n 个位置点和 n 家工厂, 各

位置点之间的距离矩阵设为

$$D = [d_{ij}]_{n \times n}.$$

各工厂之间的运输量矩阵为

$$F = [f_{ij}]_{n \times n}.$$

现要将这 n 家工厂建造在这 n 个位置点上, 使得总费用最小. 其中, 工厂 i 建造在位置点 k 且工厂 j 建造在位置点 l 的费用表示为 $f_{ij} \cdot d_{kl}$. 该问题由于目标函数的非线性而变得异常困难.

5. 度约束最小树问题

度约束最小树问题 (简记 DCMSTP) 源于网络优化中的最小生成树问题. 其不同点在于对生成树的各顶点度数加上了一定的限制条件, 即不得超过预先给定的数值, 组合含义是从所有的生成树中找出顶点度符合约束条件且权总数最小的生成树.

该问题的求解难度随各顶点度约束的不同而不同: 当约束至少为 $n-1$ 时, 即为一般的最小生成树问题; 当约束为 2 时, 即为著名的 TSP 问题.

以上这些问题都是所谓的 NP 难题, 已经发现和证明的等价问题目前达数百个之多, 它们抵御了两代数学家们的顽强攻击. 目前, 人们普遍认为: 这些 NP 难题不能用任何已知的多项式算法求解; 若任何一个有多项式算法, 则所有这些问题都有多项式算法. 因此, 许多人猜测任何 NP 难题都没有多项式算法, 但至今无人证明.

1.2 来自自然界的几类优化方法

1.2.1 概述

复杂系统具有严重的不确定性, 环境、信息以及任务的复杂性使得传统的基于数学模型的控制方法难以奏效. 近年来, 人们在神经网络、人工智能、模糊逻辑和进化计算方面的最新研究成果已成为复杂非线性系统建模、控制和优化的主要工具. 随着各方面研究的深入, 模糊系统、神经网络和进化计算在这方面应用所取得的成效比较显著, 特别是这些技术的相互交叉与结合所产生的系统比单一技术所产生的系统更为有效.

对低级动物而言, 其生存、繁衍是一种智能. 为了生存, 它必须表现出某种适当的行为, 如觅食、避免危险、占领一定的地域、吸引异性以及生育和照料后代等. 因此, 从个体的角度看, 生物智能是动物为达到某种目标而产生正确行为的生理机制. 于是, 智能水平高的个体比智能水平低的个体更容易找到食物, 也更知道用伪装的办法来减少危险. 此外, 在自然界, 生物智能还表现在生物的群体行为. 大多数动物是以一定数量的个体组合起来行动的, 这种组合使生物增强了感觉危险存在的能力和抵御外来侵犯的能力. 除了生存、繁衍等智能行为外, 自然界还存在更高层次的生物智能. 自然界智能水平最高的生物就是人类自身, 不但具有很强的生存能力, 而且具有感受复杂环境、识别物体、表达和获取知识以及进行复杂的思维推理和判断的能力.

参照生物智能, 人们将广义的智能定义为: 智能是个体或群体在不确定的动态环境中作出适当反应的能力, 这种反应必须有助于它 (们) 实现其最终的行为目标.

根据智能的定义, 不难发现, 除生物系统外, 许多机器系统也表现出一定的智能行为. 因此, 除了生物智能外, 还存在人工智能 (AI). 人工智能到目前为止尚无统一的定义, 其创始人之一 Simon 认为: 人工智能的研究目的是学会怎样编制计算机程序来完成智能的行为, 并认识人类是如何完成这些智能行为的. 另一创始人 Minsky 则认为: 人工智能的研究, 一方面是帮助人思考, 另一方面使计算机更加有用. 人工智能的权威 Feigenbaum 也指出: 只告诉计算机做什么, 而不需告诉它怎么做, 计算机就能完成工作, 便可以说它有智能了.

很明显, 虽然对人工智能的说法各不相同, 共同的认识是, 人工智能系统必须具备推理、学习和联想三大功能.

计算智能系统是在神经网络、模糊系统、进化计算三个分支发展相对成熟的基础上, 通过相互之间的有机融合而形成的新的科学方法, 也是智能理论和技术发展的崭新阶段. 这些不同的成员方法从表面上看各不相同, 但实际上它们是紧密相关、互为补充和促进的. 按照 Bezdek 的观点, 计算智能是基于操作者提供的数据, 而传统人工智能是基于 "知识". 于是, 计算智能系统可定义为: 当一个系统仅仅处理底层的数据, 具有模式识别的部分, 并且不使用 AI 意义中的知识, 那么这个系统便是计算智能系统. 这样一个系统表现出如下特点:

(1) 具有计算的适应性;

(2) 具有计算误差的容忍度;

(3) 接近人处理问题的速度;

(4) 近似人的误差率.

近年来, 特别引人注目的是一类来自自然界的进化型算法, 其思想吸收了许多看似无关的其他学科中的概念和方法, 最典型的有遗传算法、模拟退火算法、禁忌搜索法、人工神经网络、蚁群系统、微粒群算法等, 以及由这些算法与其他算法相结合而形成的一些混合型方法. 这些方法构成了当前优化范畴中一组来自跨学科领域的别具特色的寻优策略, 由于它们往往具备跳出局部极值点的潜在能力以及广泛的适应性, 因而受到了各个学科分支的关注和重视.

1.2.2 遗传算法

遗传算法 (genetic algorithm, GA) 是一种 (或者说一类) 来自生物进化理论中 "自然选择, 适者生存" 原则的搜索 (寻优) 算法, 它基于生物学的自然选择原理和自然遗传机制, 模拟生命的进化, 这种新近发展起来的完全异于传统思想的搜索和优化方法自 John Holland 等 (1975) 提出以来, 获得了广泛的应用. 尤其是在人工智能领域, 取得了极大成功, 对于许多复杂困难问题的解决提供了强有力的处理办法.

遗传算法用于优化问题时, 其最主要特征就是: 它不在单点上寻优, 而是从整个种群中选择生命力强的个体产生新的种群; 它使用随机转换原理而不是确定性规则来工作. 遗传算法中常用的遗传操作包括三个基本算子: 繁殖 (reproduction)、交叉 (crossover)、变异 (mutation). 其中, 繁殖算子用于从旧种群生成新种群, 交叉算子用于从父母代生成子代, 变异算子用于对子代作某种变异. 这里, 繁殖和交叉操作是遗传算法的有效性所在, 但有时会丢失一些重要的遗传信息, 适当的变异操作可保证这些有用信息的引入.

遗传算法在具体实施中有多种变形和修正, 其基本步骤可描述为:

步骤 1. 问题的染色体表示;

步骤 2. 初始解组 (种群) 的生成;

步骤 3. 计算解组中各个解的适值函数 (代价函数);

步骤 4. 从解组中随机抽取两个解作为父母代;

步骤 5. 对父母代实施遗传操作 (交叉、变异等) 以产生一个后代解;

步骤 6. 按某种规则, 用该后代解替换原解组中的某个解;

步骤 7. 若当前解组符合停机条件, 则算法终止, 否则, 转步骤 4.

遗传算法所得结果的好坏, 主要依赖于遗传代数和解组规模, 在实际应用中只能根据具体的要求, 在合理的时间内对问题进行求解, 若所得解不能令人满意, 可增大解组规模或遗传代数, 从而有希望得到问题的全局最优解, 当然, 这是以延长计算时间为代价的.

遗传操作中的交叉和变异算子有许多种类, 至今未形成公认的最佳形式, 只能依具体的问题实例而定. 从算法中可看出, 每遗传一代, 整个解组 (种群) 的平均质量可沿着优生的方向进化. 一般来说, 将收敛条件定为遗传代数, 在实际应用中更具可操作性, 可以人为控制. 当然, 遗传代数越多, 最终得到的解也越好.

自 1985 年以来, 国际上每隔两年召开一次遗传算法学术会议, 为 GA 的研究和应用起到了良好的推动作用. 就组合优化问题领域而言, 早期 GA 的研究主要集中在性能分析上. 由于在 GA 中, 群体规模、交叉和变异算子的概率等控制参数的选取非常困难, 而这又是必不可少的实验参数, 因此, 如何防止过早收敛一直是人们感兴趣的问题之一. 此外, 为拓广 GA 的应用范围, 人们也在不断研究开发新的遗传表示法和新的遗传算子. 仅就 TSP 问题而言, 遗传操作中的交叉和变异算子就有许多各具特色的变形种类, 但迄今未有公认的最佳形式.

当前, 遗传算法的应用范围越来越广泛, 不仅在各类离散和连续优化问题的求解中大量出现, 而且还深入渗透到各个不同的学科领域, 尤其是 20 世纪 90 年代以来, 各种文献中出现遗传算法这个关键词的比例越来越高. 人们针对各种具体问题发明了一系列的专用遗传算子, 并开始向并行化过渡. 与其他方法相结合的尝试也越来越多, 陆续出现的与模拟退火法、禁忌搜索法、蚁群算法等的混合, 都收到了一定的效果.

对 GA 的一些批评和指责也时有出现. 由于遗传算法的最初开拓者大都以民间团体形式从事研讨, 后来才形成官方性质的国际性大会, 因此, 曾一度缺乏遗传算法与其他经典方法之间的比较研究. 不过, 随着有关基础理论的建立 (如型式理论、渐近收敛性) 以及对一系列复杂优化问题的求解, 尤其是非线性问题, 人们毕竟看到了其强大的威力. 当然, 也逐渐看到了遗传算法的一些弱点, 如进化过程缓慢、对约束的处理缺乏有效手段等. 尽管如此, 许多人还是相信遗传算法仍是一种富有前景的优秀算法.

1.2.3 模拟退火算法

模拟退火算法 (simulated annealing, SA) 是一种源于 20 世纪 50 年代、基于 Monte Carlo 迭代求解思想的随机搜索算法, 80 年代才开始应用于组合优化领域. 其出发点是将组合优化问题与统计力学的热平衡作类比, 把优化的目标函数视作能量函数, 模仿物理学中固体物质的退火处理, 先加温使之具有足够高的能量, 然后再降温, 其内部能量也相应下降, 在热平衡条件下, 物体内部处于不同状态的概率服从 Boltzman 分布, 若退火步骤恰当, 则最终会形成最低能量的基态. 这种算法思想在求解优化问题时, 不但接受对目标函数 (能量函数) 有改进的状态, 还以某种概率接受使目标函数恶化的状态, 从而可使之避免过早收敛到某个局部极值点, 也正是这种概率性扰动能够使之跳出局部极值点, 故而得到的解常常很好.

基本的模拟退火算法步骤可描述为:

步骤 1. 选择初始状态 H(初始解)、初始温度、降温次数等;

步骤 2. 生成 H 的邻域状态 H', 并计算两种状态下的目标函数变化 $f(H') - f(H)$;

步骤 3. 按接受概率置换 H 为 H';

步骤 4. 重复步骤 2 和步骤 3 直至停机条件满足.

模拟退火法所得解的好坏与初始状态、温度函数等都有一定的联系, 降温较快的效果不一定很好, 效果好的, 其降温过程又极其缓慢. 但由于该方法适用范围广,并可人为控制迭代次数, 反复求解, 因此具有很强的实用性.

由于模拟退火法是一个应用范围几乎不受限制的通用方法, 因此, 它可以求解各种优化问题, 在具体实施上, 亦有许多变形和扩展, 如降温函数的选取、邻域的生成方式、约束的处理、有关函数的设定等.

模拟退火算法在运行时只保留一个当前解, 虽然理论上业已证明, 在一定条件下, 算法原则上可以渐近收敛到全局最优解, 但应用中往往受时间的限制, 仅能得到一个近似最优解, 因此, 为使这种近似解的优化程度有所提高, 可将模拟退火法与其他一些启发式算法结合使用, 例如, 近些年提出的与遗传算法、禁忌搜索法的结合, 以及在目标函数上加入噪声项的方法等.

目前, 用模拟退火法进行求解的典型优化问题有旅行商问题、背包问题、最大割问题、独立集问题、图着色问题、排序问题、分割问题、选址问题、权匹配问题以及近几年出现的多目标问题等. 此外, 该方法还可用于求解连续优化问题.

1.2.4 禁忌搜索法

禁忌搜索法 (tabu search, TS) 可以看作是比模拟退火法更为一般的一种邻域搜索算法, 由 Glover 于 20 世纪 80 年代后期提出. 它采用了类似爬山法的移动原理, 将最近若干步内所得到的解储存在一种称为 Tabu(禁忌) 的列表中, 从而强制搜索避免再次重复表中的解. 如果说遗传算法开创了在解空间中从多出发点搜索问题最优解的先河, 则禁忌搜索法是首次在搜索过程中使用记忆功能的先驱, 它们在求解各种实际应用问题中都取得了相当的成功.

该方法在具体实施时有各种变形和修改, 但其基本步骤可大致叙述如下:

步骤 1. 选择初始解 $X_0, X^* \leftarrow X_0, Z^* \leftarrow f(X^*)$; 禁忌列表 (tabulist, TL) 为空;

步骤 2. 对当前解邻域中的 X, 若 $f(X) < Z^*$, 并且 X 不在 TL 中或者 X 在 TL 中, 但符合期望准则 (aspiration level), 则 $X^* \leftarrow X, Z^* \leftarrow f(X)$; X^* 进 TL (TL 长度可固定, 亦可变动);

步骤 3. 重复步骤 2 直至符合停机条件.

这里, 期望准则可使得当前得到的解足够好. 常用的有如下两种含义:

(1) 一个解在期望准则之上, 若它优于已经发现的任何解;

(2) 若移动在禁忌列表中且目标值改进, 则该移动可接受.

禁忌搜索法自提出以来, 已陆续应用到 TSP、二次分配问题、工件排序问题、车辆路径问题、电路设计问题、图着色问题、背包问题等领域. 在 TS 法提出初期, 就已与神经网络进行了有机的结合, 20 世纪 90 年代还曾求解过有几十万个顶点的大型 TSP 问题. 该方法与模拟退火法、遗传算法、蚁群算法等相结合, 形成了更为有力的混合型启发式算法.

1.2.5　人工神经网络

20 世纪 80 年代中后期, 美、日等国家出现了一股神经网络热潮, 许多从事脑科学、心理学、计算机科学以及电子学等方面的专家都在积极合作, 开展这一领域的研究. 其早期思想源于 40 年代, 由于受 von Neumann 串行处理体系的限制, 一直进展不大, 直到 1982 年, 美国生物物理学家 Hopfield 提出人工神经网络 (artificial neural network, ANN) 模型, 才被认为是一个重大突破. 而 Hopfield 和 Tank (1985) 用 ANN 方法求解 TSP 获得成功以来, 更是引起了极大的关注. 该方法的思想是通过对神经网络引入适当的能量函数, 使之与 TSP 的目标函数相一致来确定神经元之间的联结权, 随着网络状态的变化, 其能量不断减少, 最后达到平衡时, 即收敛到一个局部最优解. 但是, 这种算法在求解中很有可能陷入在解空间中作无目标的周游或者落到许多局部最小点中的某一点上, 尽管可以适当修正 Liapunov 函数, 但一些根本性的困难仍很难消除.

ANN 模型可用数值方法进行软件模拟, 亦可用硬件电路实现. 用其进行求解的组合优化问题有旅行商问题、图划分问题、点覆盖问题、独立集问题、最大团问题、匹配问题、图同构问题、图着色问题、分配问题、作业调度问题等.

虽然 ANN 方法取得了一定的成功, 但还存在着严重缺点, 而且就一般实际问题而言, 目前还无法与其他近似算法相比, 除非研制出专门的硬件产品, 因此, 该算法的适用范围很可能在非欧空间或不可度量的优化问题方面.

与其他方法 (如模拟退火) 的结合也产生了一些新型的神经网络, 而混沌理论中分叉思想的引入, 又使得人们对优化过程中的非线性动力学机制有了清醒的认识. 显然, ANN 方法正在进入一个新的层次和境界.

1.2.6　蚁群系统

蚁群算法 (ant algorithm) 是一种源于大自然中生物世界的新的仿生类算法, 作为通用型随机优化方法, 它吸收了昆虫王国中蚂蚁的行为特性, 通过其内在的搜索机制, 在一系列困难的组合优化问题求解中取得了成效. 由于模拟仿真中使用的是人工蚂蚁概念, 因此有时亦被称为蚁群系统 (ant system).

据昆虫学家的观察和研究, 发现生物世界中的蚂蚁有能力在没有任何可见提示下找出从其窝巢至食物源的最短路径, 并且能随环境的变化而变化, 适应性地搜索新的路径, 产生新的选择. 作为昆虫的蚂蚁在寻找食物源时, 能在其走过的路径上释放一种蚂蚁特有的分泌物 —— 信息激素 (pheromone), 亦称外激素, 使得一定范围内的其他蚂蚁能够察觉到并由此影响它们以后的行为. 当一些路径上通过的蚂蚁越来越多时, 其留下的信息素轨迹 (trail) 也越来越多, 以致信息素强度增大 (当然, 随时间的推移会逐渐减弱), 后来蚂蚁选择该路径的概率也越高, 从而更增加了该路径的信息素强度, 这种选择过程被称之为蚂蚁的自催化行为 (autocatalytic behavior).

由于其原理是一种正反馈机制, 因此, 也可将蚂蚁王国 (ant colony) 理解成所谓的增强型学习系统 (reinforcement learning system).

自从蚁群算法在著名的旅行商问题 (TSP) 和二次分配问题 (QAP) 上取得成效以来, 已陆续渗透到其他问题领域中, 如工件排序问题、图着色问题、车辆调度问题、大规模集成电路设计、通讯网络中的负载平衡问题等.

蚁群算法这种来自生物界的随机搜索寻优方法目前已在许多方面表现出相当好的性能, 它的正反馈性和协同性使之可用于分布式系统, 其隐含的并行性更是具有极强的发展潜力. 其求解的问题领域也在进一步扩大, 如一些约束型问题和多目标问题, 从 1998 年 10 月于比利时布鲁塞尔召开的第一届蚁群优化国际研讨会的内容中即可看出这种带有构造性特征的搜索方法所产生的深远影响和广泛应用.

1.2.7 微粒群算法

微粒群算法 (particle swarm optimization, PSO) 或粒子群算法是由美国社会心理学家 James Kennedy 和电气工程师 Russell Eberhart 在 1995 年共同提出的, 是继遗传算法、蚁群算法之后的又一种新的群体智能算法, 目前已成为进化算法的一个重要分支.

PSO 基本思想是受 Eberhart 和 Kennedy 对许多鸟类群体行为进行建模与仿真研究结果的启发, 而其模型及仿真算法主要利用了生物学家 Frank Hepper 的模型: 当一只鸟飞离鸟群而飞向栖息地时, 将导致它周围的其他鸟也飞向栖息地, 直到整个鸟群都落在栖息地. 鸟群寻找栖息地与对一个特定问题寻找解很类似. 正是由于这一发现, Eberhart 和 Kennedy 对 Frank Hepper 的模型进行了修正, 以使微粒能够飞向解空间并在最好解处降落. 其关键在于在探索 (寻找一个好解) 和开发 (利用一个好解) 之间寻找一个恰当的平衡. 另一方面, 需要在个性与社会性之间寻求平衡, 即希望个体具有个性化, 又希望其知道其他个体已经找到好解并向他们学习, 即社会性. PSO 正好迎合了上述两个要求.

基本微粒群算法的核心步骤如下:

步骤 1. 依照初始化过程, 对微粒群的随机位置和速度进行初始设定;

步骤 2. 计算每个微粒的适应值;

步骤 3. 对每个微粒, 将其适应值与所经历过的最好位置进行比较, 若较好, 则将其作为当前的最好位置;

步骤 4. 对每个微粒, 将其适应值与全局所经历的最好位置的适应值进行比较, 若较好, 则将其作为当前的全局最好位置;

步骤 5. 对微粒的速度和位置进行进化;

步骤 6. 若未达到结束条件 (通常为足够好的适应值或最大代数), 则返回步骤 2.

微粒群算法自提出以来, 由于其计算快速和算法本身的易实现性, 已引起了国际上相关领域众多学者的关注和研究, 其研究大致可分为算法的改进、算法的分析及算法的应用. PSO 最早应用于人工神经网络的训练, 随后在函数优化、约束优化、极大极小问题、多目标优化等问题中均得到了成功的应用.

第2章 蚁群算法原理

2.1 基本思想

2.1.1 蚁群智能

昆虫学家们在研究类似蚂蚁这样的视盲动物如何沿最佳路线从其巢穴到达食物源的过程中发现, 蚂蚁与蚂蚁之间最重要的通信媒介就是它们在移动过程中所释放的特有的分泌物 —— 信息素. 当一个孤立的蚂蚁随机移动时, 它能检测到其他同伴所释放的信息素, 并沿着该路线移动, 同时又释放自身的信息素, 从而增强了该路线上的信息素数量. 随着越来越多的蚂蚁通过该路线, 一条最佳的路径就会逐渐形成.

Jean Louis Deneubourg 及其同事在对阿根廷蚂蚁进行的实验中, 建造了一座有两个分支的桥 —— 其中一个分支的长度是另一个分支的两倍, 同时把蚁巢同食物源分隔开来, 实验发现, 蚂蚁通常在几分钟之内就选择了较短的那条分支.

目前, 人们已总结出生物界中的蚂蚁行为具有如下一些显著特征:

(1) 能够察觉前方小范围区域内的状况, 并判断出是否有食物或其他同类的信息素轨迹;

(2) 能够释放出两种类型的信息素: "食物" 信息素和 "巢穴" 信息素;

(3) 仅当携带食物或是将食物带回到巢穴时才会释放信息素;

(4) 所释放的信息素数量会随着其不断移动而逐步减少.

并且蚂蚁的运动还遵守以下一些简单规则:

(1) 按随机方向离开巢穴, 仅受其巢穴周围的信息素影响 (见图 2.1);

(2) 按随机方式移动, 仅受其周围 "食物" 信息素的影响; 当察觉到 "食物" 信息素轨迹时, 将沿强度最大的轨迹移动 (见图 2.2);

(3) 一旦找到食物, 将取走部分, 并开始释放 "食物" 信息素 (见图 2.3);

(4) 移动过程中, 将受到 "巢穴" 信息素的影响;

(5) 一旦回到巢穴, 将放下食物, 并开始释放 "巢穴" 信息素.

自然界中的蚂蚁没有视觉, 既不知道向何处去寻找和获取食物, 也不知道发现食物后如何返回自己的巢穴, 它们仅仅依赖于同类散发在周围环境中的特殊物质 —— 信息素的轨迹, 从而决定自己何去何从. 有趣的是, 尽管没有任何先验的知识, 但蚂蚁们还是有能力找到从其巢穴到食物源的最佳路径, 甚至在该路线上放置障碍物之后, 它们仍然能很快重新找到新的最佳路线 (见图 2.4).

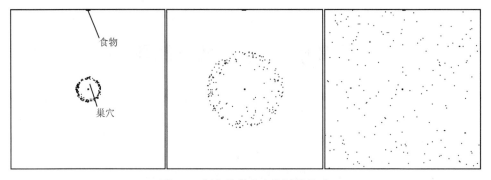

图 2.1　蚂蚁从巢穴出发随机移动

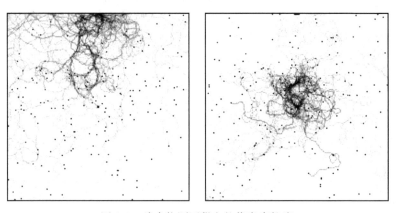

图 2.2　从食物源至巢穴的信息素轨迹

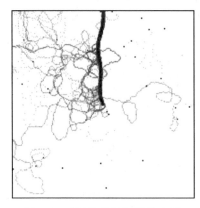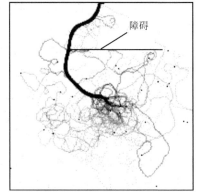

图 2.3　到达食物源的最佳路线　　　图 2.4　沿障碍物的路线

这里, 借助更为形象化的图示来理解这种机制. 假定障碍物的周围有两条道路可从蚂蚁的巢穴到达食物源 (见图 2.5): Nest-ABD-Food 和 Nest-ACD-Food, 分别具有长度 4 和 6. 蚂蚁在单位时间内可移动一个单位长度的距离. 开始时所有道路上都未留有任何信息素.

在 $t = 0$ 时刻, 20 只蚂蚁从巢穴出发移动到 A. 它们以相同概率选择左侧或右侧道路, 因此平均有 10 只蚂蚁走左侧, 10 只走右侧.

在 $t = 4$ 时刻, 第一组到达食物源的蚂蚁将折回.

在 $t = 5$ 时刻, 两组蚂蚁将在 D 点相遇. 此时 BD 上的信息素数量与 CD 上的相同, 因为各有 10 只蚂蚁选择了相应的道路. 从而有 5 只返回的蚂蚁将选择 BD, 而另 5 只将选择 CD.

在 $t = 8$ 时刻, 前 5 个蚂蚁将返回巢穴, 而 AC, CD 和 BD 上各有 5 个蚂蚁.

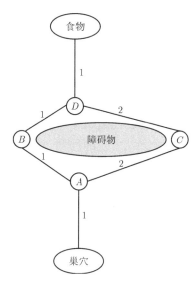

图 2.5 蚂蚁从巢穴至食物源

在 $t = 9$ 时刻, 前 5 个蚂蚁又回到 A 并且再次面对往左还是往右的选择.

这时, AB 上的轨迹数是 20 而 AC 上是 15, 因此将有较为多数的蚂蚁选择往左, 从而增强了该路线的信息素. 随着该过程的继续, 两条道路上信息素数量的差距将越来越大, 直至绝大多数蚂蚁都选择了最短的路线.

正是由于一条道路要比另一条道路短, 因此, 在相同的时间区间内, 短的路线会有更多的机会被选择. 例如, 在 96 个时间单元中, 短的路线将会被一个蚂蚁走过 12 次, 而长的路线仅仅走过 8 次.

然而, 在实际生物系统中, 如果蚂蚁已接触了较长的路径之后, 再向它出示较短的分支, 蚂蚁仍不会走这条捷径, 因为较长的那条路径已经用信息素作了标记. 但是在人工系统中, 人们可以发明 "信息素衰减", 从而克服这个问题: 如果信息素迅速蒸发, 那么较长的路径就难于维持稳定的信息素径迹. 这样, 即使较短的路径是后来才发现的, 人工蚂蚁仍能够选择这条路径. 这种性质具有一个很大的优点, 那就是它可以防止系统收敛到一些并不高明的解上 (观察表明, 在阿根廷蚂蚁中, 信息素的浓度的确会减少, 但下降的速率极为缓慢).

早在 1991 年, 布鲁塞尔自由大学的计算机科学家 Marco Dorigo 和他的同事们利用蚂蚁的特性, 用软件实施了一个以蚂蚁为基础的系统 —— 蚁群算法 (或蚂蚁算法), 来解决著名的 TSP 问题. 这一方法的一个前提是把蚂蚁偏爱的路段组合在一起, 得出一条较短的完整路线. Marco Dorigo 发现, 把这一过程 (即完成整个旅程后再继之以信息素增强与蒸发) 重复多次后, 人工蚂蚁的确能找到越来越短的路径. 尽管这一大家都喜欢走的路段可能会在几次迭代过程中使搜索出现偏差, 但最终会有一个更好的路段来取代它. 这一优化效果是增强与蒸发之间微妙的相互作用造成的, 它确保只有更好的路段能够存在下来. 具体说就是, 到某个时候, 一条属于较短路径的路段会被偶然地选中, 而一旦被选上, 此后它被增强的程度将超过目前在走红的路段, 后者将随着其信息素的蒸发而逐渐被人工蚁蚁所冷落.

应该指出, 以蚁群为基础的方法能够有效地寻找较短的路径, 但不一定是最短的路径. 不过, 对于那些难于获得最优解的问题, 如那些 NP 难题, 这种近于最优的解法常常已经是绰绰有余了. 事实上, 随着城市数目的增多, 寻找精确解很快就会变成一个无法对付的问题.

蚁蚁这些非常简单的个体, 组成的群体却表现出如此令人叹为观止的群体智能. 这种群体行为虽然没有一个统一的指挥中心, 但其整体行为却像是一个预先设计并在总指挥监督下协同进行的过程, 整个群体就像一个具有智慧的 "个人".

蚁群智能是多蚁蚁的聚集行为, 其信息素是该系统的标识, 整个蚁群智能具有以下特点:

(1) 非线性、涌现和自组织性. 蚁群智能并不等于各个蚁蚁智能之和, 而是整体大于部分之和, 是一个非线性系统, 是一种涌现; 在蚁群智能中, 没有一个组织和控制中心, 每个蚁蚁都靠几条简单的规则来决定自己的活动, 因此它属于自组织系统.

(2) 活性主体和并行性. 蚁群智能的主体是具有能感知食物和信息素浓度, 能活动和选择浓度最大的路径并且能对自己周围的环境作出适当反应的蚁蚁, 故蚁群智能的主体是活性主体, 又由于群体中的每个蚁蚁都可以按照自己的规则在同一时刻内同时行动, 故蚁群智能又是一种并行机制.

(3) 正反馈和初值敏感. 自然界中的蚁蚁总是选择信息素浓度最大的路径, 在蚁群算法中, 蚁蚁选择信息素浓度最大的路径的概率最大, 因此选择信息素浓度最大的路径的蚁蚁也最多, 而这些蚁蚁反过来又使信息素浓度最大的路径的信息素浓度增加得更快, 因而蚁群智能是一种正反馈系统. 这种正反馈使得各路径上信息素浓度初始值大的放大得很快, 使得信息素浓度强的越强, 弱者越弱. 正是由于正反馈, 路径上的初始信息素浓度对该路径以后的信息素浓度起着非常重要的作用.

(4) 个体与环境及其他个体相互影响、相互作用. 一方面, 蚁群智能中的单个蚁蚁通过释放信息素来影响环境和其他蚁蚁的活动; 另一方面, 单个蚁蚁的活动又受到环境、环境中信息素浓度和其他蚁蚁的影响. 因此, 蚁群智能中的个体与环境及其他个体相互影响、相互作用.

(5) 把宏观与微观有机地联系在一起. 微观上, 每只蚁蚁只需对自己周围的环境作出适当的反应, 而且个体的行为简单、盲目而且带有随机性; 宏观上, 整个群体的行为连贯、流畅与一致, 能完成一件在旁观者看来是非常复杂的任务.

(6) 引进了随机因子. 蚁蚁选择路径是随机的, 只不过蚁蚁选择信息素浓度高的路径的概率高于信息素浓度低的路径. 算法中的随机因子扩大了蚁蚁的活动范围, 从而能够使蚁蚁接触到更多的解.

2.1.2 群体迷失现象

蚁群智能由于环境的动态变化等原因也会存在群体迷失现象.

群体迷失是指在一个团体中, 由于从众心理和信息不对称造成绝大多数个体持有错误的观点或作出错误决定的现象. 群体迷失告诉人们判断是非不是依据支持人数的多与少, 多数人坚持的未必正确, 只有一个人坚持的未必不对, 判断是非应从实际情况出发, 依据以往的经验、知识与思考作出判定.

1. 环境的动态变化造成群体迷失

许多文献都强调蚁群算法是一种自适应性很强的算法, 即蚁群算法能够自动适应环境的变化, 一般采用图 2.4 来说明蚁群算法的自适应性. 图 2.4 表明, 在随机加入障碍物后, 蚂蚁能自动适应环境的变化, 但经过分析, 当蚂蚁所走路径上的信息素浓度已经比较强时, 若在该图的基础上去掉障碍物后, 由于信息素浓度的吸引, 极容易出现群体迷失现象, 即绝大多数蚂蚁选择原来有障碍物时的最短路径, 而不选择最短的直线.

这种容易出现在环境易变系统中的迷失现象可采用两种对策:

(1) 当环境改变后, 可强制调整发生改变部分周围的一部分路径的信息素浓度, 使蚂蚁能等概率地选择这些路径, 该方法对软件系统有效, 对基于蚁群智能的硬件就比较难实现.

(2) 当环境改变后, 在改变开始的一段时间内降低蚂蚁信息素浓度的吸引作用, 增加随机因子和其他因素的作用, 以避免群体迷失现象.

2. 初始信息素浓度造成群体迷失

由正反馈性和初值敏感性知: 初始信息素浓度大的路径起着羊群行为领头羊的作用, 若刚开始时使得长路径有较大的信息素浓度, 就会引导很多蚂蚁选择该路径, 并由于正反馈的作用使得长路径的信息素浓度增长得最快, 从而吸引大多数蚂蚁迷失在长路径上, 故不同的初始信息素浓度在一定程度上左右了优化的结果. 由此看出, 需特别注意其最先修改信息素的方法, 这种由初值非常敏感的群体迷失在使用蚁群算法来设计的群体机器人和群体无人驾驶飞机则容易出现这种迷失现象, 因为这些系统有很多采用依赖气息的分布式控制方式, 当空气中的气息尚未完全消失就进行下一次活动时, 滞留在空气中的残留气息就会对初值非常敏感的蚁群智能产生巨大的干扰作用, 使蚂蚁迷失在初始的残留气息上.

对软件系统, 可以把初始信息素浓度全部设置成 0 或全相等来避免群体迷失, 蚁群算法就是采用该方法来实现的; 对基于蚁群智能的硬件, 可设置多种气体来实现信息素的作用, 并且可以随时 (一般在初始时刻) 把系统传感器识别的气体从一种气体转为另一种气体, 以消除以前遗留气体对硬件动作的影响.

3. 蚂蚁移动速度的差异造成群体迷失

以蚁群智能为基础的硬件系统中, 许多采用依赖气息的控制方式, 若选择长回路的蚂蚁速度大于选择短回路的蚂蚁速度, 则选择长回路的蚂蚁可能会先回到出发点, 并且其释放的信息素先起作用而吸引其他蚂蚁选择长回路, 如此正反馈循环, 长回路上的信息素会越来越浓, 可能会把短回路淘汰, 这里, 选择长回路但移动速度快的蚂蚁先到出发点的事实给其他蚂蚁造成了迷惑现象, 使它们选择长回路, 由于正反馈, 就会使群体迷失在长回路上.

可以把每个蚂蚁释放的信息素浓度与其在单位时间内走过的距离长度成反比来消除移动速度差异的影响, 即在单位时间内, 移动速度快的蚂蚁释放信息素的浓度小于移动速度慢的蚂蚁释放信息素的浓度, 蚁群算法就是采用该方法来实现的.

4. 外部信息素干扰造成群体迷失

对使用蚁群智能设计的硬件系统, 容易受到本系统遗留在空气中的气体和外部气体 (特别是敌方故意释放的干扰气体) 的影响, 在空气中人工释放一些控制蚂蚁的气息就能从微观和宏观上影响到其行动. 此时的对策是系统设计不同种类的气体来引导蚂蚁并可随时从一种气体转换到另一种气体, 同时对使用的引导气体保密.

2.1.3　蚁群算法

人工蚁群系统所具有的主要性质有:

(1) 蚂蚁群体总是寻找最小费用可行解;

(2) 每个蚂蚁具有记忆, 用来储存其当前路径的信息, 这种记忆可用来构造可行解、评价解的质量、路径反向追踪;

(3) 当前状态的蚂蚁可移动至可行邻域中的任一点;

(4) 每个蚂蚁可赋予一个初始状态和一个或多个终止条件;

(5) 蚂蚁从初始状态出发移至可行邻域状态, 以递推方式构造解, 当至少有一个蚂蚁满足至少一个终止条件时, 构造过程结束;

(6) 蚂蚁按某种概率决策规则移至邻域结点;

(7) 当蚂蚁移至邻域点时, 信息素轨迹被更新, 该过程称为 "在线单步信息素更新";

(8) 一旦构造出一个解, 蚂蚁沿原路反向追踪, 更新其信息素轨迹, 该过程称为 "在线延迟信息素更新".

这里, 以 TSP 问题为例, 阐述蚁群算法的基本思想和原理.

在基本的实施步骤中, 用到的变量和常数有:

m = 蚂蚁个数,

η_{ij} = 边弧 (i,j) 的能见度 (visibility), 即 $1/d_{ij}$,

τ_{ij} = 边弧 (i, j) 的轨迹强度 (intensity),

$\Delta\tau_{ij}^k$ = 蚂蚁 k 于边弧 (i, j) 上留下的单位长度轨迹信息素数量.

按 $\Delta\tau_{ij}^k$ 的不同取法, 可形成不同类型的蚁群算法, 最基本的为

$$\Delta\tau_{ij}^k = \begin{cases} Q/Z_k, & \text{若}(i,j)\text{在最优路径上}, Z_k\text{为目标函数值}, \\ 0, & \text{其他}. \end{cases}$$

称为 Ant-Cycle 模型. 另外还有如下两种模型:

Ant-Density 模型

$$\Delta\tau_{ij}^k = \begin{cases} Q, & \text{若}(i,j)\text{在最优路径上}, \\ 0, & \text{其他}. \end{cases}$$

Ant-Quantity 模型

$$\Delta\tau_{ij}^k = \begin{cases} Q/d_{ij}, & \text{若}(i,j)\text{在最优路径上}, \\ 0, & \text{其他}. \end{cases}$$

P_{ij}^k = 蚂蚁 k 的转移概率, 与 $\tau_{ij}^\alpha \cdot \eta_{ij}^\beta$ 成正比, j 是尚未访问结点. 轨迹强度的更新方程为 $\tau_{ij}^{\text{new}} = \rho \cdot \tau_{ij}^{\text{old}} + \sum_k \Delta\tau_{ij}^k$. 这里, 各参数的含义如下:

α = 轨迹的相对重要性 $(\alpha \geqslant 0)$,

β = 能见度的相对重要性 $(\beta \geqslant 0)$,

ρ = 轨迹的持久性 $(0 \leqslant \rho < 1)$, 可将 $1 - \rho$ 理解为迹衰减度 (evaporation),

Q = 体现蚂蚁所留轨迹数量的一个常数.

于是, 蚁群算法主要步骤可叙述如下:

步骤 1. $nc \leftarrow 0(nc$ 为迭代步数或搜索次数); 各 τ_{ij} 和 $\Delta\tau_{ij}$ 初始化; 将 m 个蚂蚁置于 n 个顶点上;

步骤 2. 将各蚂蚁的初始出发点置于当前解集中; 对每个蚂蚁 k, 按概率 P_{ij}^k 移至下一顶点 j; 将顶点 j 置于当前解集;

步骤 3. 计算各蚂蚁的目标函数值 Z_k; 记录当前的最好解;

步骤 4. 按更新方程修改轨迹强度;

步骤 5. 对各边弧 (i, j), 置 $\Delta\tau_{ij} \leftarrow 0; nc \leftarrow nc + 1$;

步骤 6. 若 $nc <$ 预定的迭代次数且无退化行为 (即找到的都是相同解), 则转步骤 2;

步骤 7. 输出目前的最好解.

整个算法的时间复杂度为 $O(nc \cdot n^2 \cdot m)$, 如果选取 $m \approx n$, 则蚁群算法的时间复杂度为 $O(nc \cdot n^3)$. 算法理论认为, 这个复杂度在计算时间上是可以接受的.

由于算法对图的对称性以及目标函数无特殊要求, 因此可用于各种非对称性问题和非线性问题.

2.1.4 蚁群算法的系统学特征

1. 系统性

系统科学的基本特点是强调整体性, 不同学科由于研究范围和重点的不同, 往往给出不同的系统定义. 常用的贝塔朗菲定义为: 系统是相互联系、相互作用的诸元素的综合体. 该定义强调的不是功能而是系统元素之间的相互作用以及系统对元素的整合作用. 显然, 自然界的蚂蚁群体构成一个系统, 具备系统的三个基本特征, 即多元性、相关性和整体性. 在该系统中, 蚂蚁个体行为是系统元素, 其相互影响体现了系统的相关性, 而蚂蚁群体完成个体所完成不了的任务则体现了系统的整体性, 表现出系统整体大于部分之和的整体突现原理.

2. 分布式计算

生命系统是一个分布式系统, 它使得生命体具有强适应能力. 例如, 人体有很多细胞相互独立地完成同一项工作, 当一个细胞停止工作或者新陈代谢之后, 整体的功能不会因此受到影响. 这就是分布式带来的强适应能力, 它依赖于个体的行为但不单独依赖于个体的行为.

要实现分布式, 需要很多的个体完成同样的过程, 从另一个意义上说, 需要个体行为的冗余. 冗余产生容错, 这是普遍规律. 可以发现, 蚂蚁群体行为体现出了分布式现象. 当群体需要完成一项工作的时候, 其中的许多蚂蚁都为同样一个目的进行着同样的工作, 而群体行为的完成不会因为某个或者某些个体的缺陷受到影响. 在具体的优化问题中, 蚁群算法所体现出的分布式特征就具有了更为现实的意义, 不仅增加了算法的可靠性, 也使得算法具有较强的全局搜索能力.

3. 自组织性

蚁群算法的另一重要特征是自组织性, 这也是包括遗传算法、人工神经网络在内的仿生型算法的共有特征. 正是这种特征的存在, 才使得算法具有足够的鲁棒 (健壮) 性.

通常认为, 在系统论中, 自组织和他组织是组织的两个基本分类, 其区别在于组织力或者组织指令是来自系统的内部还是来自系统的外部, 来自系统内部的是自组织, 来自系统外部的是他组织. 如果系统在获得空间的、时间的或者功能的结构过程中, 没有外界的特定干预, 便可以说系统是自组织的. 不难看出, 最典型的自组织系统就是生物机体. 事实上, 生物学里有个观点, 就是类似蚂蚁、蜜蜂这样的昆虫, 由于个体作用简单, 而且个体之间的协同作用特别明显, 因而将它们视看作一个整体来研究, 甚至可以认为它们就是一个独立的生物体. 在这样的生物群落中, 各个个体在相互作用下逐渐完成一项群体工作, 体现了系统从无序到有序的过程, 因而是自组织的.

蚂蚁群体是一个自组织系统, 而对其自组织行为的抽象模拟所建立的蚁群算法则可视作是一种自组织的算法.

4. 正反馈性

反馈是信息学中的重要概念, 代表了信息输出对输入的反作用. 系统学认为, 反馈就是将系统现有行为及现有行为结果作为影响未来行为的原因. 反馈分为两种, 一种是正反馈, 一种是负反馈. 以现有的行为结果去加强未来的行为, 是正反馈, 以现有的行为去削弱未来的行为, 则是负反馈.

从真实蚂蚁的觅食过程中不难看出, 蚂蚁能够最终找到最短路径, 直接依赖于最短路径上信息素的累积, 而这种累积却正是一个正反馈的过程. 对蚁群算法而言, 初始时在环境中存在完全相同的信息素量, 若给予系统一个微小的扰动, 使得各边上的轨迹浓度不相同, 蚂蚁构造的解就存在了优劣. 算法采用的反馈方式是在较优路径上留下更多的轨迹, 并由此吸引更多的蚂蚁, 这个正反馈的过程引导了整个系统向最优解的方向进化. 因此, 正反馈是蚁群算法的重要特征, 它使得算法演化的过程得以进行.

然而, 蚁群算法中并不仅仅存在正反馈. 单一的正反馈或者负反馈存在于线性系统之中, 是无法实现系统的自组织的. 自组织系统是通过正反馈和负反馈的结合, 实现系统的自我创造与更新. 蚁群算法中同样隐藏着负反馈机制, 它通过算法中构造问题解的过程中所用到的概率搜索技术来体现, 这种技术增加了生成解的随机性. 而随机性的影响一方面在于接受了解在一定程度上的退化, 另一方面又使得搜索的范围得以在一段时间内保持足够大. 这样, 正反馈缩小搜索范围, 保证算法朝着优化方向演化, 负反馈保持搜索范围, 避免算法过早收敛于不好的结果. 正是在这种共同作用和影响下, 使得算法得以获取一定程度上的满意解.

2.2 研究概况

2.2.1 早期发展

蚁群算法最早是由意大利学者 Marco Dorigo(及其导师 Colorni) 于 1991 年在其博士论文中提出, 后期工作则是 Marco Dorigo 与其合作同事们在比利时布鲁塞尔自由大学研究期间陆续展开. 由于国内很少有兼通意大利语的专业学者, 因此, 一般所见到的文献引用基本为英语语种, 也有少量德语和法语.

早期的研究成果大都是该研究团队在欧洲的一些小型专业研讨会及其会议录上所发表的, 世界各地对此了解并不多. 最早在正规专业期刊上发表这方面成果的是: Colorni 等人发表于《比利时运筹学学报》1994 年第 1 期上的 "Ant System for Job-shop Scheduling", Colorni 等人发表于《国际运筹学汇刊》1996 年第 1 期

上的 "Heuristics From Nature for Hard Combinatorial Optimization Problems", 以及 Dorigo 等人发表于《IEEE 系统、人、控制论汇刊》1996 年第 1 期上的 "Ant System: Optimization by a Colony of Cooperating Agents". 此后, 蚁群算法的思想开始被人们广泛了解, 并被大量引述和进一步研究. 大众媒体对此也进行了一系列的报道, 如 New Scientist(1998 年 1 月)、BBC News(2000 年 5 月)、Scientific American(2000 年 5 月)、Le Monde(法)(2000 年 5 月)、ABC News(2000 年 7 月)、Der Tagesspiegel(德)(2000 年 8 月)、Morgenwelt Wissenschaft(德)(2000 年 10 月)、Der Spiegel(德)(2000 年 11 月)、Science News(2000 年 11 月), 以及一些用意大利语、西班牙语等语种报道的媒体. 我国的《文汇报》(2002) 和《中国审计报 (学习周刊)》(2005) 都曾报道和介绍过蚁群算法的有关思想和进展情况.

1998 年 10 月, 首届蚂蚁优化国际研讨会于比利时布鲁塞尔自由大学召开. 此后, 几乎每年都召开一次这样的国际会议并出版会议录, 吸引了来自世界各个国家的同行, 还为蚁群算法开设了专题小组讨论和研习班.

蚁群算法自提出以来, 以 TSP 为测试基准, 与其他一些常用启发式方法作了一系列的比较. 对若干典型的对称型和非对称型 TSP 问题 (如 TSPLIB 中的许多实例), 先后采用了模拟退火法、遗传算法、神经网络 (如弹性网法、自组织映射法等)、进化规划、遗传退火法、插入法、禁忌搜索法、边交换法 (2-opt、3-opt 等) 等多种算法进行求解, 除了 Lin-Kernighan 的局部改进法之外, 蚁群算法优于其他的所有方法.

在 TSP 问题之后, 蚁群算法求解了经典的二次分配问题 (QAP), 测试数据来自著名的二次分配问题算例库 QAPLIB, 所得结果也相当令人满意. 随后, 工件排序问题、图着色问题、调度问题、大规模集成电路、通讯网负载平衡等一系列问题相继得到测试、求解和应用.

在标准的蚁群算法问世后不久, 人们就开始对其设计了各种改进措施. 首先出现的是将蚁群算法与 Q 学习算法结合而成的 Ant-Q 算法, 其中利用了多个人工蚂蚁的协同效应. 其后, MAX-MIN 蚁群系统又在求解 TSP 中获得了更好的效果, 这种改进型的蚁群算法对蚂蚁轨迹强度 τ_{ij} 设置了相应的上下界限 $\tau_{\max}$ 和 $\tau_{\min}$, 其中, $\tau_{\max} = n/Z_{\min}$, $Z_{\min}$ 为当前目标函数最小值, $\tau_{\min} = c/(d \cdot n^2)$, d 为平均边弧长度. 运行时, 仅对一个蚂蚁实施这种 Max-Min 法则, 并且轨迹强度在初始化时设为 $\tau_{\max}$. 在此基础上, 又提出了带有局部改进策略的 MAX-MIN 蚁群算法, 其主要步骤可叙述为:

(1) 信息素轨迹和参数初始化;

(2) 当停机条件不满足时, 执行

　　　　a. 对每个人工蚂蚁构造一个解,

　　　　b. 选择实施局部改进的人工蚂蚁,

c. 更新信息素轨迹, 其中, 所有的 τ_{ij} 限定在 $[\tau_{min}, \tau_{max}]$ 中;

(3) 返回最佳解.

一般而言, 局部改进方法与初始解有关, 求解时往往涉及到初始化问题, 而蚁群算法在一些组合优化难题上与其他启发式算法相比尽管更具竞争力, 但比之个别精致的局部改进算法仍相形见绌, 于是, 将蚁群算法与局部改进法相结合可使两者的优越性进一步发挥. 此外, 蚁群算法与其他智能算法 (如遗传算法、模拟退火法等) 相结合的尝试也已获得部分成功.

由于蚁群算法特殊的性质, 它不仅适用于目前的串行计算机, 更宜于未来的并行实现, 其运行效率将会有大幅度提升, 这一点从蚁群算法提出之初就以分布式优化方法来命名就可看出.

2.2.2 主要应用领域

蚁群算法提出至今已有十多年的时间, 其理论正在形成一个较为严整的体系, 有关基础也开始逐步奠定, 而应用范围已几乎遍及各个领域, 获得了极大的成功. 最具典型性的有以下这些.

1. 组合优化

蚁群算法最早解决的就是组合优化问题, 这也是目前研究最多、应用最广泛的问题之一. 它首先在著名的 TSP 问题上获得成功, 继而应用于一系列的离散优化问题中, 表现出相当好的性能. TSP 是一个经典的组合优化难题, 自蚁群算法以求解 TSP 为例说明了其基本思想之后, 对蚁群算法模型的改进研究通常都以 TSP 作为实例, 来对比算法模型的优劣性. 从简单的对称型 TSP 到非对称的 TSP、多目标 TSP 等, 蚁群算法都取得了良好的效果.

二次分配问题 (QAP) 是另一个经典的组合优化难题, 与 TSP 不同的是, 它本身就是一个实际问题, 而不仅仅是抽象意义上的数学问题. 在一项相关的应用中, 英、美等国的企业报道了他们已开发出一项以蚁群算法为基础的方法, 用来减少在其工厂中完成一定数量的工作所需的时间, 该系统必须高效地安排各储罐、化学混合器、包装线及其他设备.

另外, 对于其他组合优化问题, 如车间调度问题、车辆路径问题、度约束最小树问题、信带频率分配问题等, 蚁群算法的应用都取得了成功, 充分体现出了蚁群算法的有效性.

2. 通信网络路由选择

通信领域是蚁群算法应用的又一个主要方面, 其中的通信网络路由选择问题实际上和组合优化有着相同的实质, 只是加入了相关具体问题空间的限制. 但由于网络具有动态、重载等独特的特点, 使得算法的应用又具有自己的特点. 针对这些特点, 可对蚁群算法进行一系列细化处理, 从而获得一些优良的算法.

AntNet 是一种分组交换网络路由问题的蚁群算法, 对于问题的实例取得了优于一些特定路由算法的结果. AntNet-FA 是 AntNet 的扩展, 用于求解连通有向图的路由问题, 也显示了较好的效果. 实际上, 对动态网络的网络保持、ATM 网上 VC 路由选择方法、网络动态路由优化、QoS 路由调度方法等问题, 蚁群算法的求解结果都是令人满意的.

3. 自动控制

由于蚁群算法中存在的正反馈机制, 使得系统可以在内部压力的驱使下不断进化, 这给自动控制提供了一个新的思路. 机器人任务分配的算法模型就体现了这样的方式. 而且, 自动控制中的许多问题都与优化有关, 通常具有组合优化的特征, 这使得蚁群算法在其中的应用成为可能.

此外, 在机器人的行为控制方面, 蚁群算法也提供了一个新的方法. 机器人路径规划就是在障碍有界空间内找到一条从出发点到目标位置的无碰撞且能满足一些特定要求的满意路径. 为有效解决机器人避障问题, 并扩展其对具体问题的适应性, 可以在蚁群算法中通过调整避障系数以得到不同的优化轨迹, 从而使得众多机器人能像蚂蚁一样协同工作, 以完成复杂的任务.

4. 系统工程

蚁群算法体现了蚂蚁群体作为一个系统的演化, 直接展示了系统工程的思维方式, 在生产调度、任务分配等问题中都有很好的应用. 蚁群算法中的人工蚂蚁其实就是一个 agent, 从系统的思维考虑, 多个 agent 能够协同完成复杂的任务, 从而使得蚁群算法在许多经济管理问题上都有用武之地.

2.2.3　国内早期研究

国内对蚁群算法的引入、介绍和开展研究起始于 1998 年末至 1999 年, 2000 年开始逐渐引起关注, 并很快于数年间发展成为热点领域. 最早在国内介绍蚁群算法的是张纪会等[60]; 最早在国内发表蚁群算法研究成果的是彭斯俊等[59]; 最早在博士学位论文中 (直接或间接) 研究蚁群算法的是李生红[91] 和马良[101]; 早期 (1999 年) 发表于正规学术媒体的蚁群算法文献有马良等[89,90,92~100].

这些国内的早期研究大都集中在组合优化问题上, 对连续优化问题的研究则起步于 2000 年. 最初的研究成果见于文献[131, 132, 150, 161].

2.2.4　理论进展

迄今为止, 国内外关于蚁群算法的已有文献中, 数量最多的是各个具体领域的各种应用及其技巧, 对蚁群算法收敛性方面的理论成果则非常稀少.

国际上最早研究蚁群算法收敛性问题的成果是 Gutjahr 获得的[109], 采用的数学工具主要为 Markov 链, 后来国内探讨蚁群算法收敛性问题的工作大都沿袭了这个思路. 尽管这些理论证明一般都需要一系列的先决假定和条件, 有时甚至有些苛刻, 但无论如何, 这些尝试对于奠定蚁群算法的理论基础仍是大有裨益的. 在本书中, 将选择另一条途径, 借助随机泛函分析的数学工具来探讨蚁群算法以及元胞蚁群算法的全局渐近收敛性问题.

目前, 通过不断研究, 人们多少已经了解到, 在实际应用中, 蚁群算法所收敛到的解与问题自身的结构密切相关, 通常不是全局最优解. 其次, 基本蚁群算法的全局搜索能力强, 但局部搜索能力较弱, 因而往往需要嵌入一些专门的辅助技巧. 许多人认为: 进化就像是个修补匠, 它只能从当时所能得到的材料中, 有选择地进行调整. 也就是说, 进化的产物都是分阶段局部优化的结果, 我们还难以从单纯的模仿过程中发现解决全局优化问题的诀窍. 成败的关键在于如何通过协同作用, 确保状态空间各点的概率可达性.

一般而言, 一个算法要想具备实现全局优化的功能, 只需满足两个条件: (1) 具有实现局部最优化的能力; (2) 具有从一个局部最优状态向下一个更好的局部最优状态转移的能力. 而蚁群算法确实具备了这样两个条件, 从而使得人们可以看到通往全局最优的希望之路.

第 3 章　标准 TSP 的蚁群算法

3.1　TSP 概述

TSP 在图论意义下常常被称为最小 Hamilton 圈问题 (minimum hamiltonian cycle problem), Euler 等人最早研究了该问题的雏形, 后来由英国 Hamilton 爵士作为一个悬赏问题而提出. 但这个能让普通人在几分钟内就可理解的游戏之作, 却延续至今仍未能解决, 成了一个世界难题.

这里, 我们用数学的语言来进行描述.

记 $G = (V, E)$ 为赋权图, $V = (1, 2, \cdots, n)$ 为顶点集, E 为边集, 各顶点间的距离 d_{ij} 已知 $(d_{ij} > 0, d_{ii} = \infty, i, j \in V)$. 设

$$x_{ij} = \begin{cases} 1, & \text{若}(i,j)\text{在最优回路上,} \\ 0, & \text{其他.} \end{cases}$$

则经典的 TSP 问题可写为如下的数学规划模型

$$\min Z = \sum_{i=1}^{n} \sum_{j=1}^{n} d_{ij} x_{ij},$$

$$\text{s.t.} \begin{cases} \sum_{j=1}^{n} x_{ij} = 1, & i \in V, & \text{(a)} \\ \sum_{i=1}^{n} x_{ij} = 1, & j \in V, & \text{(b)} \\ \sum_{i \in S} \sum_{j \in S} x_{ij} \leqslant |S| - 1, & \forall S \subset V, & \text{(c)} \\ x_{ij} \in \{0, 1\}, & & \end{cases}$$

这里, $|S|$ 为集合 S 中所含图 G 的顶点数. 约束 (a) 和 (b) 意味着对每个点来说, 仅有一条边进和一条边出; 约束 (c) 则保证了没有任何子回路 (subtour) 解的产生. 于是, 满足约束 (a) ~ (c) 的解构成了一条 Hamilton 回路.

上述的约束 (c) 尚可写成其他等价形式, 此处不一一列举.

当 $d_{ij} = d_{ji}(i, j \in V)$ 时, 问题被称为是对称型 TSP.

当对所有 $1 \leqslant i, j, k \leqslant n$, 有不等式 $d_{ij} + d_{jk} \geqslant d_{ik}$ 成立时, 问题被称为是满足三角形不等式的, 简记为 Δ TSP.

三角形不等式在很多情况下是自动满足的, 如只要距离矩阵是由一度量矩阵导出的即可. 另一类自动满足的是闭包矩阵, 其元素 d_{ij} 表示的是对应的完全图中 $i \to j$ 的最短路长. 一般而言, 现实生活中的绝大多数问题都满足三角形不等式, 这是 TSP 的一种主要类型. 即使有不满足的, 也可转换为其闭包形式, 所求得的 TSP 最优解是等价的.

为简便起见, 这里假定所考虑的都是欧氏意义下的完全图 (否则, 可通过求任意两点间的最短路转化为等价的完全图形式).

3.2 经典方法

3.2.1 精确型算法

TSP 的精确型算法本质上而言都是指数级算法, 实际应用中极少采用, 但由于其理论上的意义, 这里作一概要回顾.

1. 线性规划算法

线性规划是求解 TSP 最早的一种方法, 主要是割平面算法, 其基本思想是: 就 TSP 的线性规划模型本身, 求解由约束 (a) 和 (b) 构成的松弛 LP 问题, 然后通过增加不等式约束产生割平面, 逐步收敛到最优解.

早在 20 世纪 50 年代, 国际上就已求解了 $n = 42$ 的 TSP 最优解. 70 年代中期对于 TSP 多面体理论的研究, 产生了一些比较有效的不等式约束, 如子回路消去 (subtour elimination) 不等式、梳子 (comb) 不等式、团树 (clique tree) 不等式等. 后来还报道过用大中型机求解 $n = 318$ 甚至 $n = 532$ 规模的例子. 但是, 一般来说, 该方法在寻找割平面时往往需要经验.

2. 动态规划算法

记 S 为集合 $\{2, 3, \cdots, n\}$ 的子集, $k \in S$, $F(S, k)$ 为从 1 出发遍历 S 中的点并终止在 k 的最优路长. 当 $|S| = 1$ 时, $F(\{k\}, k) = d_{1k}, k = 2, 3, \cdots, n$, 当 $|S| > 1$ 时, 根据最优性原理, TSP 的动态规划方程可写成

$$F(S, k) = \min_{j \in S \setminus \{k\}} \{F(S - \{k\}, j) + d_{jk}\}.$$

按方程规则可逐步迭代求解.

算法的时间复杂度为 $O(n^2 \cdot 2^n)$, 空间复杂度为 $O(n \cdot 2^n)$. 故一般除了很小规模的问题之外, 不常采用.

3. 分支定界算法

分支定界法是一种应用范围很广的搜索算法, 它通过有效的约束界限来控制搜索进程, 使之能向着状态空间树上有最优解的分支推进, 以便尽快找出一个最优解. 分支定界搜索的关键在于约束界限的选取, 由不同的约束界限, 可形成不同的分支定界法:

(1) 以分派问题 (匹配问题) 为界的分支定界法. 通过求解相应的分派问题 (匹配问题), 得到 TSP 的一个下界, 以此下界为约束界限进行分支定界搜索. 这是一种使用较多的分支定界算法.

(2) 以最小 1 树问题为界的分支定界法. 通过求解相应的最小 1 树问题, 得到 TSP 的一个下界, 以此下界为约束界限进行分支定界搜索. 在此基础上, 若将问题加以转换, 可得到更紧的下界, 某些时候甚至能将搜索树整个显示出来.

虽说分支定界算法对于较大规模的问题并不十分有效, 可有时却被用来求解近似解, 或者与一些启发式算法相结合, 从而加快搜索速度.

3.2.2　启发式算法

启发式算法是一类特殊的算法, 其主要领域是一些组合型问题, 长期以来, 已在运筹学中起着重要作用. 它通常被理解为一种迭代法, 但理论上并不收敛于问题的最优解. 由于相当一部分组合优化问题目前尚不存在有效的收敛算法, 即不存在一种在可接受的计算时间内收敛于所求结果的算法, 在这种情况下, 启发式算法是唯一可取的方法. 此外, 还有一些问题虽然存在有效的收敛算法, 但启发式算法却可用来加速求解的过程.

自从 20 世纪 70 年代初期计算复杂性领域的开拓, 人们开始接受这样的观点: 对于某些组合问题来说, 至少在可预见的将来, 不可能出现有效的算法. 于是, 在启发式算法方面, 陆续出现了许多新的想法和思路.

启发式算法的设计一般分为数学途径和工程途径. 从数学上而言, 如果随着问题规模的增大, 计算时间的增加速度不高于其多项式形式, 则该算法被认为是有效的. 这类算法的好坏用最优解与启发式解的目标函数间的最大相对差来衡量, 若以 ε 为参数保证所得之解对应的值不低于最优值的百分之 ε, 称之为 ε 最优. 这种数学途径能够用参数来体现最坏的情形, 但是, 这种途径至今只被应用于相当简单的标准问题, 而难以用于复杂的现实世界问题. 作为运筹学分支的工程途径则从给定的问题开始, 不预先规定最坏情形的界限, 更倾向于直观、整个领域的概念以及系统的测试和误差. 因此, 对于实际问题的求解更为合适.

在启发式算法中, 算法的好坏用 $C/C^* \leqslant \varepsilon$ 来衡量, C 为启发式解的目标值, C^* 为最优解的目标值, ε 则为最坏情况 (worst case behavior) 下启发式解与最优解的目标值之比的上界. 由于该上界在许多情况下都是问题规模的某种函数形式, 往往会随着问题规模的增长而增长, 因而也就失去了作为近似算法所应具有的控制精度的作用. 这也正是该类算法只能称为启发式算法而不能严格地冠以 "近似算法" 这个名称的原因所在.

1. 最近邻算法 (nearest neighbor heuristic)

该算法的主要思想是: 每次取最近的一点加入当前解, 直至形成回路.

适用范围: 对称型 ΔTSP.

最坏情况: $\varepsilon = (\lg n + 1)/2$, 且当 $n \geqslant 15$ 时,

$$\frac{C}{C^*} \geqslant \frac{1}{3} \left(\lg(n+1) + \frac{4}{3} \right).$$

时间复杂度: $O(n^2)$.

具体实施时可将出发点取遍 V 中各点, 从而得到 n 个解, 然后取最好的一个. 此时的时间复杂度为 $O(n^3)$.

2. 插入式算法 (insertion heuristic)

插入式算法可按插入规则的不同而分为若干类. 具体实施时可将出发点取遍 V 中各点, 从而得到 n 个解, 然后取最好的一个. 此时的时间复杂度增加 n 倍. 常见的几种插入式算法有:

(1) 最近插入 (nearest insertion)

适用范围: 对称型 ΔTSP.

最坏情况: $\varepsilon = 2$.

时间复杂度: $O(n^2)$.

(2) 最小插入 (cheapest insertion)

适用范围: 对称型 ΔTSP.

最坏情况: $\varepsilon = 2$.

时间复杂度: $O(n^2 \lg n)$.

(3) 任意插入 (arbitrary insertion)

适用范围: 对称型 ΔTSP.

最坏情况: $\varepsilon = 2\lg n + 0.16$.

时间复杂度: $O(n^2)$.

(4) 最远插入 (farthest insertion)

适用范围: 对称型 ΔTSP.

最坏情况: $\varepsilon = 2\lg n + 0.16$.

时间复杂度: $O(n^2)$.

3. Clark&Wright 算法 (Clark&Wright savings heuristic)

适用范围：对称型 ΔTSP.

最坏情况：$\varepsilon = \dfrac{2}{7}\lg n + \dfrac{5}{21}$.

时间复杂度：$O(n^2)$.

4. 最小树算法 (double spanning tree heuristic)

适用范围：对称型 ΔTSP.

最坏情况：$\varepsilon = 2$.

时间复杂度：$O(n^2)$.

5. Christofides 算法 (Christofides heuristic)

适用范围：对称型 ΔTSP.

最坏情况：$\varepsilon = 3/2$.

时间复杂度：$O(n^3)$.

6. r-opt 算法 (r-opt heuristic)

r-opt 算法是一种局部改进搜索算法, 其主要思想就是, 对给定的初始回路解, 通过每次交换 r 条边来进行改进.

适用范围：对称型 ΔTSP.

最坏情况：$\varepsilon = 2\left(1 - \dfrac{1}{n}\right)$.

时间复杂度：$O(n^r)$.

直观而言, 对不同的 r, 其优劣次序应为 2-opt < 3-opt < $\cdots$ < r-opt. 但是, Lin 等人从大量计算中发现, 3-opt 法优于 2-opt 法, 而 4-opt 法、5-opt 法等却并不比 3-opt 法更优越, 且 r 越大, 运算时间越长, 这种奇怪的现象一直未能有一个很好的理论解释.

对一个有 n 点的 TSP, 3-opt 法得到最优解的概率约为 $P = 2^{-n/10}$(经验公式). 例如, 对于 $n = 50$, P 约为 0.03, 不难算出, 只要随机选取 150 条初始路线, 那么求得最优解的概率将为 0.99. 目前, 一般都认为, 3-opt 法是一种相当有效的近似算法.

7. 混合改进型算法 (composite algorithm)

混合改进型算法的基本思想是：

步骤 1. 采用某个近似算法求出初始解;

步骤 2. 用 2-opt 法或 3-opt 法等局部改进型算法对当前解进行改进.

算法的时间复杂度取决于步骤 1 和步骤 2 中的各个具体算法.

3.3 遗传算法与模拟退火法

3.3.1 遗传算法求解

在用遗传算法求解问题时, 需完成以下四个主要步骤:

(1) 确定表示方案;

(2) 确定适值 (fitness value) 度量;

(3) 确定控制算法的参数和变量;

(4) 确定指定结果的方法和停止运行的准则.

对 TSP 而言, 杂交算子的常用表示方法是把染色体表示成所有城市的一个排列, 即长度为 n 的整数向量 $(i_1, i_2, \cdots, i_n)$, 其中, 从 1 到 n 的每个整数在这个向量中正好出现一次. 在这种表示方法下, 传统的杂交算子所产生的向量很可能不是 1 到 n 的排列, 也就是说会出现无意义的路径. 因此, TSP 的杂交算子必须保持编码的有效性. 基本的形式有基于次序的杂交、基于位置的杂交、部分映射杂交、循环杂交等.

变异算子在遗传算法中起着双重作用, 一方面它在群体中提供和保持多样性以使其他的算子可以继续起作用, 另一方面它本身亦可以起一个搜索算子的作用. 变异是作用在单个染色体上的, 基本的形式有基于位置的变异、基于次序的变异、打乱次序的变异等.

Rudolph 证明了如果 GA 采用杰出个体保护策略, 则算法能渐近收敛到全局最优解.

为提高解的质量, 可以考虑将遗传算法与模拟退火法相结合, 形成所谓的遗传退火 (genetic annealing) 算法. 当然, 这种混合法在实现细节上有多种形式, 尚未有一致公认的最佳方案. 但是, 尽管遗传退火算法要比单纯的遗传算法或模拟退火法好, 其最大的不足之处就是运算时间过长, 因为遗传算法与模拟退火法都有运算时间长的毛病, 因此, 除了一些实验性的研究之外, 真正的实际应用并不多. 此外, 将遗传算法与禁忌搜索法等相结合也是一种可行的策略.

另一种比较有效的实现方法是将局部搜索法与遗传算法相结合的所谓遗传局部搜索法 (genetic local search), 既适用于对称型问题, 亦适用于非对称型问题.

3.3.2 模拟退火法求解

模拟退火法 (SA) 在某种程度上是一种局部搜索策略, 对 TSP 而言, 一个解状态就是顶点集 V 的一个排列 $\{i_1, i_2, \cdots, i_p, \cdots, i_q, \cdots, i_n\}$, 其邻域状态的生成方法有多种, 例如, 可以任取两点, 然后将其交换位置以得新的排列, 这种交换法在随机选取交换位置的情况下具有遍历性. 常见的几种基本形式可列举如下:

(1) 相邻两城市互换

$$H_1——1 \quad 2 \quad 3 \quad 4 \quad \underline{5} \quad \underline{6} \quad 7 \quad 8 \quad 9 \quad 10$$
$$H_2——1 \quad 2 \quad 3 \quad 4 \quad \underline{6} \quad \underline{5} \quad 7 \quad 8 \quad 9 \quad 10$$

(2) 两城市互换

$$H_1——1 \quad 2 \quad \underline{3} \quad 4 \quad 5 \quad 6 \quad \underline{7} \quad 8 \quad 9 \quad 10$$
$$H_2——1 \quad 2 \quad \underline{7} \quad 4 \quad 6 \quad 5 \quad \underline{3} \quad 8 \quad 9 \quad 10$$

(3) 单城市移位

$$H_1——1 \quad 2 \quad 3 \quad 4 \quad 5 \quad \underline{6} \quad 7 \quad 8 \quad 9 \quad 10$$
$$H_2——1 \quad 2 \quad \underline{6} \quad 3 \quad 4 \quad 5 \quad 7 \quad 8 \quad 9 \quad 10$$

(4) 城市子排序移位

$$H_1——1 \quad 2 \quad \underline{3 \quad 4 \quad 5 \quad 6} \quad 7 \quad 8 \quad 9 \quad 10$$
$$H_2——1 \quad 2 \quad 7 \quad 8 \quad \underline{3 \quad 4 \quad 5 \quad 6} \quad 9 \quad 10$$

(5) 城市子排列反序

$$H_1——1 \quad 2 \quad \underline{3 \quad 4 \quad 5 \quad 6} \quad 7 \quad 8 \quad 9 \quad 10$$
$$H_2——1 \quad 2 \quad \underline{6 \quad 5 \quad 4 \quad 3} \quad 7 \quad 8 \quad 9 \quad 10$$

(6) 城市子排列反序并移位

$$H_1——1 \quad \underline{2 \quad 3 \quad 4 \quad 5} \quad 6 \quad 7 \quad 8 \quad 9 \quad 10$$
$$H_2——1 \quad 6 \quad 7 \quad 8 \quad \underline{5 \quad 4 \quad 3 \quad 2} \quad 9 \quad 10$$

用 SA 求解 TSP 的算法流程可用伪码写成如下形式：

Begin

任意选择一个初始状态 H (初始解);   {* 也可用其他快速方法得到*}

选择初始温度 $T(> 0)$;

降温次数 $t \leftarrow 0$;

Repeat

　　邻域生成次数 $k \leftarrow 0$;

　　Repeat

　　　生成 H 的邻域状态 H';

　　　计算 $\delta \leftarrow Z(H') - Z(H)$;   {* Z 为目标函数*}

$\alpha \leftarrow \delta/T;$

　If 　　$\delta < 0$ 　　then 　　用 H' 置换 H

Else

　If $|\alpha| < \ln(1/\varepsilon)$ then

　　If random$(0, 1) < \mathrm{e}^{-\alpha}$ then H' 置换 $H;$

$k \leftarrow k + 1;$

Until 　$k = N(t);$

$t \leftarrow t + 1;$

$T \leftarrow T(t);$

Until 停机判别条件满足.

End

这里, ε 为一充分小的正数; $T(t)$ 为降温函数; $N(t)$ 为温度 t 下的邻域状态生成次数.

由于算法中的参数设定没有普遍统一的标准, 尽管一些学者对此进行了专门的研究, 但实用中仍以经验型试探为多.

我国学者曾用 SA 求解了中国 144 个城市的 TSP 问题 (原始数据见附录), 所得的最好结果为 30566 公里 (偏离目前已知的最优解 30380 公里 0.6%), 平均结果为 31143 公里 (偏离已知最优解 2.5%).

【附】模拟退火法 Delphi 源程序:

```
{* Simulated annealing algorithm for TSP *}
const eps=1E-8;
type   item=integer;
var    FN: string; f: System.Text;

procedure T_TSPSA_RUN;
const   maxn=500; alpha=0.95;
type    arr1=array of array of item;
        arr2=array of item;
var     n,i,j,ii,jj,count,xx,yy,t,temp: item; datatype: byte;
        temperature,delta,t0,repetition,ratio: real;
        w: arr1; route,rtemp: arr2; x,y: array of real;

function TWeight(route: arr2): item;
var k,s: item;
begin
```

```
    s：=0;
    for k：=1 to n−1 do s：=s+w[route[k],route[k+1]];
    s：=s+w[route[n],route[1]];
    tweight：=s;
end;


begin
    AssignFile(f,FN); Reset(f);
    {$I−} Readln(f,n,datatype,count); {$I+}
    if (IOResult<>0)or(n<4)or(n>maxn)or(datatype<1)or(datatype>2)or(count<1) then
    begin ShowMessage('数据错误!'); System.Close(f); exit; end;
    t0：=count;
    SetLength(w,n+1,n+1);
    if datatype=1 then
    begin
        SetLength(x,n+1); SetLength(y,n+1);
        for i：=1 to n do
        begin
            {$I−} readln(f,ii,x[i],y[i]); {$I+}
            if (IOResult<>0)or(ii<>i) then
            begin ShowMessage('数据错误!'); System.Close(f); exit; end;
        end;
        for i：=1 to n−1 do for j：=i+1 to n do
        begin
            w[i,j]：=trunc(sqrt(sqr(x[i]−x[j])+sqr(y[i]−y[j]))+0.5);
            w[j,i]：=w[i,j];
        end;
        for i：=1 to n do w[i,i]：=inf;
        SetLength(x,0); SetLength(y,0);
    end
    else
    begin
        for i：=1 to n−1 do for j：=i+1 to n do
        begin
            {$I−} readln(f,ii,jj,w[i,j]); {$I+}
```

```
      if (IOResult<>0)or(ii<>i)or(jj<>j)or(w[i,j]<1) then
      begin ShowMessage(' 数据错误!'); System.Close(f); exit; end;
      w[j,i]：=w[i,j];
   end;
   for i：=1 to n do w[i,i]：=inf;
end;
SetLength(route,n+1);
SetLength(rtemp,n+1);
System.Close(f);
FN：=Copy(FN,1,Length(FN)−4)+'.OUT';
ShowMessage(' 输出结果存入文件：'+FN);
AssignFile(f,FN); Rewrite(f);
for i：=1 to n do route[i]：=i;
writeln(f,' 初始回路总长 = ',TWeight(route));
repetition：=count;
temperature：=t0;
randomize;
t：=0;
repeat
  i：=0;
  repeat
    repeat
      xx：=random(n)+1; yy：=random(n)+1;
    until xx<>yy;
    for j：=1 to n do rtemp[j]：=route[j];
    temp：=rtemp[xx]; rtemp[xx]：=rtemp[yy]; rtemp[yy]：=temp;
    delta：=TWeight(rtemp)−TWeight(route);
    ratio：=−delta/temperature;
    if delta<0 then
    begin
      for j：=1 to n do route[j]：=rtemp[j];
    end
    else
    if abs(ratio)<ln(1/eps) then if random<exp(ratio) then
    begin
```

```
    for j：=1 to n do route[j]：=rtemp[j];
  end;
   i：=i+1;
 until i=repetition;
 t：=t+1;
 temperature：=exp(t*ln(alpha))*t0;
until temperature<eps;
writeln(f,' 改进回路总长 = ',TWeight(route));
write(f,' 改进回路路径 = ');
for i：=1 to n do write(f,route[i],' '); writeln(f);
System.Close(f);
end;
```

3.4   蚁 群 算 法

用蚁群算法求解 TSP 的运行效果将受到 α, β 等参数的影响. 其中, 参数 ρ 的影响在于它体现的是蚂蚁留在其通过的路径上的信息素轨迹的持久性, 若其数值过小, 即意味着这种信息消失过快, 难以形成最优线路, 但若数值过大, 又容易落入局部最优点, 因此, 为避免这两方面的缺陷, 其数值通常取在 0.7 左右较为适宜. Q 的取值对算法影响一般不太大, 只要不使计算产生溢出即可.

按 $\Delta\tau_{ij}^k$ 的三种不同取法, 可形成实施细节略有不同的蚁群算法. 在算法具体运行时, 蚂蚁个数常常取为 n, 且

$$0 \leqslant \alpha \leqslant 5, \quad 0 \leqslant \beta \leqslant 5, \quad 0.1 \leqslant \rho \leqslant 0.99, \quad 1 \leqslant Q \leqslant 10000.$$

易知, 此时的蚁群算法时间复杂度为 $O(nc \cdot n^3)$, 其中, nc 为运算迭代次数.

在基本的蚁群算法基础上, 可以与其他启发式算法相结合, 从而形成各种混合型搜索策略, 最典型的就是嵌入局部搜索法, 其主要思想是在各个蚂蚁形成自己的路线之后, 用局部调整方法 (如 2-opt 法、3-opt 法等) 来加以改进, 这样, 可以在较少的迭代步数内得到较好的结果. 此外, 与遗传算法、模拟退火法、禁忌搜索法等的结合, 都有一定的成效.

蚁群算法自问世以来, 求解最多的就是问题库 TSPLIB 中的大量著名 TSP 实例, 并与其他一些常用算法进行比较, 后来又陆续嵌入了若干启发式规则, 计算效果日益提高. 这里, 引用一份国外对几个典型实例的测试结果 (见表 3.1), 以供说明, 其中各结果栏中数字为回路总长.

表 3.1　部分试验结果

问题＼结果	算法	最好结果	平均结果	最差结果
D198	蚁群算法/局部搜索	15780/15780	15780.4/15780.2	15784/15784
Lin318	蚁群算法/局部搜索	42029/42029	42029.0/42064.6	42029/42163
Pcb442	蚁群算法/局部搜索	50778/50778	50911.2/50917.7	51047/51054
Att532	蚁群算法/局部搜索	27685/27685	27707.9/27709.7	27756/27759
Rat783	蚁群算法/局部搜索	8806/8806	8814.4/8828.4	8837/8850
U1060	蚁群算法/局部搜索	224455/224152	224853.5/224408.4	225131/224743
Pcb1173	蚁群算法/局部搜索	56895/56897	56956.0/57029.5	57120/57251
D1291	蚁群算法/局部搜索	50801/50825	50821.6/50875.7	50838/50926

如果将局部搜索法嵌入蚁群算法, 则可以得到一种相当有效的混合型蚁群算法, 其主要步骤可叙述成:

Begin

　蚂蚁初始化;

Loop:

　蚂蚁路径构造;

　对某个蚂蚁实施局部搜索法;

　蚂蚁轨迹更新;

　若迭代次数未到, 则转 Loop;

　输出当前最好解;

End

　在轨迹更新中, 对 τ_{ij} 加入了上下限 $\tau_{\max}$ 和 $\tau_{\min}$, 目的是限制某些蚂蚁对信息素轨迹的贡献, 从而使得搜索有机会跳出局部极值点. 这里, 采用启发式规则

$$\tau_{\max} = \frac{1}{1-\rho} \cdot \frac{1}{Z_{\mathrm{opt}}}, \quad \tau_{\min} = \frac{\tau_{\max}}{5},$$

其中, Z_{opt} 为当前最优值.

　使用该方法求解中国 144 个城市 TSP 问题, 取 $\alpha = \beta = 1, \rho = 0.75, Q = 1$, 迭代次数为 10, 可得

　蚂蚁回路总长 = 31006 (优于模拟退火法在同等时间内所得的平均结果 31143),

　蚂蚁回路路径 = 1 3 9 7 5 10 12 19 16 17 21 20 18 28 38 34 39 36 35 37 33 29 30 32 31 24 26 22 27 25 23 67 65 64 66 62 68 72 69 70 2 76 74 77 75 73 81 84 88 86 87 109 111 110 116 83 90 91 89 94 95 93 92 115 117 143 144 114 119 118 125 126 120 124 123 122 121 112 108 113 103 107 106 104 99 100 105 102 85 78 82 80 79 71 63 97 101 98 13 15 42 40 47 41 130 127 132 128 136 133 134 135 131 129 139 138 137 140 141 142 58 59 55 60 56 61 57 45 53 52 48 49 54 46 50 51 43 44 14 11 96 6 8 4.

取 $\alpha = \beta = 2, \rho = 0.7, Q = 1$, 迭代次数为 100, 则可得

回路总长 = 30351 (优于曾经公布的最好解 30380),

回路路径 = 45 57 61 56 60 55 59 58 142 141 140 137 129 131 135 139 138 124 123 120 126 125 118 119 114 144 143 117 115 92 93 95 94 89 91 90 83 116 110 111 87 109 113 103 107 108 112 121 122 133 134 136 128 132 127 130 41 47 40 42 104 106 99 100 105 102 85 86 88 84 78 81 75 77 74 76 73 2 70 72 69 82 80 79 68 71 63 62 66 64 65 67 23 24 31 32 37 35 36 39 34 20 18 38 28 33 29 30 26 22 27 25 7 9 5 21 17 16 19 12 10 1 3 4 8 14 11 6 96 97 101 98 15 13 43 44 51 50 46 54 49 48 52 53.

对该算例而言, 这种混合型蚁群算法的平均收敛性态如图 3.1 所示.

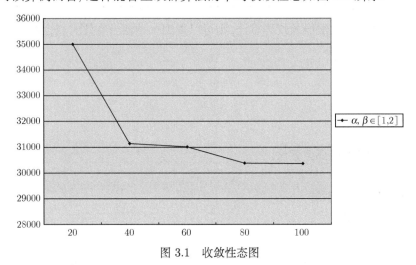

图 3.1   收敛性态图

横坐标: 迭代次数; 纵坐标: 目标函数值

借助一系列数值算例实验可以得知, 就经典 TSP 而言, α, β 的合理取值范围为 $[0, 5]$, 其较好的组合为 $\alpha, \beta \in [1, 2]$. 而且, 蚁群算法所得的结果往往要优于模拟退火法、遗传算法等所得到的结果.

【附】蚁群算法 Delphi 源程序 (带 2-Opt 局部搜索法):

```
{* Ant algorithm for TSP – Ant cycle, Ant density, Ant quantity *}
const inf=99999999; eps=1E-8;
type   item=integer;
var    FN: string; f: System.Text;

procedure T_ANT_RUN;
const maxn=500; ruo=0.7; alpha=1; beta=1;
label loop;
```

```
type  item2=real;
var   n,i,j,k,l,ii,jj,count,s,maxcount,tweight,index,last,selected: item;
      datatype,model: byte; Q,tmax,tmin: item2;
      w,route,cycle: array of array of item;
      t,dt: array of array of item2;
      len,opt,nearest,series: array of item;
      x,y: array of item2;

procedure TwoOpt;
var ahead,i,i1,i2,index,j,j1,j2,last,limit,max,next,
    s1,s2,t1,t2,maxtemp: item; pt: array of item;
begin
  SetLength(pt,n+1);
  t1: =1; t2: =1; s1: =1; s2: =1;
  for i: =1 to n−1 do pt[route[k,i]]: =route[k,i+1];
  pt[route[k,n]]: =route[k,1];
  repeat
    maxtemp: =0; i1: =1;
    for i: =1 to n−2 do
    begin
      if i=1 then limit: =n−1 else limit: =n;
      i2: =pt[i1]; j1: =pt[i2];
      for j: =i+2 to limit do
      begin
        j2: =pt[j1];
        max: =w[i1,i2]+w[j1,j2]−(w[i1,j1]+w[i2,j2]);
        if (max>maxtemp) then
        begin
          s1: =i1; s2: =i2; t1: =j1; t2: =j2; maxtemp: =max;
        end;
        j1: =j2;
      end;
      i1: =i2;
    end;
    if (maxtemp>0) then
```

```
    begin
      pt[s1]: =t1; next: =s2; last: =t2;
      repeat
        ahead: =pt[next]; pt[next]: =last;
        last: =next; next: =ahead;
      until next=t2;
    end;
  until (maxtemp=0);
  index: =1;
  for i: =1 to n do
  begin
    route[k,i]: =index; index: =pt[index];
  end;
end;

function PValue(i,j,k: item): item2;
var l: item; sum: item2;
begin
  sum: =0;
  for l: =1 to n do if (cycle[k,l]=0)and(l<>i) then
    sum: =sum+exp(alpha*ln(t[i,l]))/exp(beta*ln(w[i,l]));
  if (sum>eps)and(cycle[k,j]=0)and(j<>i) then
    sum: =exp(alpha*ln(t[i,j]))/exp(beta*ln(w[i,j]))/sum;
  PValue: =sum;
end;

procedure AntMove;
label select,check;
var i,j,k: item;
begin
  for k: =1 to n do
  begin
    nearest[k]: =k;
    for i: =1 to n do cycle[k,i]: =0;
    cycle[k,nearest[k]]: =k; last: =n; selected: =k;
```

```
    for j：=1 to last do series[j]：=j;
select：
    i：=nearest[k]; last：=last−1;
    for j：=selected to last do series[j]：=series[j+1];
    for j：=1 to last do
    begin
        selected：=random(last)+1; index：=series[selected];
        if (random<PValue(i,index,k)) then goto check;
    end;
check：
    cycle[k,nearest[k]]：=index;
    nearest[k]：=cycle[k,nearest[k]];
    if last>=2 then goto select;
    end;
end;


begin
    AssignFile(f,FN); Reset(f);
    {$I−} Readln(f,n,datatype,maxcount); {$I+}
    if (IOResult<>0)or(n<4)or(n>maxn)or(maxcount<1)or
        (datatype<1)or(datatype>2) then
    begin ShowMessage(' 数据错误!'); System.Close(f); exit; end;
    SetLength(w,n+1,n+1);
    SetLength(t,n+1,n+1);
    SetLength(dt,n+1,n+1);
    if datatype=1 then
    begin
        SetLength(x,n+1); SetLength(y,n+1);
        for i：=1 to n do
        begin
            {$I−} readln(f,ii,x[i],y[i]); {$I+}
            if (IOResult<>0)or(ii<>i) then
            begin ShowMessage(' 数据错误!'); System.Close(f); exit; end;
        end;
        for i：=1 to n−1 do for j：=i+1 to n do
```

```
    begin
      w[i,j]：=trunc(sqrt(sqr(x[i]−x[j])+sqr(y[i]−y[j]))+0.5);
      w[j,i]：=w[i,j]; t[i,j]：=1; dt[i,j]：=0;
      t[j,i]：=t[i,j]; dt[j,i]：=dt[i,j];
    end;
    for i：=1 to n do begin w[i,i]：=inf; t[i,i]：=1; dt[i,i]：=0; end;
    SetLength(x,0); SetLength(y,0);
end
else
begin
  for i：=1 to n−1 do for j：=i+1 to n do
  begin
    {$I−} readln(f,ii,jj,w[i,j]); {$I+}
    if (IOResult<>0)or(ii<>i)or(jj<>j)or(w[i,j]<1) then
    begin ShowMessage(' 数据错误!'); System.Close(f); exit; end;
    w[j,i]：=w[i,j]; t[i,j]：=1; dt[i,j]：=0;
    t[j,i]：=t[i,j]; dt[j,i]：=dt[i,j];
  end;
  for i：=1 to n do begin w[i,i]：=inf; t[i,i]：=1; dt[i,i]：=0; end;
end;
SetLength(route,n+1,n+1);
SetLength(cycle,n+1,n+1);
SetLength(len,n+1);
SetLength(opt,n+1);
SetLength(nearest,n+1);
SetLength(series,n+1);
System.Close(f);
FN：=Copy(FN,1,Length(FN)−4)+'.OUT';
ShowMessage(' 输出结果存入文件：'+FN);
AssignFile(f,FN); Rewrite(f);
count：=0;
tweight：=inf;
index：=1;
randomize;
Q：=100;
```

```
model：=random(3)+1;
loop：
  AntMove;
  for k：=1 to n do
  begin
    index：=k;
    for i：=1 to n do
    begin
      route[k,i]：=index; index：=cycle[k,index];
    end;
    len[k]：=w[route[k,n],route[k,1]];
    for i：=1 to n−1 do len[k]：=len[k]+w[route[k,i],route[k,i+1]];
  end;
  k：=random(n)+1;
  TwoOpt;
  len[k]：=w[route[k,n],route[k,1]];
  for i：=1 to n−1 do len[k]：=len[k]+w[route[k,i],route[k,i+1]];
  for k：=1 to n do if len[k]<tweight then
  begin
    tweight：=len[k];
    for j：=1 to n do opt[j]：=route[k,j];
  end;
  for k：=1 to n do
  begin
    case model of
    1：begin
        for l：=1 to n−1 do
        begin
          ii：=route[k,l]; jj：=route[k,l+1];
          dt[ii,jj]：=dt[ii,jj]+q/len[k];
        end;
        ii：=route[k,n]; jj：=route[k,1];
        dt[ii,jj]：=dt[ii,jj]+q/len[k];
      end;
    2：begin
```

```
        for l: =1 to n−1 do
        begin
            ii: =route[k,l]; jj: =route[k,l+1];
            dt[ii,jj]: =dt[ii,jj]+q;
        end;
        ii: =route[k,n]; jj: =route[k,1];
        dt[ii,jj]: =dt[ii,jj]+q;
      end;
  3: begin
        for l: =1 to n−1 do
        begin
            ii: =route[k,l]; jj: =route[k,l+1];
            dt[ii,jj]: =dt[ii,jj]+q/w[ii,jj];
        end;
        ii: =route[k,n]; jj: =route[k,1];
        dt[ii,jj]: =dt[ii,jj]+q/w[ii,jj];
      end;
    end;
  end;
  for i: =1 to n do for j: =1 to n do
  begin
    t[i,j]: =ruo*t[i,j]+dt[i,j];
    tmax: =1/(tweight*(1−ruo)); tmin: =tmax/5;
    if (t[i,j]>tmax) then t[i,j]: =tmax;
    if (t[i,j]<tmin) then t[i,j]: =tmin;
  end;
  count: =count+1;
  Q: =Q*0.9;
  for i: =1 to n do for j: =1 to n do dt[i,j]: =0;
  if count<maxcount then goto loop;
  writeln(f,' 蚂蚁回路总长 = ',tweight);
  write(f,' 蚂蚁回路路径 = ');
  for i: =1 to n do write(f,opt[i],' '); writeln(f);
  System.Close(f);
end;
```

3.5 元胞蚁群算法及其收敛性

3.5.1 元胞自动机

元胞自动机 (cellular automata, CA, 又称细胞自动机、分子自动机或者点格自动机) 是一种在时间、空间和状态上都离散的网格动力学模型. 元胞自动机的基本原理是利用大量元胞在简单规则下的并行演化来模拟复杂而丰富的宏观现象, 其散布在规则格网中的每一个元胞取有限的离散状态, 遵循同样的作用规则, 依据确定的局部规则作同步更新, 大量元胞通过简单的相互作用而构成动态系统的演化.

不同于一般的动力学模型, 元胞自动机不是由严格定义的物理方程或函数来确定, 而是由一系列简单的规则构成. 凡是满足这些规则的模型都可以看作是 CA 模型, 因此, 确切地讲, 元胞自动机是一类模型的总称, 或者说是一个方法框架.

尽管元胞自动机有着较为宽松、甚至近乎模糊的构成条件, 但作为一个数理模型, 元胞自动机有着严格的科学定义. 同时, 元胞自动机是一个地地道道的 "混血儿", 它是物理学家、数学家、计算机科学家和生物学家共同工作的结晶. 因此. 对元胞自动机的含义也存在不同的解释, 物理学家将其视为离散的、无穷维的动力学系统; 数学家将其视为描述连续现象的偏微分方程的对立体, 是一个时空离散的数学模型; 计算机科学家将其视为新兴的人工智能、人工生命的分支; 而生物学家则将其视为生命现象的一种抽象.

从集合论角度来看, 元胞自动机有着严格的描述和定义.

设 d 代表空间维数, k 代表元胞的状态且在一个有限集合 S 中取值, r 代表元胞的邻居半径. Z 是整数集, 表示一维空间, t 代表时间.

为叙述和理解上简单起见, 可在一维空间上考虑元胞自动机, 即假定 $d = 1$, 那么整个元胞空间就是在一维空间. 将整数集 Z 上的状态集 S 的分布, 记为 S^Z.

元胞自动机的动态演化就是在时间上状态组合的变化, 可以记为

$$F : S_t^Z \to S_{t+1}^Z.$$

这个动态演化又由各个元胞的局部演化规则 f 所决定, 这个局部函数 f 通常又称为局部规则.

对于一维空间, 元胞及其邻居可记为 S^{2r+1}, 局部函数可记为

$$f : S_t^{2r+1} \to S_{t+1}.$$

对于局部规则 f 来说, 函数的输入、输出集均为有限集合. 实际上, 它是一个有限的参照表. 例如, $r = 1$ 时, f 的形式可以为

$$[0,0,0] \to 0; \quad [0,0,1] \to 0; \quad [0,1,0] \to 1; \quad [1,0,0] \to 0;$$
$$[0,1,1] \to 1; \quad [1,0,1] \to 0; \quad [1,1,0] \to 0; \quad [1,1,1] \to 0.$$

对元胞空间内的元胞, 独立施加上述局部函数, 则可得到全局的演化

$$F\left(c_{t+1}^{i}\right) = f\left(c_{t}^{i-r}, \cdots, c_{t}^{i}, \cdots, c_{t}^{i+r}\right),$$

c_{t}^{i} 表示在位置 i 处的元胞于 t 时刻的状态, 至此, 我们就得到了一个元胞自动机模型.

元胞自动机最基本的组成由元胞、元胞空间、邻居及规则四部分构成. 简单地说, 元胞自动机可以视为由一个元胞空间和定义于该空间的变换函数所组成, 如图 3.2 所示.

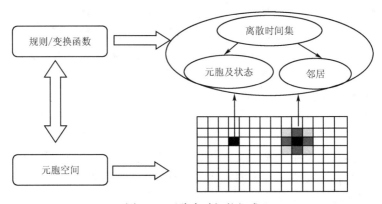

图 3.2　元胞自动机的组成

(1) 元胞 (cellular)

又可称为单元或基元, 是元胞自动机的最基本的组成部分. 元胞分布在离散的一维、二维或多维欧氏空间的晶格点上.

(2) 状态 (state)

状态可以是 $\{0, 1\}$ 二进制形式, 或是 $\{S_0, S_1, \cdots, S_i, \cdots, S_k\}$ 整数形式的离散集. 严格意义上而言, 元胞自动机的元胞只能有一个状态变量, 但在实际应用中, 往往将其进行了扩展. 例如每个元胞可以拥有多个状态变量, 这时称为多元随机元胞自动机模型.

(3) 元胞空间 (lattice)

元胞所分布在的空间网点集合就是元胞空间. 理论上, 它可以是任意维数的欧氏空间规则划分, 目前的研究多集中在一维和二维元胞自动机上. 对于一维元胞自动机, 元胞空间的划分只有一种. 而高维的元胞自动机, 元胞空间的划分则可能有多种形式. 对于最为常见的二维元胞自动机, 通常可按三角、四方或六边形三种网格排列, 如图 3.3 所示.

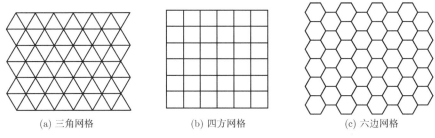

(a) 三角网格　　　　　　　　(b) 四方网格　　　　　　　　(c) 六边网格

图 3.3　二维元胞自动机的三种网格划分

(4) 邻居 (neighbor)

以上的元胞及元胞空间只表示了系统的静态成分, 为将 "动态" 性引入系统, 必须加入演化规则. 在元胞自动机中, 这些规则是定义在空间局部范围内的, 即一个元胞下一时刻的状态决定于本身状态和它的邻居元胞的状态. 因而, 在指定规则之前, 先须定义一定的邻居规则, 明确哪些元胞属于该元胞的邻居.

在一维元胞自动机中, 通常以半径来确定邻居, 在半径内的所有元胞均被认为是该元胞的邻居. 二维元胞自动机的邻居定义则较为复杂, 但通常有以下几种形式 (以最常用的规则四方网格划分为例), 如图 3.4 所示, 其中, 黑色元胞为中心元胞, 灰色元胞为其邻居.

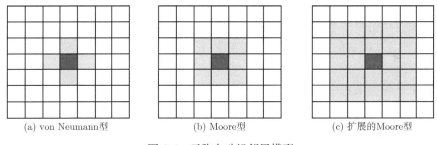

(a) von Neumann 型　　　　　(b) Moore 型　　　　　(c) 扩展的 Moore 型

图 3.4　元胞自动机邻居模型

① von Neumann 型. 一个元胞的上、下、左、右相邻四个元胞为该元胞的邻居. 这里, 邻居半径为 1, 相当于图像处理中的四邻域、四方向, 其邻居定义如下

$$N_{\text{Neumann}} = \left\{ v_i = (v_{ix}, v_{iy}) \mid |v_{ix} - v_{ox}| + |v_{iy} - v_{oy}| \leqslant 1, (v_{ix}, v_{iy}) \in Z^2 \right\},$$

其中, v_{ix}, v_{iy} 表示邻居元胞的行列坐标值, v_{ox}, v_{oy} 表示中心元胞的行列坐标值. 此时, 对于四方网格, 在维数为 $d = 1$ 时, 一个元胞的邻居个数为 2.

② Moore 型. 一个元胞的上、下、左、右、左上、左下、右上、右下相邻八个元胞为该元胞的邻居. 邻居半径同样为 1, 相当于图像处理中的八邻域、八方向. 其邻

居定义如下

$$N_{\text{Moore}} = \left\{ v_i = (v_{ix}, v_{iy}) \mid |v_{ix} - v_{ox}| \leqslant 1, |v_{iy} - v_{oy}| \leqslant 1, (v_{ix}, v_{iy}) \in Z^2 \right\},$$

其中, $v_{ix}, v_{iy}, v_{ox}, v_{oy}$ 意义同前. 此时, 对于四方网格, 在维数为 d 时, 一个元胞的邻居个数为 $(3^d - 1)$.

③扩展Moore型. 将以上的邻居半径扩展为2或者更大, 即得到所谓扩展的 Moore 型邻居. 此时, 对于四方网格, 在维数为 d 时, 一个元胞的邻居个数为 $((2r+1)^d - 1)$.

④ Margolus 型. 这是一种同以上邻居模型迥然不同的邻居类型, 它是每次将一个 2×2 的元胞块做统一处理, 而上述前三种邻居模型中, 每个元胞是分别处理的, 这种元胞自动机邻居由于格子气的成功应用而受到人们关注的.

(5) 规则 (rule)

根据元胞当前状态及其邻居状况确定下一时刻该元胞状态的动力学函数, 就是一个状态转移函数. 我们将一个元胞的所有可能状态连同负责该元胞的状态变换的规则一起称为一个变换函数, 这个函数构造了一种简单的、离散的空间/时间的局部物理成分. 要修改的范围里采用这个局部物理成分对其结构的 “元胞” 重复修改, 这样, 尽管物理结构的本身每次都不发展, 但是状态在变化. 可以记为 $f : S_i^{t+1} = f(S_i^t, S_N^t), S_N^t$ 为 t 时刻的邻居状态组合, 称 f 为元胞自动机的局部映射或局部规则.

(6) 时间 (time)

元胞自动机是一个动态系统, 它在时间维上的变化是离散的, 即时间 t 是一个整数值, 而且连续等间距. 假设时间间距 $d_t = 1$, 若 $t = 0$ 为初始时刻, 那么, $t = 1$ 为其下一时刻.

在上述转换函数中, 一个元胞在 $t+1$ 的时刻只 (直接) 决定于 t 时刻的该元胞及其邻居元胞的状态, 虽然, 在 $t - 1$ 时刻的元胞及其邻居元胞的状态间接 (时间上的滞后) 影响了元胞在 $t+1$ 时刻的状态.

由以上对元胞自动机的组成分析, 标准的元胞自动机为一个四元组

$$A = (L_d, S, N, f),$$

其中, L 表示元胞空间, d 是一正整数, 表示元胞自动机内元胞空间的维数; S 是元胞的有限、离散状态集合; N 表示一个所有邻域内元胞的组合 (包括中心元胞), 即包含 n 个不同元胞状态的空间矢量, 记为

$$N = (s_1, s_2, \cdots, s_n),$$

这里, n 是元胞的邻居个数. $s_i \in Z$(整数集合), $i \in \{1, 2, \cdots, n\}$; f 表示将 S_n 映射到 S 上的一个局部转换函数. 所有的元胞位于 d 维空间上, 其位置可用一个 d 元的整数矩阵 Z^d 来确定.

3.5.2 离散元胞蚁群算法描述

这里以经典 TSP 为例, 给出离散元胞蚁群算法的数学描述.

定义 3.1 给定城市元素的集合 $C = \{c_1, c_2, \cdots, c_n\}$, 则 C 中任意排序组合的集合为元胞空间, 可表为 $L = \{\text{cell}X = (c_1, \cdots, c_i, \cdots, c_j, \cdots, c_n) | c_i \in C, c_i \neq c_j, i, j = 1, 2, \cdots, n\}$, 其中, 每个组合 $\text{cell}X$ 为元胞.

定义 3.2 元胞邻居采用扩展 Moore 邻居类型

$$N_{\text{moore}} = \{\text{cell}Y | \text{diff}(\text{cell}Y - \text{cell}X) \leqslant r, \text{cell}X, \text{cell}Y \in L\},$$

其中, $\text{diff}(\text{cell}Y - \text{cell}X) \leqslant r$ 为两个组合排序的差异, 若无差异为 0, 有差异时, 最小为 2. r 为差异的程度, 这里取为 2.

定义 3.3 蚂蚁的相邻结点转移概率定义为

$$P_{ij} = \frac{[\tau_{ij}]^\alpha \cdot [\eta_{ij}]^\beta}{\sum\limits_k [\tau_{ik}]^\alpha \cdot [\eta_{ik}]^\beta},$$

其中, 各参数的含义见第 2 章.

定义 3.4 元胞演化规则: 依据元胞邻居的定义计算其邻居的目标解, 比较元胞和其邻居的差异, 选择最好的目标解.

于是, 元胞蚁群算法主要步骤可叙述如下:

步骤 1. $nc \leftarrow 0$; (nc 为迭代步数或搜索次数)

   各 τ_{ij} 和 $\Delta\tau_{ij}$ 初始化;

   将 m 个蚂蚁置于 n 个顶点上;

步骤 2. 将各蚂蚁的初始出发点置于当前解集中;

   对每个蚂蚁 k, 按概率 P_{ij}^k 移至相邻结点 j;

   将顶点 j 置于当前解集;

步骤 3. 计算各蚂蚁的目标函数值 Z_k; 记录当前的最好解;

步骤 4. 按元胞邻居的定义, 在邻居范围内演化, 并记录最好解;

步骤 5. 按更新方程修改轨迹强度;

步骤 6. 对各边弧 (i, j), 置 $\Delta\tau_{ij} \leftarrow 0$; $nc \leftarrow nc + 1$;

步骤 7. 若 $nc < $ 预定的迭代次数且无退化行为 (即找到的都是相同解), 则转步骤 2;

步骤 8. 输出目前的最好解.

对于元胞蚁群算法实现的描述, 我们可知, 当选择差异的程度为 2 时, 邻居内演化其运算时间的复杂度为 $O(nc \cdot n^2)$, 因此, 整个元胞蚁群算法过程的时间复杂度为 $O(nc \cdot n^2 \cdot m)$, 如果选取 $m \approx n$, 则算法的时间复杂度为 $O(nc \cdot n^3)$.

3.5.3   实例求解

选用 "http://www.iwr.uni-heidelberg.de/groups/comopt/software/TSPLIB95/"
公布的标准问题库 TSPLIB 中的实例进行测试, 其中, 各种参数的设定如下

$$\alpha = \beta = 1, \quad \rho = 0.7, \quad Q = 100, \quad m = n,$$

并使用 2-OPT 算法进行局部优化.

表 3.2 和表 3.3 是部分问题所得到的结果 (在计算边长时四舍五入取整). 其中,
L_1 为本算法求得的最优解, L_2 为 TSP 库中公布的最好解,

$$b_1 = \frac{L_1 - L_2}{L_2}.$$

表 3.2   TSP 计算结果

编 号	问题名称	L_1	L_2	b_1
1	eil51	427	426	0.002
2	Berlin52	7542	7542	0.000
3	St70	675	675	0.000
4	eil76	545	538	0.013
5	pr76	108159	108159	0.000
6	rat99	1219	1211	0.007
7	kroA100	21292	21282	0.003
8	KroB100	22232	22141	0.004
9	KroC100	20866	20749	0.006
10	KroD100	21499	21294	0.010
11	kroE100	22174	22068	0.005
12	rd100	7922	7910	0.002
13	eil101	644	629	0.024
14	lin105	14438	14379	0.004
15	pr107	44402	44303	0.002
16	pr124	59030	59030	0.000
17	b127	118874	118282	0.005
18	ch130	6187	6110	0.013
19	pr136	97994	96772	0.013
20	CHN144	30727	30351	0.012
21	pr144	58537	58537	0.000
22	ch150	6615	6528	0.013
23	KroA150	26858	26524	0.013
24	KroB150	26335	26130	0.008
25	u159	42413	42080	0.008
26	Lin318	43443	42029	0.034

表 3.3 算法比较表

问题名称	算法类型	平均	最好	已知最好解
berlin52	蚁群算法	7683.1	7542	7452
	元胞蚁群算法	7680.2	7542	
bier127	蚁群算法	122184.6	120770	118282
	元胞蚁群算法	122095	119830	
ch130	蚁群算法	6328.5	6262	6110
	元胞蚁群算法	6350.4	6223	
ch150	蚁群算法	6864.5	6719	6528
	元胞蚁群算法	6862.3	6814	
Eil76	蚁群算法	561.6	554	538
	元胞蚁群算法	558.1	551	
Eil101	蚁群算法	665.8	661	629
	元胞蚁群算法	664.5	649	
kroa100	蚁群算法	21711.8	21376	21282
	元胞蚁群算法	21656.6	21407	
kroa150	蚁群算法	27206.6	26921	26524
	元胞蚁群算法	27463.2	26858	
krob100	蚁群算法	22779.4	22373	22141
	元胞蚁群算法	22662.9	22232	
krob150	蚁群算法	27206.6	26921	26130
	元胞蚁群算法	27171.4	26799	
kroc100	蚁群算法	21366.7	20969	20749
	元胞蚁群算法	21319.2	20983	
krod100	蚁群算法	21888.4	21482	21294
	元胞蚁群算法	21954.6	21559	
kroe100	蚁群算法	22631.1	22234	22068
	元胞蚁群算法	22678.9	22388	
lin105	蚁群算法	14596.4	14493	14379
	元胞蚁群算法	14592.2	14480	
pr76	蚁群算法	109817.8	108946	108159
	元胞蚁群算法	109199	108280	
pr107	蚁群算法	44970.5	44632	44303
	元胞蚁群算法	44895	44402	
pr124	蚁群算法	59711.6	59246	59030
	元胞蚁群算法	59737.3	59030	
pr136	蚁群算法	100492.3	98893	96772
	元胞蚁群算法	100342.9	97994	
pr144	蚁群算法	58705.8	58537	58537
	元胞蚁群算法	58676.9	58607	
rat99	蚁群算法	1283.5	1265	1211
	元胞蚁群算法	1275	1253	
st70	蚁群算法	689.1	681	675
	元胞蚁群算法	686.4	677	
tap29	蚁群算法	1376	1376	1376
	元胞蚁群算法	1376	1376	

可以看出, 元胞蚁群算法在 TSP 求解过程中总体效果良好, 与 TSP 库中最好

解的误差基本控制在 1%以下.

3.5.4　元胞蚁群算法收敛性分析

设 (Ω, A, p) 表示一个完全的概率测度空间, $a = \{a_1, a_2, \cdots, a_i, \cdots, a_n\}$ 为每次迭代输出的最优解序列, 其中 $a_i = (c_i^1, c_i^2, \cdots, c_i^n), c_i^j \in C, j = 1, 2, \cdots, n, a_i \in L, L$ 为元胞空间, a_i 为一个元胞, C 为蚂蚁的状态空间.

定义 3.5　转移算子 T_p 是指蚂蚁按概率从一个结点到另一结点的转移过程, 是一种蚂蚁状态空间到状态空间的映射 $T_p : \Omega \times C \to C$, 定义为

$$p(\omega : T_p(\omega, (c_i, c_j))) = p_{ij} = \frac{[\tau_{ij}]^\alpha \cdot [\eta_{ij}]^\beta}{\sum\limits_k [\tau_{ik}]^\alpha \cdot [\eta_{ik}]^\beta}.$$

定义 3.6　演化算子 T_f 是指元胞区域的演化规律, 它是元胞空间到元胞空间的映射 $T_f : \Omega \times L \to L$, 可定义为

$$p(\omega : T_f(\omega, \text{cell}X)) = \begin{cases} = \text{cell}X, & Z_{\text{cell}X} \geqslant Z_{\text{cell}Y}, \\ = \text{cell}Y, & Z_{\text{cell}X} < Z_{\text{cell}Y}. \end{cases}$$

由离散元胞蚁群算法的求解过程可知, 这是一个迭代过程, 在每一次迭代中有若干个转移和演化算子, 因此可以进一步抽象为一个映射 T, 即 $T : \Omega \times a \to a$, 其中

$$T = \prod_{}^{n} T_p \cdot \prod_{}^{n} T_f.$$

由于算法每次都保留最好解, 因此, 整个求解过程中目标函数是一个非增序列. 而优化过程只关心满意解的变化过程, 为分析方便, 每次迭代用最好解来代替该次迭代的目标值. 于是, 可定义映射

$$a_{n+1} = T(\omega)a_n, \quad a_n, a_{n+1} \in a,$$

其中, a_n 为第 n 次迭代输出的最优解序列, a_{n+1} 为第 $n+1$ 次迭代输出的最优解序列, 于是, 对应的 Z_n 和 Z_{n+1} 为输出的最优目标解.

定义 3.7　度量 $d : a \times a \to R$ 的表达式定义如下

$$d(a_i, a_j) = \begin{cases} |Z_i - M| + |Z_j - M|, & a_i \neq a_j, \\ 0, & a_i = a_j, \end{cases}$$

其中, M 是 Z 的下界, 对于一个最小值问题而言, M 必存在.

定理 3.1　(a, d) 是完备可分的度量空间.

证明　a 为非空集合, d 为 $a \times a$ 上的实值函数, 对 $\forall a_i, a_j \in a, d(a_i, a_j)$, 满足:

(1) $d(a_i, a_j) \geqslant 0$, 当且仅当 $a_i = a_j, d(a_i, a_j) = 0$, 满足非负性;

(2) $d(a_i, a_j) = d(a_j, a_i)$, 满足对称性;

(3) 满足三角不等式

$$
\begin{aligned}
d(a_i, a_j) &= |Z_i - M| + |Z_j - M| \\
&\leqslant |Z_i - M| + |Z_k - M| + |Z_k - M| + |Z_j - M| \\
&= d(a_i, a_k) + d(a_k, a_j).
\end{aligned}
$$

故 (a, d) 为度量空间.

又 a 是一有限状态空间, 即 a 中解集的数目是有限的. 对任意柯西列 a_i, 及任意 $\varepsilon > 0$, 存在自然数 N, 当自然数 $n, k > N$ 时, $d(a_n, a_k) < \varepsilon$, 当 $n \to \infty$ 时, $a_n \to a^*$, 且 $a^* \in a$. 因此, (a, d) 为完备度量空间.

设 G 为 a 的子集, 由于 a 为有限集合, 因此 G 为可数子集. 又 G 的闭包包含 a 中所有元素, 所以 G 在 a 中稠密, 即 (a, d) 是可分的. 由此, (a, d) 为完备可分的度量空间.

定理 3.2 元胞蚁群算法的映射 T 为随机压缩算子.

证明 根据算法原理, 每一次转移将产生一个更好的评价函数, 而一次迭代由若干次转移组成, 即每一次迭代将产生一个更好的评价函数, 于是

$$ Z_{i-1} \geqslant Z_i \geqslant Z_{i+1}, $$

$$
\begin{aligned}
d(T(\omega, a_{i-1}), T(\omega, a_i)) &= d(a_i, a_{i+1}) \\
&= |Z_i - M| + |Z_{i+1} - M| \\
&\leqslant |Z_i - M| + |Z_{i-1} - M| \\
&= d(a_{i-1}, a_i).
\end{aligned}
$$

存在非负的随机变量 $0 \leqslant k(\omega) < 1$, 使得 $d(T(\omega, a_{i-1}), T(\omega, a_i)) \leqslant k(\omega)d(a_{i-1}, a_i)$ 且 (a, d) 是完备的度量空间, 故元胞蚁群算法形成的映射 T 为随机压缩算子.

定理 3.3 设随机算子 $T : \Omega \times X \to X$, 满足: 对几乎所有的 $\omega \in \Omega, T(\omega)$ 均为压缩算子, 即 $\exists \Omega_0 \subseteq \Omega, p(\Omega_0) = 1$, 使得对 $\omega \in \Omega_0$, 有

$$ d(T(\omega)x, T(\omega)y) \leqslant k(\omega)d(x, y), \quad \forall x, y \in X, $$

其中, $0 \leqslant k(\omega) < 1, \forall \omega \in \Omega_0$, 则 $T(\omega)$ 有唯一的随机不动点 $\xi(\omega)$.

证明 由 Banach 压缩映射原理, $\forall \omega \in \Omega_0, \exists \eta(\omega) \in X$, 为 $T(\omega)$ 之唯一不动点. $\forall \bar{x} \in X$, 令

$$
\xi(\omega) = \begin{cases} \eta(\omega), & \omega \in \Omega_0, \\ \bar{x}, & \omega \in \Omega - \Omega_0. \end{cases}
$$

则 $\xi(\omega)$ 为 $T(\omega)$ 之广义不动点, 且为 $T(\omega)$ 的唯一广义不动点.

为证 $\xi(\omega)$ 的可测性, $\forall x_0 \in X$, 令

$$ x_1(\omega) = T(\omega)x_0, $$

$$x_{n+1}(\omega) = T(\omega)x_n(\omega), \quad n = 1, 2, \cdots.$$

则由 $T(\omega)$ 连续 a.s., 及随机算子的复合定理, 得 $\{x_n(\omega)\}$ 为一随机变量列.

同样由 Banach 压缩映照原理知, $x_n(\omega) \to \xi(\omega)$, a.s., 由随机变量的极限定理, 得 $\xi(\omega)$ 为一随机变量. 从而, $\xi(\omega)$ 为 $T(\omega)$ 的随机不动点, 且为 $T(\omega)$ 的唯一随机不动点.

定理 3.4   离散元胞蚁群算法形成的映射 T 有唯一随机不动点.

证明   由于随机算子 $T : a \to a$ 满足对几乎所有的 $\omega \in \Omega, T(\omega)$ 均为压缩算子, 即存在 $\Omega_0 \subseteq \Omega, P(\Omega_0) = 1$, 使得对任一 $\omega \in \Omega_0$, 有

$$d(T(\omega, a_{i-1}), T(\omega, a_i)) \leqslant k(\omega)d(a_{i-1}, a_i), \quad \forall a_{i-1}, a_i \in a,$$

其中, $0 \leqslant k(\omega) < 1$. 由定理 3.3 知, $T(\omega)$ 有唯一随机不动点. 即离散元胞蚁群算法形成的映射 T 有唯一随机不动点.

离散元胞蚁群算法的求解迭代过程是一个随机压缩映射, 该迭代过程存在唯一不动点, 即离散元胞蚁群算法的求解迭代过程具有渐近收敛性.

第4章　扩展旅行商问题的蚁群算法

4.1　瓶颈 TSP 及其求解

4.1.1　问题概述

瓶颈问题是最早从 TSP 延伸出来的一种扩展型 TSP, 其含义与经典的 TSP 类似, 仅是目标不同, 要求巡回路线中经过的最长距离最短, 即最小化瓶颈距离. 该情形体现了那些并不追求总巡回路线最短, 而只希望在巡回路线中每次从一个地点至另一个地点的单次行程尽可能短的实际应用问题的特征.

从严格的数学意义而言, 瓶颈 TSP 可以通过一定的方法转换成等价的经典 TSP 问题, 但由于增加了问题的规模, 因此, 并没有降低问题的难度, 也未能提供任何特殊的解决办法.

和经典 TSP 类似, 瓶颈 TSP 的数学模型可写成

$$\min Z = \max\{d_{ij} \cdot x_{ij} | i, j \in V\},$$

$$\text{s.t.} \begin{cases} \displaystyle\sum_{j=1}^{n} x_{ij} = 1, & i \in V, \\ \displaystyle\sum_{i=1}^{n} x_{ij} = 1, & j \in V, \\ \displaystyle\sum_{i \in S} \sum_{j \in S} x_{ij} \leqslant |S| - 1, & \forall S \subset V, \\ x_{ij} \in \{0, 1\}. \end{cases}$$

由于目标函数为瓶颈值, 故求得的巡回路线与经典 TSP 的巡回路线往往截然不同.

求解经典 TSP 的所有精确型算法基本上都可略作修改用来求解瓶颈 TSP, 但仍然是指数级的时间复杂度. 启发式算法中的相当一部分亦可加以修改, 从而能对瓶颈 TSP 进行近似求解.

4.1.2　算法思想

求解瓶颈 TSP 的蚁群算法思想和经典 TSP 类似, 只需将目标函数换为瓶颈值即可.

对瓶颈 TSP 的求解采用: (1)最远插入法; (2)最近插入法; (3)最小插入法; (4)最近邻法; (5)模拟退火法; (6)蚁群算法; (7)元胞蚁群算法. 因这些算法的核心操作步

骤与 TSP 情形下的求解变化不大, 故有关细节从略. 采用这些算法, 对 TSPLIB 中一些实例进行了求解, 有关结果见表 4.1 (表中数字为目标函数值) .

表 4.1　部分 TSPLIB 实例求解结果

算法 问题	最远插入法	最近插入法	最小插入法	最近邻点法	模拟退火法	蚁群算法	元胞蚁群算法
Eil51	13	19	16	41	14	13	13
Eil76	16	16	16	33	16	16	16
Kroa100	514	737	737	1786	549	474	490
Kroa150	429	664	660	1042	597	421	420
Kroc100	571	790	725	1413	644	509	498
Lin105	580	685	614	845	586	487	487
Eil101	13	16	15	35	15	13	13

【附】最远插入法 Delphi 源程序:

```
{* Farthest Insertion for BTSP *}
const    inf=99999999;
type     item=integer;
var      FN:string; f:System.Text;

procedure T_BTSP_RUN;
const    maxn=500;
type     arr1=array of array of item;
         arr2=array of item;
var      n,i,j,ii,jj,d,st,maxdist,farthest,inscost,index,nextindex,
         newcost,end1,end2,tw:item; datatype:byte;
         w:arr1; route,tour,cycle,dist:arr2; x,y:array of real;

function Max(x,y:item):item;
begin
    if x>=y then max:=x else max:=y;
end;

begin
    AssignFile(f,FN); Reset(f);
    {$I−} Readln(f,n,datatype); {$I+}
    if (IOResult<>0)or(n<4)or(n>maxn)or(datatype<1)or(datatype>2) then
    begin ShowMessage(' 数据错误!'); System.Close(f); exit; end;
    SetLength(w,n+1,n+1);
    if datatype=1 then
```

```
begin
   SetLength(x,n+1); SetLength(y,n+1);
   for i:=1 to n do
begin
   {$I-} readln(f,ii,x[i],y[i]); {$I+}
   if (IOResult<>0)or(ii<>i) then
   begin ShowMessage(' 数据错误!'); System.Close(f); exit; end;
end;
for i:=1 to n-1 do for j:=i+1 to n do
begin
   w[i,j]:=trunc(sqrt(sqr(x[i]-x[j])+sqr(y[i]-y[j]))+0.5);
   w[j,i]:=w[i,j];
end;
for i:=1 to n do w[i,i]:=inf;
SetLength(x,0); SetLength(y,0);
end
else
begin
   for i:=1 to n-1 do for j:=i+1 to n do
   begin
      {$I-} readln(f,ii,jj,w[i,j]); {$I+}
      if (IOResult<>0)or(ii<>i)or(jj<>j)or(w[i,j]<1) then
      begin ShowMessage(' 数据错误!'); System.Close(f); exit; end;
      w[j,i]:=w[i,j];
end;
for i:=1 to n do w[i,i]:=inf;
end;
SetLength(route,n+1);
SetLength(tour,n+1);
SetLength(cycle,n+1);
SetLength(dist,n+1);
System.Close(f);
FN:=Copy(FN,1,Length(FN)-4)+'.OUT';
ShowMessage(' 输出结果存入文件:'+FN);
AssignFile(f,FN); Rewrite(f);
```

```
d:=inf;
farthest:=1;
end1:=1; end2:=1;
for st:=1 to n do
begin
    for i:=1 to n do cycle[i]:=0;
    cycle[st]:=st; w[st,st]:=0;
    for i:=1 to n do dist[i]:=w[st,i];
    for i:=1 to n do if i<>st then
begin
    maxdist:=-inf;
    for j:=1 to n do
    if cycle[j]=0 then if dist[j]>maxdist then
    begin maxdist:=dist[j]; farthest:=j; end;
    inscost:=inf; index:=st;
    for j:=1 to i do
    begin
        nextindex:=cycle[index];
        newcost:=w[index,farthest]+w[farthest,nextindex]-w[index,nextindex];
        if newcost<inscost then
        begin
        inscost:=newcost; end1:=index; end2:=nextindex;
        end;
        index:=nextindex
    end;
    cycle[farthest]:=end2; cycle[end1]:=farthest;
    for j:=1 to n do if cycle[j]=0 then
    if w[farthest,j]<dist[j] then dist[j]:=w[farthest,j];
    end;
    index:=st;
    for i:=1 to n do
    begin tour[i]:=index; index:=cycle[index]; end;
    tw:=w[tour[n],tour[1]];
    for i:=1 to n-1 do tw:=max(tw,w[tour[i],tour[i+1]]);
    if tw<=d then
```

begin d:=tw; for i:=1 to n do route[i]:=tour[i]; end;

w[st,st]:=inf;

end;

writeln(f,' 回路瓶颈 (max) 值 = ',d);

write(f,' 回路路径 = ');

for i:=1 to n do write(f,route[i],' '); writeln(f);

System.Close(f);

end;

4.2 最小比率 TSP 及其求解

4.2.1 问题概述

最小比率 TSP 是从经典 TSP 引申出来的一个变形问题: 假定从一个城市走到另一个城市可得到某种收益 (记为 p_{ij}), 则最小比率 TSP 的目标是要确定最佳行走路线, 使得回路的总行程与总收益之比最小. 这种目标的思想类似于人们日常生活中经常使用的费用效益比, 与单纯的总行程最短相比, 往往更具实际意义. 当然, 目标也可变通地换为总收益与总行程之比最大.

记 $G = (V, E)$ 为给定的赋权完全图, $V = \{1, 2, \cdots, n\}$ 为顶点集, E 为边集.

距离矩阵为

$$D = [d_{ij}]_{n \times n}, \quad d_{ij} = d_{ji} > 0, \quad i, j \in V.$$

收益矩阵为

$$P = [p_{ij}]_{n \times n}, \quad p_{ij} = p_{ji} > 0, \quad i, j \in V.$$

并设

$$x_{ij} = \begin{cases} 1, & \text{若}(i, j)\text{在回路路径上,} \\ 0, & \text{其他.} \end{cases}$$

则最小比率 TSP 的数学模型可写成

$$\min Z = \frac{\sum_{i \neq j} d_{ij} \cdot x_{ij}}{\sum_{i \neq j} p_{ij} \cdot x_{ij}},$$

$$\text{s.t.} \begin{cases} \sum_{j=1}^{n} x_{ij} = 1, & i \in V, \\ \sum_{i=1}^{n} x_{ij} = 1, & j \in V, \\ \sum_{i \in S} \sum_{j \in S} x_{ij} \leqslant |S| - 1, & \forall S \subset V, \\ x_{ij} \in \{0, 1\}. \end{cases}$$

毫无疑问, 由于目标函数中的非线性因素, 最小比率 TSP 的求解比之经典 TSP 显得更为困难.

4.2.2　算法思想

在求解经典 TSP 以及瓶颈 TSP 的蚁群算法基础上, 将目标函数改为最小比率形式, 则可构成用于求解最小比率 TSP 的蚁群算法. 其中, 各蚂蚁转移概率中的 η_{ij} 定义如下

$$\eta_{ij} = \frac{1}{d_{ij}} \quad \text{或} \eta_{ij} = \frac{1}{p_{\max} - p_{ij} + 1},$$

这里, 各蚂蚁按等概率选取其中之一, 其中, $p_{\max} = \max\{p_{ij}\}$.

上述定义的目的和含义是尽量使目标函数中的分子项最小或分母项最大. 算法在实施中嵌入局部搜索规则. 因基本框架雷同, 这里不再列出具体步骤.

4.2.3　计算试验

由于最小比率 TSP 缺乏有关实际数据, 这里仅用随机生成的数值算例进行试验, 规模 n 从 10 到 100, 数据值在区间 $(1,1000)$ 内, 大量计算表明, Ant-Cycle, Ant-Density, Ant-Quantity 这三种模型下的混合型蚁群算法和元胞蚁群算法, 其平均效果要优于模拟退火算法. 这里给出一个 $n = 10$ 规模问题的计算结果.

例　给定对称赋权完全图的距离矩阵和收益矩阵如下

$$D = \left\{ \begin{matrix} \infty & 1 & 862 & 273 & 319 & 373 & 83 & 71 & 60 & 918 \\ 1 & \infty & 775 & 698 & 718 & 163 & 467 & 826 & 482 & 875 \\ 862 & 775 & \infty & 773 & 493 & 828 & 142 & 501 & 593 & 775 \\ 273 & 698 & 773 & \infty & 771 & 558 & 682 & 956 & 999 & 677 \\ 319 & 718 & 493 & 771 & \infty & 86 & 496 & 510 & 954 & 339 \\ 373 & 163 & 828 & 558 & 86 & \infty & 706 & 775 & 198 & 914 \\ 83 & 467 & 142 & 682 & 496 & 706 & \infty & 590 & 690 & 94 \\ 71 & 826 & 501 & 956 & 510 & 775 & 590 & \infty & 281 & 162 \\ 60 & 482 & 593 & 999 & 594 & 198 & 690 & 281 & \infty & 544 \\ 918 & 875 & 775 & 677 & 339 & 914 & 94 & 162 & 544 & \infty \end{matrix} \right\},$$

$$P = \left\{ \begin{array}{cccccccccc}
\infty & 32 & 203 & 672 & 162 & 426 & 475 & 841 & 294 & 368 \\
32 & \infty & 328 & 845 & 307 & 330 & 247 & 280 & 150 & 288 \\
203 & 328 & \infty & 917 & 888 & 21 & 144 & 22 & 10 & 651 \\
672 & 845 & 917 & \infty & 709 & 207 & 593 & 645 & 244 & 296 \\
162 & 307 & 888 & 709 & \infty & 773 & 882 & 574 & 685 & 8 \\
426 & 330 & 21 & 207 & 773 & \infty & 989 & 750 & 144 & 785 \\
475 & 247 & 144 & 593 & 882 & 989 & \infty & 865 & 288 & 629 \\
841 & 280 & 22 & 645 & 574 & 750 & 865 & \infty & 878 & 274 \\
294 & 150 & 10 & 244 & 685 & 144 & 288 & 878 & \infty & 961 \\
368 & 288 & 651 & 296 & 8 & 785 & 629 & 274 & 961 & \infty
\end{array} \right\}.$$

用模拟退火法可求得最小比率为 0.40871 (取 α 为 0.99, 初始温度为 1000, 迭代 30000 次).

运行 Ant-Cycle 型混合蚁群算法, 得 0.40871, $H = \{1, 2, 4, 3, 5, 6, 7, 10, 9, 8\}$.

运行 Ant-Density 型混合蚁群算法, 得 0.40871, $H = \{1, 4, 2, 6, 5, 3, 7, 10, 8, 9\}$.

运行Ant-Quantity型混合蚁群算法, 得0.40871, $H = \{1, 2, 4, 7, 3, 5, 6, 10, 9, 8\}$.

运行元胞蚁群算法, 得 0.40871, $H = \{1, 4, 2, 6, 5, 3, 7, 10, 9, 8\}$ 或$\{1, 8, 9, 10, 7, 3, 5, 6, 2, 4\}$.

在运算过程中发现, 同样迭代次数内, 蚁群算法一般要比模拟退火法先达到最优点, 平均收敛曲性态如图 4.1.

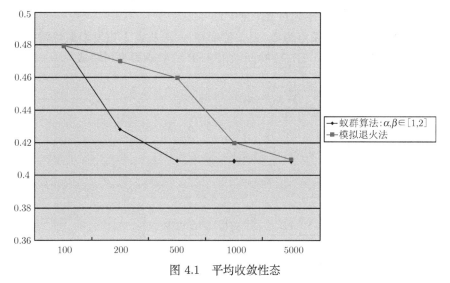

图 4.1 平均收敛性态

横坐标: 迭代次数; 纵坐标: 目标函数值

表 4.2 给出混合蚁群算法和元胞蚁群算法的测试结果, 各运算 10 次.

表 4.2   比较结果

算法	迭代次数	测试数据					平均值	最佳值
混合蚁群	1000	0.55382	0.40871	0.46637	0.52057	0.48907	0.49677	0.40871
		0.46637	0.47959	0.46190	0.52148	0.59979		
算法	10000	0.45094	0.40871	0.40871	0.58244	0.49325	0.48696	0.40871
		0.56467	0.56280	0.47959	0.50980	0.40871		
元胞蚁群	1000	0.51355	0.47759	0.40871	0.47959	0.46637	0.47980	0.40871
		0.52057	0.50354	0.53975	0.47959	0.40871		
算法	10000	0.47959	0.52148	0.46637	0.40871	0.46637	0.46066	0.40871
		0.40871	0.47800	0.40871	0.48907	0.47959		

从表中可知, 两种算法都能得到最小比率等于 0.40871, 但就最佳值出现的几率而言, 元胞蚁群算法要高于混合蚁群算法, 且元胞蚁群算法迭代 1000 次所得的平均结果要更好些.

4.3   时间约束 TSP 及其求解

4.3.1   问题概述

时间约束 TSP 是传统 TSP 的延伸和扩展, 即附加限制条件: 到达任何一个城市的时间都不超过预定的上限. 此时, 各城市间的距离都改用时间来表示. 由于这种复杂的变型问题有许多实际的应用, 因此, 寻找或者设计合理的解决方法就成为我们的首要问题. 如果将经典 TSP 中的距离参数改为时间参数, 并且记推销员到达各点的时间限制为 $T_i(i \in V)$, 则时间约束 TSP 就是要找一条最短巡回路线, 使得路线上各点的到达时间都不超过 $T_i(i \in V)$.

不失一般性, 可令出发点为 1. 设整型变量 $y_i = $ 从点 1 出发沿最优路线到达 i 所花的总时间 $(i \in V \setminus \{1\})$. 于是, 时间约束 TSP 的数学模型可写成

$$\min Z = \sum_{i=1}^{n} \sum_{j=1}^{n} t_{ij} \cdot x_{ij},$$

$$\text{s.t.} \begin{cases} \displaystyle\sum_{j=1}^{n} x_{ij} = 1, \quad i \in V, & \text{(a)} \\[2mm] \displaystyle\sum_{i=1}^{n} x_{ij} = 1, \quad j \in V, & \text{(b)} \\[2mm] \displaystyle\sum_{i \in S} \sum_{j \in S} x_{ij} \leqslant |S| - 1, \quad \forall S \subset V, & \text{(c)} \\[2mm] y_i \leqslant T_i, \quad i \in V \setminus \{1\}, & \text{(d)} \\[2mm] y_i = \displaystyle\sum_{k \in V \setminus \{1\}} (y_k + t_{kj}) \cdot x_{kj}, \quad i \in V \setminus \{1\}, & \text{(e)} \\[2mm] x_{ij} \in \{0,1\}, y_1 = 0, y_i \geqslant 0\text{且为整数}, i,j \in V, & \end{cases}$$

这里, 约束 (a)~(c) 为 TSP 的约束方程; 约束 (d) 表示在规定时间内到达各点; 约束 (e) 实际上是 $y_i = y_p + t_{pi}$ 的等价形式, P 为 $V \setminus \{i\}$ 中某个点, 即到达 i 之前的一个点, 此时 $x_{pi} = 1$, 即 $y_i = (y_p + t_{pi}) \cdot x_{pi}$. 由于约束 (a) 和 (b) 保证了 $x_{ki}(k \in V \setminus \{i\})$ 中只有 $x_{pi} = 1$, 其余皆为 0, 因此, $y_i = y_p + t_{pi}$ 等价于

$$y_i = \sum_{k \in V \setminus \{1\}} (y_k + t_{kj}) \cdot x_{kj}.$$

由于约束 (e) 中有 y_k 与 x_{ki} 的乘积项出现, 因此上述模型形式上为非线性的, 但是, 可以通过一定的数学转换化为等价的线性 0-1 整数规划模型.

4.3.2 算法思想

在时间约束 TSP 的蚁群算法中, $\eta_{ij} = 1/t_{ij}$,

$$P_{ij}^k = \frac{\tau_{ij}^\alpha \cdot \eta_{ij}^\beta}{\sum_{k \in S} \tau_{ik}^\alpha \cdot \eta_{ik}^\beta}, \quad \text{若} j \in S, \text{否则为} 0,$$

这里, S 为可行顶点集. 算法具体实现框架和经典 TSP 的蚁群算法类似.

【附】元胞蚁群算法 Delphi 源程序:

```
{* Cellular Ant Algorithm for Time-Constrained TSP *}
const inf=99999999; eps=1E-8;
var   FN:string; f:System.Text;

procedure T_TCELL_RUN;
const   maxn=500; ruo=0.7;
label   loop,select,check;
type    item1=integer; item2=real;
var     n,i,j,k,l,ii,jj,count,s,maxcount,tweight,index,last,yy:item1;
        Q,tmax,tmin:item2; datatype,model: byte;
        w,route,cycle:array of array of item1;
        t,dt:array of array of item2;
        len,opt,nearest,ub:array of item1;

function PValue(i,j,k:item1):item2;
var l:item1; sum:item2;
begin
  sum:=0;
  for l:=1 to n do if (cycle[k,l]=0)and(l<>i) then
```

```
    if yy+w[i,l]<=ub[l] then sum:=sum+t[i,l]/w[i,l];
    if (sum>eps)and(cycle[k,j]=0)and(j<>i) then sum:=t[i,j]/w[i,j]/sum;
    PValue:=sum;
end;

function CValue(k,j,m:item1):item1;
var x,i,yyCell:item1; routels:array of item1;
begin
    SetLength(routels,n+1);
    yyCell:=0; CValue:=1;
    for i:=1 to n do routels[i]:=route[k,i];
    x:=routels[j]; routels[j]:=routels[m]; routels[m]:=x;
    for i:=1 to n−1 do
    begin
        yyCell:=yyCell+w[routels[i],routels[i+1]];
        if yyCell>ub[routels[i+1]] then CValue:=0;
    end;
    yyCell:=yyCell+w[routels[n],routels[1]];
    if yyCell>ub[routels[1]] then CValue:=0;
end;

function OValue(k,i1,i2,j1,j2:item1;pt:array of item1):item1;
var ahead,index,last,next,i,yy2opt:item1; ptls:array of item1;
begin
    SetLength(ptls,n+1);
    yy2opt:=0; OValue:=1;
    for i:=1 to n do ptls[i]:=pt[i];
    ptls[i1]:=j1; next:=i2; last:=j2;
    repeat
        ahead:=ptls[next]; ptls[next]:=last;
        last:=next; next:=ahead;
    until next=j2;
    index:=1;
    for i:=1 to n do
    begin
        route[k,i]:=index; index:=pt[index];
```

```
  end;
  for i:=1 to n−1 do
  begin
      yy2opt:=yy2opt+w[route[k,i],route[k,i+1]];
      if yy2opt>ub[route[k,i+1]] then OValue:=0;
  end;
  yy2opt:=yy2opt+w[route[k,n],route[k,1]];
  if yy2opt>ub[route[k,1]] then OValue:=0;
end;

procedure TwoOpt;
var   ahead,i,i1,i2,index,j,j1,j2,last,limit,max,next,
      s1,s2,t1,t2,maxtemp:item1; pt:array of item1;
begin
  SetLength(pt,n+1);
  t1:=1; t2:=1; s1:=1; s2:=1;
  for i:=1 to n−1 do pt[route[k,i]]:=route[k,i+1];
  pt[route[k,n]]:=route[k,1];
  repeat
    maxtemp:=0; i1:=1;
    for i:=1 to n−2 do
  begin
  if i=1 then limit:=n−1 else limit:=n;
  i2:=pt[i1]; j1:=pt[i2];
  for j:=i+2 to limit do
  begin
    j2:=pt[j1];
    max:=w[i1,i2]+w[j1,j2]−(w[i1,j1]+w[i2,j2]);
    if (max>maxtemp) and (OValue(k,i1,i2,j1,j2,pt)=1)then
    begin
      s1:=i1; s2:=i2;
      t1:=j1; t2:=j2;
      maxtemp:=max;
    end;
    j1:=j2;
```

```
    end;
  i1:=i2;
  end;
  if (maxtemp>0) then
  begin
      pt[s1]:=t1; next:=s2; last:=t2;
      repeat
          ahead:=pt[next]; pt[next]:=last;
          last:=next; next:=ahead;
      until next=t2;
    end;
  until (maxtemp=0);
  index:=1;
  for i:=1 to n do
  begin
      route[k,i]:=index; index:=pt[index];
  end;
end;

procedure CellAnt;
var j,j1,m,m1,x,max,max1,max2,max3,max4,maxtemp,s1,s2:item1;
begin
  maxtemp:=0; s1:=1; s2:=1;
  for j:=1 to n−1 do
  begin
      for m:=j+1 to n do
      begin
        if (m=n) then m1:=1 else m1:=m+1;
        if (j=1) then j1:=n else j1:=j−1;
        max1:=w[route[k,j],route[k,j+1]]+w[route[k,j],route[k,j1]];
        max2:=w[route[k,m],route[k,m1]]+w[route[k,m],route[k,m−1]];
        max3:=w[route[k,j],route[k,m1]]+w[route[k,j],route[k,m−1]];
        max4:=w[route[k,m],route[k,j+1]]+w[route[k,m],route[k,j1]];
        max:=max1+max2−max3−max4;
        if (max>maxtemp) and (CValue(k,j,m)=1) then
```

```
    begin
      s1:=j; s2:=m; maxtemp:=max;
    end;
  end;
end;
if (maxtemp>0) then
begin
  x:=route[k,s2]; route[k,s2]:=route[k,s1]; route[k,s1]:=x;
end;
end;

begin
  AssignFile(f,FN); Reset(f);
  {$I−} Readln(f,n,maxcount); {$I+}
  if (IOResult<>0)or(n<4)or(n>maxn)or(maxcount<1) then
  begin ShowMessage(' 数据错误!'); System.Close(f); exit; end;
  SetLength(w,n+1,n+1);
  SetLength(t,n+1,n+1);
  SetLength(dt,n+1,n+1);
  SetLength(route,n+1,n+1);
  SetLength(cycle,n+1,n+1);
  SetLength(len,n+1);
  SetLength(opt,n+1);
  SetLength(nearest,n+1);
  SetLength(ub,n+1);
  for i:=1 to n−1 do for j:=i+1 to n do
  begin
    {$I−} readln(f,ii,jj,w[i,j]); {$I+}
    if (IOResult<>0)or(ii<>i)or(jj<>j)or(w[i,j]<1) then
    begin ShowMessage(' 数据错误!'); System.Close(f); exit; end;
    w[j,i]:=w[i,j]; t[i,j]:=1; dt[i,j]:=0;
    t[j,i]:=t[i,j]; dt[j,i]:=dt[i,j];
  end;
  for i:=1 to n do begin w[i,i]:=inf; t[i,i]:=1; dt[i,i]:=0; end;
  for i:=1 to n do
```

```
begin
  {$I-} readln(f,ii,ub[i]); {$I+}
  if (IOResult<>0)or(ii<>i)or(ub[i]<0) then
  begin ShowMessage(' 数据错误!'); System.Close(f); exit; end;
end;
System.Close(f);
FN:=Copy(FN,1,Length(FN)-4)+'.OUT';
ShowMessage(' 输出结果存入文件:'+FN);
AssignFile(f,FN); Rewrite(f);
count:=0;
tweight:=inf;
randomize;
Q:=100;
model:=random(3)+1;
loop:
  for k:=1 to n do
  begin
    s:=1; nearest[k]:=k;
    for i:=1 to n do cycle[k,i]:=0;
    cycle[k,nearest[k]]:=k; yy:=0;
select:
    i:=nearest[k]; index:=0;
    for j:=1 to n do if (cycle[k,j]=0)and(j<>i) then
    if yy+w[i,j]<=ub[j] then
    begin
      index:=j;
      if (random<PValue(i,j,k)) then
      begin index:=j; goto check; end;
    end;
check:
    if (index=0)and(s<n) then len[k]:=inf;
    if index>0 then
    begin
      cycle[k,nearest[k]]:=index;
      nearest[k]:=cycle[k,nearest[k]];
```

```
    yy:=yy+w[i,index]; len[k]:=yy; s:=s+1;
    if s<=n then goto select;
  end;
end;
for k:=1 to n do if len[k]<inf then
begin
  index:=k;
  for i:=1 to n do
  begin
    route[k,i]:=index; index:=cycle[k,index];
  end;
  CellAnt;
  len[k]:=w[route[k,n],route[k,1]];
  for i:=1 to n−1 do len[k]:=len[k]+w[route[k,i],route[k,i+1]];
end;
k:=random(n)+1;
if len[k]<inf then
begin
  TwoOpt;
  len[k]:=w[route[k,n],route[k,1]];
  for i:=1 to n−1 do len[k]:=len[k]+w[route[k,i],route[k,i+1]];
end;
for k:=1 to n do if len[k]<tweight then
begin
  tweight:=len[k];
  for j:=1 to n do opt[j]:=route[k,j];
end;
for k:=1 to n do if len[k]<inf then
begin
  case model of
  1: begin
     for l:=1 to n−1 do
     begin
       ii:=route[k,l]; jj:=route[k,l+1];
       dt[ii,jj]:=dt[ii,jj]+q/len[k];
```

```
        end;
     ii:=route[k,n]; jj:=route[k,1];
     dt[ii,jj]:=dt[ii,jj]+q/len[k];
        end;
  2: begin
        for l:=1 to n−1 do
        begin
          ii:=route[k,l]; jj:=route[k,l+1];
          dt[ii,jj]:=dt[ii,jj]+q;
        end;
        ii:=route[k,n]; jj:=route[k,1];
        dt[ii,jj]:=dt[ii,jj]+q;
        end;
  3: begin
        for l:=1 to n−1 do
        begin
          ii:=route[k,l]; jj:=route[k,l+1];
          dt[ii,jj]:=dt[ii,jj]+q/w[ii,jj];
        end;
        ii:=route[k,n]; jj:=route[k,1];
        dt[ii,jj]:=dt[ii,jj]+q/w[ii,jj];
        end;
     end;
end;
for i:=1 to n do for j:=1 to n do
begin
    t[i,j]:=ruo*t[i,j]+dt[i,j];
    tmax:=1/(tweight*(1-ruo)); tmin:=tmax/5;
    if (t[i,j]>tmax) then t[i,j]:=tmax;
    if (t[i,j]<tmin) then t[i,j]:=tmin;
  end;
  count:=count+1; Q:=Q*0.9;
  for i:=1 to n do for j:=1 to n do dt[i,j]:=0;
  if count<maxcount then goto loop;
  if tweight<inf then
```

```
begin
    writeln(f,' 蚂蚁回路总长 = ',tweight);
    write(f,' 蚂蚁回路路径 = ');
    for i:=1 to n do write(f,opt[i],' '); writeln(f);
end
else writeln(f,' 未找到可行解!');
    System.Close(f);
end;
```

4.4 多目标 TSP 及其求解

4.4.1 问题描述

多目标 TSP 亦是经典 TSP 的扩展和延伸, 若给定图 G 的各边弧上有 L 个权值, 则使得回路上相应的 L 个目标值都尽可能小的解就称为这个多目标 TSP 的 (Pareto) 有效解. 如实际问题中常常需要同时考虑路程最短、时间最少、费用最省、风险最小等多方面的因素, 因此, 研究这种多目标 TSP 问题就具有很强的实际意义. 毫无疑问, 这种多目标的组合优化问题难于求解, 比之单目标的问题更为复杂, 尤其缺乏实用算法.

由于多目标意义下的解是一种 "折衷解"、"非劣解" (non-dominated solution), 因而, 多目标 TSP 解的含义可定义如下:

假定有一回路解 H, 若不存在任何其他回路解 Q, 使得 $Z_r(Q) \leqslant Z_r(H)$, $r = 1, 2, \cdots, L$, 其中, 至少有一个不等式严格成立 (Z_r 为相应的目标函数值), 则 H 为一个非劣解或 Pareto 解.

记 $G=(V, E)$ 为赋权图, V 为顶点集, E 为边集, 各顶点间的权值 d_{ij}^r 已知($d_{ij}^r > 0$, $d_{ii}^r = \infty, i, j \in V, r = 1, 2, \cdots, L$), 则多目标 TSP 问题可写为如下的数学规划模型:

$$\min Z = \left\{ \sum_{i=1}^{n} \sum_{j=1}^{n} d_{ij}^1 \cdot x_{ij}, \sum_{i=1}^{n} \sum_{j=1}^{n} d_{ij}^2 \cdot x_{ij}, \cdots, \sum_{i=1}^{n} \sum_{j=1}^{n} d_{ij}^L \cdot x_{ij} \right\},$$

$$\text{s.t.} \begin{cases} \sum_{j=1}^{n} x_{ij} = 1, & i \in V, \\ \sum_{i=1}^{n} x_{ij} = 1, & j \in V, \\ \sum_{i \in S} \sum_{j \in S} x_{ij} \leqslant |S| - 1, & \forall S \subset V, \\ x_{ij} \in \{0, 1\}. \end{cases}$$

4.4.2　算法思想

对多目标 TSP 问题, 设计了三类求解方法:

(1) 边交换局部改进算法. 从经典 TSP 的 2-OPT 算法修改而来, 其核心思想为: 每次交换两条边, 若至少有一个目标得到改善, 其余的不劣化, 则实施该交换.

(2) 模拟退火算法. 从经典 TSP 的相应算法修改而来, 区别在于: δ 的计算有多个, 取最大的一个进入运算.

(3) 蚁群算法. 包括 Ant-Cycle, Ant-Density, Ant-Quantity 三种模型, 各蚂蚁的 η_{ij} 按等概率选取 $1/d_{ij}^r(r = 1, 2, \cdots, L)$ 中之一, 若实际问题有偏好结构, 可以在算法中予以体现.

算法中若对某个蚂蚁加入局部搜索机制, 则可构成混合型多目标蚁群算法, 操作方式与单目标的混合型蚁群算法类似.

τ_{ij} 的上界 $\tau_{\max}$ 可取为

$$\tau_{\max} = \frac{1}{1-\rho} * \frac{1}{\min\{Z_{\mathrm{opt}}^1, Z_{\mathrm{opt}}^2, \cdots, Z_{\mathrm{opt}}^L\}} .$$

4.4.3　计算试验

通过对一系列随机数值算例 (n=10~100) 进行试算, 得到了较好的效果. 这里, 以 4.2 节中算例为例, 以距离矩阵 D 和收益矩阵 P 为给定图 G 的各边弧上的两个权值, 求使得回路上相应的两个目标值都尽可能小的解.

求解中, 模拟退火法的 α 取 0.99, 初始温度取 1000, 迭代次数为 30000, 蚁群算法的 $\alpha, \beta \in [1,3], \rho = 0.7, Q = 10$, 迭代次数为 1000, 各算法分别运行 10 轮, 剔除其中的劣解, 得到的结果如表 4.3 (表中数字为目标函数值向量).

表 4.3　MTSP 满意解

局部改进法	模拟退火法	Ant-Cycle	Ant-Density	Ant-Quantity
(2533,5040)	(3199,2081)	(3820,1699)	(3820,1699)	(3820,1699)
(3820,1699)	(3384,1736)	(3199,2081)	(2866,2812)	(3199,2081)
(3135,2714)		(4864,1505)	(3168,2560)	(2757,3515)
(2757,3515)		(4251,1583)	(2722,3714)	(3135,2714)
(3384,1736)		(2866,2812)	(3199,2081)	(3384,1736)
(3116,3032)		(3384,1736)		

若目标 1 优先, 则可得表 4.4.

表 4.4　MTSP 解 1

Ant-Cycle	Ant-Density	Ant-Quantity
(2757,3515)	(2757,3515)	(2757,3515)
(2533,5040)	(3135,2714)	(2722,3714)

若目标 2 优先, 则可得表 4.5.

表 4.5 MTSP 解 2

Ant-Cycle	Ant-Density	Ant-Quantity
(3820,1699)	(3820,1699)	(3820,1699)
(3199,2081)	(3199,2081)	(3199,2081)

通过该算例以及其他随机数值问题的求解, 可以发现, 多目标 TSP 的蚁群算法所得的解明显多于模拟退火法, 略多于局部改进法, 并且随问题规模的增大, 体现出很好的寻优能力.

在前述的多目标 TSP 蚁群算法基础上, 仅需将多目标函数中的和形式改为瓶颈形式, 即可将算法修改成可用于多目标瓶颈 TSP 问题的多目标瓶颈蚁群算法, 对模拟退火算法亦可作同样的修改, 由于基本步骤类似, 故不再叙述算法的操作细节. 这里, 仅给出用这些算法求解上述算例的结果 (表 4.6. 算法参数同上).

表 4.6 MBTSP 满意解

模拟退火法	Ant-Cycle	Ant-Density	Ant-Quantity
(718,307)	(677,574)	(677,574)	(677,574)
(826,296)	(558,672)	(558,672)	(558,672)
	(999,288)		

若目标 1 优先, 则可得表 4.7.

表 4.7 MBTSP 解 1

Ant-Cycle	Ant-Density	Ant-Quantity
(677,574)	(677,574)	(677,574)
	(558,672)	

若目标 2 优先, 则可得表 4.8.

表 4.8 MBTSP 解 2

Ant-Cycle	Ant-Density	Ant-Quantity
(677,574)	(677,574)	(677,574)
(718,307)		(999,288)
(826,296)		

【附】多目标蚁群算法 Delphi 源程序:

```
{* Ant algorithm for MTSP *}
const   inf=99999999; eps=1E-8;
type    item=integer;
var     FN:string; f:System.Text;
```

```
procedure T_MANT_RUN;
const maxn=500; ruo=0.7;
label    loop;
type     item2=real;
var      n,i,j,k,l,ii,jj,count,s,maxcount,model,tweight1,tweight2,
         index,last,selected:item; Q,tmax,tmin:item2;
         w1,w2,route,cycle:array of array of item;
         t,dt:array of array of item2;
         len1,len2,opt,nearest,sk,series:array of item;
         datatype:byte; x1,x2,y1,y2:array of real;
function Min(x,y:item):item;
begin
   if x<=y then min:=x else min:=y;
end;

procedure TwoOpt;
var    ahead,i,i1,i2,index,j,j1,j2,last,limit,max1,max2,next,
       s1,s2,t1,t2,maxtemp1,maxtemp2:item; pt:array of item;
begin
   SetLength(pt,n+1);
   t1:=1; t2:=1; s1:=1; s2:=1;
   for i:=1 to n−1 do pt[route[k,i]]:=route[k,i+1];
   pt[route[k,n]]:=route[k,1];
   repeat
      maxtemp1:=0; maxtemp2:=0; i1:=1;
      for i:=1 to n−2 do
      begin
        if i=1 then limit:=n−1 else limit:=n;
        i2:=pt[i1]; j1:=pt[i2];
        for j:=i+2 to limit do
        begin
          j2:=pt[j1];
          max1:=w1[i1,i2]+w1[j1,j2]−(w1[i1,j1]+w1[i2,j2]);
          max2:=w2[i1,i2]+w2[j1,j2]−(w2[i1,j1]+w2[i2,j2]);
          if ((max1>maxtemp1)and(max2>=maxtemp2))or
```

```
            ((max1>=maxtemp1)and(max2>maxtemp2)) then
          begin
            s1:=i1; s2:=i2; t1:=j1; t2:=j2;
            maxtemp1:=max1; maxtemp2:=max2;
          end;
          j1:=j2;
        end;
        i1:=i2;
      end;
      if ((maxtemp1>0)and(maxtemp2>=0))or((maxtemp1>=0)and(maxtemp2>0))
then
      begin
        pt[s1]:=t1; next:=s2; last:=t2;
        repeat
          ahead:=pt[next]; pt[next]:=last;
          last:=next; next:=ahead;
        until next=t2;
      end;
    until (maxtemp1=0)and(maxtemp2=0);
    index:=1;
    for i:=1 to n do
    begin
      route[k,i]:=index; index:=pt[index];
    end;
  end;

function PValue(i,j,k:item):item2;
var l:item; sum:item2;
begin
  sum:=0;
  if sk[k]=1 then
  begin
    for l:=1 to n do
    if (cycle[k,l]=0)and(l<>i) then sum:=sum+t[i,l]/w1[i,l];
    if (sum>eps)and(cycle[k,j]=0)and(j<>i) then
```

```
            sum:=t[i,j]/w1[i,j]/sum;
    end
    else
    begin
        for l:=1 to n do
        if (cycle[k,l]=0)and(l<>i) then sum:=sum+t[i,l]/w2[i,l];
        if (sum>eps)and(cycle[k,j]=0)and(j<>i) then
            sum:=t[i,j]/w2[i,j]/sum;
    end;
    PValue:=sum;
end;

procedure AntMove;
label select,check;
var i,j,k:item;
begin
    for k:=1 to n do
    begin
        nearest[k]:=k;
        for i:=1 to n do cycle[k,i]:=0;
        cycle[k,nearest[k]]:=k;
        last:=n; selected:=k;
        for j:=1 to last do series[j]:=j;
select:
        i:=nearest[k]; last:=last−1; sk[k]:=random(2)+1;
        for j:=selected to last do series[j]:=series[j+1];
        for j:=1 to last do
        begin
            selected:=random(last)+1;
            index:=series[selected];
            if (random<PValue(i,index,k)) then goto check;
        end;
check:
    cycle[k,nearest[k]]:=index;
    nearest[k]:=cycle[k,nearest[k]];
```

```
    if last>=2 then goto select;
    end;
  end;

begin
  AssignFile(f,FN); Reset(f);
  {$I-} Readln(f,n,datatype,maxcount); {$I+}
  if (IOResult<>0)or(n<4)or(n>maxn)or(datatype<1)or(datatype>2)
    or(maxcount<1) then
  begin ShowMessage(' 数据错误!'); System.Close(f); exit; end;
  SetLength(w1,n+1,n+1);
  SetLength(w2,n+1,n+1);
  SetLength(t,n+1,n+1);
  SetLength(dt,n+1,n+1);
  if datatype=1 then
  begin
    SetLength(x1,n+1); SetLength(y1,n+1);
    SetLength(x2,n+1); SetLength(y2,n+1);
    for i:=1 to n do
    begin
      {$I-} readln(f,x1[i],y1[i],x2[i],y2[i]); {$I+}
      if (IOResult<>0) then
      begin ShowMessage(' 数据错误!'); System.Close(f); exit; end;
    end;
    for i:=1 to n-1 do for j:=i+1 to n do
    begin
      w1[i,j]:=trunc(sqrt(sqr(x1[i]-x1[j])+sqr(y1[i]-y1[j]))+0.5);
      w2[i,j]:=trunc(sqrt(sqr(x2[i]-x2[j])+sqr(y2[i]-y2[j]))+0.5);
      w1[j,i]:=w1[i,j]; w2[j,i]:=w2[i,j];
      t[i,j]:=1; dt[i,j]:=0;
      t[j,i]:=t[i,j]; dt[j,i]:=dt[i,j];
    end;
    for i:=1 to n do
    begin
      w1[i,i]:=inf; w2[i,i]:=inf;
```

```
    t[i,i]:=1; dt[i,i]:=0;
  end;
  SetLength(x1,0); SetLength(y1,0);
  SetLength(x2,0); SetLength(y2,0);
end
else
begin
  for i:=1 to n−1 do for j:=i+1 to n do
begin
  {$I−} readln(f,ii,jj,w1[i,j],w2[i,j]); {$I+}
  if (IOResult<>0)or(ii<>i)or(jj<>j)or(w1[i,j]<1)or(w2[i,j]<1) then
  begin ShowMessage(' 数据错误!'); System.Close(f); exit; end;
  w1[j,i]:=w1[i,j]; w2[j,i]:=w2[i,j];
  t[i,j]:=1; dt[i,j]:=0;
  t[j,i]:=t[i,j]; dt[j,i]:=dt[i,j];
end;
for i:=1 to n do
begin
  w1[i,i]:=inf; w2[i,i]:=inf;
  t[i,i]:=1; dt[i,i]:=0;
end;
end;
System.Close(f);
FN:=Copy(FN,1,Length(FN)-4)+'.OUT';
ShowMessage(' 输出结果存入文件:'+FN);
AssignFile(f,FN); Rewrite(f);
SetLength(route,n+1,n+1);
SetLength(cycle,n+1,n+1);
SetLength(len1,n+1);
SetLength(len2,n+1);
SetLength(opt,n+1);
SetLength(nearest,n+1);
SetLength(sk,n+1);
SetLength(series,n+1);
count:=0;
```

```
  tweight1:=inf;
  tweight2:=inf;
  index:=1;
  randomize;
 Q:=100;
  model:=random(3)+1;
loop:
  AntMove;
  for k:=1 to n do
  begin
     index:=k;
     for i:=1 to n do
     begin
       route[k,i]:=index; index:=cycle[k,index];
     end;
     len1[k]:=w1[route[k,n],route[k,1]];
     len2[k]:=w2[route[k,n],route[k,1]];
     for i:=1 to n−1 do
     begin
     len1[k]:=len1[k]+w1[route[k,i],route[k,i+1]];
     len2[k]:=len2[k]+w2[route[k,i],route[k,i+1]];
   end;
end;
k:=random(n)+1;
TwoOpt;
len1[k]:=w1[route[k,n],route[k,1]];
len2[k]:=w2[route[k,n],route[k,1]];
for i:=1 to n−1 do
begin
  len1[k]:=len1[k]+w1[route[k,i],route[k,i+1]];
  len2[k]:=len2[k]+w2[route[k,i],route[k,i+1]];
end;
for k:=1 to n do
if (len1[k]<=tweight1)and(len2[k]<=tweight2) then
begin
```

```
    tweight1:=len1[k]; tweight2:=len2[k];
    for j:=1 to n do opt[j]:=route[k,j];
end;
for k:=1 to n do
begin
  case model of
  1:  begin
        if sk[k]=1 then
        begin
          for l:=1 to n−1 do
          begin
            ii:=route[k,l]; jj:=route[k,l+1];
            dt[ii,jj]:=dt[ii,jj]+q/len1[k];
          end;
          ii:=route[k,n]; jj:=route[k,1];
          dt[ii,jj]:=dt[ii,jj]+q/len1[k];
        end
        else
        begin
          for l:=1 to n−1 do
          begin
            ii:=route[k,l]; jj:=route[k,l+1];
            dt[ii,jj]:=dt[ii,jj]+q/len2[k];
          end;
          ii:=route[k,n]; jj:=route[k,1];
          dt[ii,jj]:=dt[ii,jj]+q/len2[k];
        end;
      end;
  2:  begin
        for l:=1 to n−1 do
        begin
          ii:=route[k,l]; jj:=route[k,l+1]; dt[ii,jj]:=dt[ii,jj]+q;
        end;
        ii:=route[k,n]; jj:=route[k,1]; dt[ii,jj]:=dt[ii,jj]+q;
      end;
```

```
3:   begin
         if sk[k]=1 then
         begin
           for l:=1 to n−1 do
           begin
             ii:=route[k,l]; jj:=route[k,l+1];
             dt[ii,jj]:=dt[ii,jj]+q/w1[ii,jj];
           end;
             ii:=route[k,n]; jj:=route[k,1];
             dt[ii,jj]:=dt[ii,jj]+q/w1[ii,jj];
         end
         else
         begin
           for l:=1 to n−1 do
           begin
             ii:=route[k,l]; jj:=route[k,l+1];
             dt[ii,jj]:=dt[ii,jj]+q/w2[ii,jj];
           end;
             ii:=route[k,n]; jj:=route[k,1];
             dt[ii,jj]:=dt[ii,jj]+q/w2[ii,jj];
         end;
        end;
      end;
end;
for i:=1 to n do for j:=1 to n do
begin
   t[i,j]:=ruo*t[i,j]+dt[i,j];
   tmax:=1/(min(tweight1,tweight2)*(1−ruo)); tmin:=tmax/5;
   if (t[i,j]>tmax) then t[i,j]:=tmax;
   if (t[i,j]<tmin) then t[i,j]:=tmin;
end;
count:=count+1; Q:=Q*0.9;
for i:=1 to n do for j:=1 to n do dt[i,j]:=0;
if count<maxcount then goto loop;
writeln(f,' 蚂蚁回路总长 1 = ',tweight1);
```

```
writeln(f,' 蚂蚁回路总长 2 = ',tweight2);
write(f,' 蚂蚁回路路径 = ');
for i:=1 to n do write(f,opt[i],' '); writeln(f);
System.Close(f);
end;
```

第5章　车辆路径问题的蚁群算法

5.1　VRP 概述

车辆路径问题 (vehicle routing problem, VRP) 是物流配送优化中关键的一环, 是提高物流经济效益、实现物流科学化所必不可少的, 也是管理科学的一个重要研究课题. 该问题自提出以来, 很快便引起运筹学、应用数学、物流科学、计算机科学等各学科专家与运输计划制定者和管理者的极大重视, 成为运筹学与组合优化领域的前沿与热点研究问题. 许多学者对该问题进行了大量的理论研究及实验分析, 取得了极大的进展.

VRP 问题可描述如下: 在某些限制条件下, 设计从一个或多个初始点出发, 到多个不同位置的城市或客户的最优送货或路径分配, 即设计一个总代价最小的路线集, 使得

(1) 每个城市或客户只被一辆车访问一次;

(2) 所有车辆从起点出发再回到起点;

(3) 某些限制或约束条件被满足.

最常见的约束条件包括:

(1) 容量限制. 对每个城市 i 都有一个需求量 d_i, 任何车辆所负责解决的需求总量不能超过车辆的负载能力. 这种有容量限制的 VRP 称为 CVRP.

(2) 总长限制. 任何路径 (或时间) 长度不能超过某一常数, 这个长度包括城市间的旅行时间和在城市的停留时间. 这种有路长或时间限制的 VRP 称为 DVRP.

(3) 时间窗. 城市 i 必须在时间段 $[b_i, e_i]$ 中被访问, 允许在城市 i 停留. 这种有时间窗限制的 VRP 称为 VRPTW.

(4) 两个城市的优先关系: 城市 i 必须在 j 之前被访问.

5.2　CVRP 及其求解

5.2.1　数学模型

根据约束条件的不同可以将 VRP 分成几种不同的类型, 其求解也会随着所要考虑的影响因素、限制条件的增加而变得更加困难. 其中最基本的一种类型是 CVRP, 在不引起混淆的情况下, 许多文献直接将 CVRP 称为 VRP, 也就是我们通

常所说的经典 VRP.

　　CVRP 通常的提法为: 已知有若干客户, 每个客户点的位置坐标和货物需求已知, 车辆的负载能力一定, 每辆车都从起点 (depot) 出发, 完成若干客户点的运送任务后再回到起点. 假设每个客户被而且只被访问一次, 每辆车所访问的城市的需求总和不能超过车辆的负载能力. 现要使所有客户需求都得到满足, 且总的运送 (旅行) 成本最小.

　　CVRP 自提出以来, 人们对其进行了大量的研究, 设计了各种类型的求解算法, 如精确型的分支定界法、经验型的启发式算法、禁忌搜索法、遗传算法等, 都取得了较好的效果.

　　设

$$x_{ijk} = \begin{cases} 1, & \text{车辆 } k \text{ 经过路径}(i,j), \\ 0, & \text{否则}. \end{cases} \qquad y_{ki} = \begin{cases} 1, & \text{车辆 } k \text{ 给客户 } i \text{ 送货} \\ 0, & \text{否则} \end{cases}$$

则 CVRP 的数学模型可写为

$$\min Z = \sum_i \sum_j \sum_k c_{ij} x_{ijk},$$

$$\text{s.t.} \begin{cases} \sum_i d_i y_{ki} \leqslant D, & \forall k, & (a) \\ \sum_k y_{ki} = 1, & i \in V, & (b) \\ \sum_i x_{ijk} = y_{kj}, & j \in V, \forall k, & (c) \\ \sum_j x_{ijk} = y_{ki}, & i \in V, \forall k, & (d) \\ \sum_{i,j \ \in S \times S} x_{ijk} \leqslant |S| - 1, & S \subseteq V, & (e) \\ x_{ijk}, y_{ki} \in \{0,1\}, & i, j \in V, \forall k. \end{cases}$$

其中, 约束 (a) 为车辆负载限制, 约束 (b) 保证每辆车对每个客户只访问一次, 约束 (c)~(e) 则保证形成可行回路. 参数 c_{ij} 为距离, d_i 为各客户需求量, D 为单车载重量.

5.2.2 蚁群算法

　　CVRP 的最终目标是使所有车辆的总行程最短, 其蚁群算法求解思想如下:

Begin

　　初始化:

　　　$nc \leftarrow 0;(nc$ 为迭代次数)

　　　对各边弧 (i,j):

　　　　　$\tau_{ij} \leftarrow$ 常数 c(较小的正数); $\Delta\tau_{ij} \leftarrow 0;$

　　　　　$ca \leftarrow D;(ca$ 为车辆剩余载重量)

　读入其他输入参数;

Loop:

　将初始点置于当前解集中;

　While (不满足停机准则)do

　begin

　　对每个蚂蚁 k:

　　　按剩余载重量和转移概率 P_{ij}^k 选择顶点 j;

　　　将蚂蚁 k 从顶点 i 移至顶点 j;

　　将顶点 j 置于当前解集中;

　end

　当所有点都已置于解集中, 则记录蚂蚁个数 $m \leftarrow k$;

　应用局部搜索机制优化路径;

　计算各蚂蚁的目标函数值;

　记录当前的最好解;

　for　$k \leftarrow 1$ to m do

　begin

　　对各边 (i,j), 计算:$\Delta\tau_{ij} \leftarrow \Delta\tau_{ij} + \Delta\tau_{ij}^k$ (增加单位信息素);

　end

　对各边 (i,j), 计算:

　　$\tau_{ij} \leftarrow \rho \cdot \tau_{ij} + \Delta\tau_{ij}$　(轨迹更新);

　对各边 (i,j), 置 $\Delta\tau_{ij} \leftarrow 0$;

　$nc \leftarrow nc + 1$;

　若 $nc <$ 预定的迭代次数, 则 goto Loop;

　输出目前的最好解;

End

不难验证, 整个算法的时间复杂性为 $O(nc \cdot n^2)$. 另外, 为使人工蚂蚁找到的路线能进一步优化, 算法中可对回路路线加入 2-OPT 局部搜索机制.

5.2.3 实例求解

为检验算法有效性,测试求解了国际上公认的 VRP 问题库 (Solomon's instances) 中的典型实例, 下面给出其中的一个实例及其有关结果.

　例 (eil22) n=22,D=6000.

用扫除算法求解可得

H={111.8756, 107.0266, 76.4051, 80.7081, 11.1803 };

B={5800,5200,5300,4900,1300}.

其中, H 是各路径长度, B 是各车辆提供给顾客所需的货物总量. 即车辆数为 5, 车辆总行程为 387.

用蚁群算法求解 VRP 时, 其参数的取值范围可参照 TSP. 而实际上, 通过对 VRPLIB 中大部分算例的求解发现, α 取值在 1~2 之间, β 取值在 1~3 之间往往会取得较好的效果. 参数 ρ 取 0.7, Q 取 10. 另外, 蚁群算法中的三种模型对结果影响不大, 这里取 Ant-Cycle 模型. 迭代次数为 1000, 取重复 10 轮运行中的最好值 (见表 5.1).

表 5.1   不同参数结果

(α, β)	(1,1)	(1,2)	(1,3)	(2,1)	(2,2)	(2,3)
回路总长	376	375	375	379	375	375

可看出, 求得的最好解是 375, 而当参数取值超出该范围时, 基本上无法找到最好解. 车辆的具体行走路线、各路径长以及总路长为

$$\text{所需车辆数} = 4, \text{车辆总行程} = 375;$$

第 1 条路线: 回路总长 =113;
            回路路径 =1   10   8   6   3   2   7   1;
第 2 条路线: 回路总长 =83;
            回路路径 =1   13   16   19   21   18   1;
第 3 条路线: 回路总长 =77;
            回路路径 =1   17   20   22   15   1;
第 4 条路线: 回路总长 =102;
            回路路径 =1   14   12   5   4   9   11   1.

目前已公布的最好结果即为 (4, 375).

【附】蚁群算法 Delphi 源程序:

```
{* Ant algorithm for VRP — Ant cycle, Ant density, Ant quantity *}
const   inf=99999999; eps=1E-8;
type    item=integer;
var     FN:string; f:System.Text;

procedure T_VRPANT_RUN;
const maxn=500; ruo=0.7; Q=10;
label loop;
type   item2=real;
       arr1=array of array of item;
       arr2=array of array of item2;
```

```
      arr3=array of boolean;
      arr4=array of item;
      arr5=array of item2;
var   n,i,j,k,l,ii,jj,count,s,maxcount,tweight,index,model,qq,capa,m,
      last,selected,tm,weight:item; tmax,tmin:item2; datatype:byte;
      w,route,opt,cycle:arr1; t,dt:arr2; ch:arr3; x,y:arr5;
      len,tlen,nearest,series,demand,kcount,tkcount:arr4;
function PValue(i,j,k:item):item2;
var l:item; sum:item2;
begin
   sum:=0;
   for l:=2 to n do
   if (capa>=demand[l])and(ch[l])and(cycle[k,l]=0)and(l<>i) then
      sum:=sum+t[i,l]/w[i,l];
   if (sum>eps)and(cycle[k,j]=0)and(j<>i) then
      sum:=t[i,j]/w[i,j]/sum;
   PValue:=sum;
end;

procedure TwoOpt(p:item);
var   ahead,i,i1,i2,index,j,j1,j2,last,limit,max,next,s1,s2,t1,t2,maxtemp:item; pt:arr4;
begin
   SetLength(pt,n+1);
   t1:=1; t2:=1; s1:=1; s2:=1;
   for i:=1 to p−1 do pt[route[k,i]]:=route[k,i+1];
   pt[route[k,p]]:=route[k,1];
   repeat
      maxtemp:=0; i1:=1;
      for i:=1 to p−2 do
      begin
         if i=1 then limit:=p−1 else limit:=p;
         i2:=pt[i1]; j1:=pt[i2];
         for j:=i+2 to limit do
         begin
            j2:=pt[j1];
```

```
            max:=w[i1,i2]+w[j1,j2]−(w[i1,j1]+w[i2,j2]);
            if (max>maxtemp) then
            begin
                s1:=i1; s2:=i2; t1:=j1; t2:=j2; maxtemp:=max;
            end;
              j1:=j2;
          end;
          i1:=i2;
      end;
      if (maxtemp>0) then
      begin
          pt[s1]:=t1; next:=s2; last:=t2;
          repeat
              ahead:=pt[next]; pt[next]:=last;
              last:=next; next:=ahead;
          until next=t2;
      end;
  until (maxtemp=0);
  index:=1;
  for i:=1 to p do
  begin
      route[k,i]:=index; index:=pt[index];
  end;
end;

procedure AntMove;
label lop,select,check,next;
var a,j,k:item;
begin
  k:=1; capa:=qq; last:=n−1;
  for j:=1 to last do series[j]:=j+1;
  for j:=1 to last do ch[j]:=true;
  for j:=1 to last do kcount[j]:=0;
lop:
  nearest[k]:=1;
```

```
    for j:=1 to n do cycle[k,j]:=0;
select:
    a:=nearest[k]; j:=1;
    while j<=last do
    begin
        index:=0;
        selected:=random(last)+1;
        if (capa>=demand[series[selected]]) then
        begin
            index:=series[selected];
            if (random<PValue(a,index,k)) then goto check;
            index:=series[selected];
        end;
        j:=j+1;
    end;
    if index=0 then goto next;
check:
    cycle[k,nearest[k]]:=index;
    nearest[k]:=cycle[k,nearest[k]];
    ch[index]:=false;
    capa:=capa-demand[index];
    kcount[k]:=kcount[k]+1;
    last:=last-1;
    for j:=selected to last do series[j]:=series[j+1];
    if last>=1 then goto select;
next:
    if last>=1 then
    begin k:=k+1; capa:=qq; goto lop; end;
    m:=k;
end;

begin
    AssignFile(f,FN); Reset(f);
    {$I-} Readln(f,n,datatype,qq,maxcount); {$I+}
    if (IOResult<>0)or(n<4)or(n>maxn)or(maxcount<1)or(datatype<1)
```

```
  or(datatype>2)or(qq<=0) then
begin ShowMessage(' 数据错误!'); System.Close(f); exit; end;
SetLength(t,n+1,n+1);
SetLength(dt,n+1,n+1);
SetLength(w,n+1,n+1);
SetLength(opt,n+1,n+1);
SetLength(route,n+1,n+1);
SetLength(cycle,n+1,n+1);
if datatype=1 then
begin
   SetLength(x,n+1); SetLength(y,n+1);
   for i:=1 to n do
   begin
     {$I-} Readln(f,ii,x[i],y[i]); {$I+}
     if (IOResult<>0)or(ii<>i) then
     begin ShowMessage(' 数据错误!'); System.Close(f); exit; end;
   end;
   for i:=1 to n-1 do for j:=i+1 to n do
   begin
     w[i,j]:=trunc(sqrt(sqr(x[i]-x[j])+sqr(y[i]-y[j]))+0.5);
     w[j,i]:=w[i,j]; t[i,j]:=1; dt[i,j]:=0;
     t[j,i]:=t[i,j]; dt[j,i]:=dt[i,j];
   end;
   for i:=1 to n do
   begin
     w[i,i]:=inf; t[i,i]:=1; dt[i,i]:=0;
   end;
   SetLength(x,0); SetLength(y,0);
end
else
begin
   for i:=1 to n-1 do for j:=i+1 to n do
   begin
     {$I-} Readln(f,ii,jj,w[i,j]); {$I+}
     if (IOResult<>0)or(ii<>i)or(jj<>j)or(w[i,j]<1) then
```

```
    begin ShowMessage(' 数据错误!'); System.Close(f); exit; end;
    w[j,i]:=w[i,j]; t[i,j]:=1; dt[i,j]:=0;
    t[j,i]:=t[i,j]; dt[j,i]:=dt[i,j];
  end;
  for i:=1 to n do
  begin
    w[i,i]:=inf; t[i,i]:=1; dt[i,i]:=0;
  end;
end;
SetLength(len,n+1);
SetLength(tlen,n+1);
SetLength(series,n+1);
SetLength(nearest,n+1);
SetLength(tkcount,n+1);
SetLength(demand,n+1);
SetLength(kcount,n+1);
SetLength(ch,n+1);
demand[1]:=0;
for i:=2 to n do
begin
  {$I-} Readln(f,ii,demand[i]); {$I+}
    if (IOResult<>0)or(ii<>i)or(demand[i]>qq)or(demand[i]<0) then
    begin ShowMessage(' 数据错误!'); System.Close(f); exit; end;
  end;
  System.Close(f);
  FN:=Copy(FN,1,Length(FN)-4)+'.OUT';
  ShowMessage(' 输出结果存入文件:'+FN);
  AssignFile(f,FN); Rewrite(f);
  count:=0;
  tweight:=inf;
  index:=1;
  tm:=inf;
  randomize;
  model:=random(3)+1;
loop:
```

```
AntMove;
weight:=0;
for k:=1 to m do len[k]:=0;
for k:=1 to m do
begin
   index:=1;
   for i:=1 to kcount[k]+1 do
   begin
      route[k,i]:=index; index:=cycle[k,index];
   end;
   TwoOpt(kcount[k]+1);
   len[k]:=w[route[k,kcount[k]+1],route[k,1]];
   for i:=1 to kcount[k] do len[k]:=len[k]+w[route[k,i],route[k,i+1]];
   weight:=weight+len[k];
end;
if m<tm then
begin
   tm:=m; tweight:=weight;
   for k:=1 to tm do
   begin
      tkcount[k]:=kcount[k];
      for j:=1 to tkcount[k]+1 do opt[k,j]:=route[k,j];
      tlen[k]:=len[k];
   end;
end;
if m=tm then if tweight>weight then
begin
   tweight:=weight;
   for k:=1 to tm do
   begin
      tkcount[k]:=kcount[k];
      for j:=1 to tkcount[k]+1 do opt[k,j]:=route[k,j];
         tlen[k]:=len[k];
      end;
   end;
```

```
for k:=1 to m do
begin
  case model of
  1:    begin
          for l:=1 to kcount[k] do
          begin
            ii:=route[k,l]; jj:=route[k,l+1];
            dt[ii,jj]:=dt[ii,jj]+q/len[k];
          end;
          ii:=route[k,kcount[k]+1]; jj:=route[k,1];
          dt[ii,jj]:=dt[ii,jj]+q/len[k];
        end;
  2:    begin
          for l:=1 to kcount[k] do
          begin
            ii:=route[k,l]; jj:=route[k,l+1];
            dt[ii,jj]:=dt[ii,jj]+q;
          end;
          ii:=route[k,kcount[k]+1]; jj:=route[k,1];
          dt[ii,jj]:=dt[ii,jj]+q;
        end;
  3:    begin
          for l:=1 to kcount[k] do
          begin
            ii:=route[k,l]; jj:=route[k,l+1];
            dt[ii,jj]:=dt[ii,jj]+q/w[ii,jj];
          end;
          ii:=route[k,kcount[k]+1]; jj:=route[k,1];
          dt[ii,jj]:=dt[ii,jj]+q/w[ii,jj];
        end;
    end;
end;
for i:=1 to n do for j:=1 to n do
begin
  t[i,j]:=ruo*t[i,j]+dt[i,j];
```

```
    tmax:=1/(tweight*(1− ruo)); tmin:=tmax/5;
    if (t[i,j]>tmax) then t[i,j]:=tmax;
    if (t[i,j]<tmin) then t[i,j]:=tmin;
  end;
  count:=count+1;
  for i:=1 to n do for j:=1 to n do dt[i,j]:=0;
  if count<maxcount then goto loop;
  for k:=1 to tm do
begin
  writeln(f); writeln(f,' 第',k,' 条路线:');
  writeln(f,' 回路总长 = ',tlen[k]);
  write(f,' 回路路径 = ');
  for j:=1 to tkcount[k]+1 do write(f,opt[k,j],' '); writeln(f,'1');
end;
writeln(f); writeln(f,' 所需车辆数 = ',tm);
writeln(f); writeln(f,' 车辆总行程 = ',tweight);
System.Close(f);
end;
```

5.3　多目标 VRP 及其求解

5.3.1　数学模型与算法

在实际生活中, 为了能根据各自的实际情况尽量提高经济效益, 在 VRP 中有时也要考虑到多个目标, 如路程最短、车辆最少、费用最省等. 通常要使若干个目标同时都实现最优往往是很困难的, 经常是有所失才能有所得. 就现实来看, 由于受到不同因素的影响, 情况比较复杂, 要做出决策可能无法兼顾所有方面, 因此, 如何取决就要看决策者对各目标的定位了.

基于 CVRP 中的定义, 对多目标 VRP 可概述如下: 已知有一批客户, 每个客户点的位置坐标和货物需求已知, 供应商具有若干可供派送的车辆, 车辆的负载能力给定, 每辆车都从起点出发, 完成若干客户点的运送任务后再回到起点. 现要求以尽可能少的车辆数、尽可能少的车辆总行程来完成货物的派送任务.

可以看出, 与 CVRP 不同的是, 在多目标 VRP 中, 不仅要求所有车辆的总行程最短, 还考虑到了车辆数的增加同样会引起总费用的增加, 因此, 尽量少的车辆数也是要求的目标之一. 当然, 现实生活中, 影响到最终经济效益的因素可能有很多, 如

运输成本、车辆折旧、人力资源等. 这里, 仅以总行程和车辆数两个目标给出其数学模型

$$\min Z = \left\{ \sum_i \sum_j \sum_k c_{ij} x_{ijk}, \sum_j \sum_k x_{0jk} \right\},$$

$$\text{s.t.} \begin{cases} \sum_i d_i y_{ki} \leqslant D, \quad \forall k, & \text{(a)} \\ \sum_k y_{ki} = 1, \quad i \in V, & \text{(b)} \\ \sum_i x_{ijk} = y_{kj}, \quad j \in V, \forall k, & \text{(c)} \\ \sum_j x_{ijk} = y_{ki}, \quad i \in V, \forall k, & \text{(d)} \\ \sum_{i,j} \sum_{\in S \times S} x_{ijk} \leqslant |S| - 1, \quad S \subseteq V, & \text{(e)} \\ x_{ijk}, y_{ki} \in \{0, 1\}, \quad i, j \in V, \forall k, & \end{cases}$$

其中, 目标函数分别为最小化总路长和最小化车辆数, 约束与 CVRP 相同.

多目标 VRP 的蚁群算法可从求解 CVRP 的蚁群算法修改而来, 其差别仅体现在目标函数的比较判断上. 在多目标情形下, 每次目标函数的优劣判断都以所有目标函数为准, 按 Pareto 准则淘汰劣解, 从而保留满意解.

5.3.2 实例求解

同样, 取 VRPLIB 中的典型实例进行求解.

例 (eil30) $n=30, D=4500$; 取 $\alpha \in [1,2], \beta \in [1,3], \rho = 0.7, Q = 10$. 表 5.2 和表 5.3 中给出的结果是当前迭代中产生的非劣解.

表 5.2 结　果　1

(α, β)	(1,1)		(1,2)		(1,3)	
k	3	4	3	4	3	4
Z	541	516	534	505	534	503

表 5.3 结　果　2

(α, β)	(2,1)		(2,2)		(2,3)	
k	3	4	3	4	3	4
Z	541	506	534	503	545	520

从表中可知, 当 $\alpha = 1, \beta = 3$ 以及 $\alpha = 1, \beta = 2$ 时, 可同时得到两种方案各自的最好解, 即

第一方案 (车辆数 =3, 车辆总行程 =534):

第 1 条路线:

回路总长 =169;

回路路径 =1　20　16　17　14　8　18　10　15　9　13　12　11　　　　24　19　1;

第 2 条路线:

回路总长 =216;

回路路径 =1　27　29　28　30　26　25　7　22　1;

第 3 条路线:

回路总长 =149;

回路路径 =1　21　4　5　2　6　3　23　1;

第二方案 (车辆数 =4, 车辆总行程 =503):

第 1 条路线:

回路总长 =184;

回路路径 =1　20　7　2　25　26　30　28　29　27　1;

第 2 条路线:

回路总长 =139;

回路路径 =1　19　24　11　12　13　9　15　10　18　8　14　17　　　　16　1;

第 3 条路线:

回路总长 =134;

回路路径 =1　21　4　5　6　3　23　1;

第 4 条路线:

回路总长 =46;

回路路径 =1　22　1.

　　由以上结果可知, 第一方案中车辆数虽然少于第二方案, 但其行程总长却略长一些, 因此, 要如何在两个方案中作出选择, 就要结合实际车辆的运输成本和使用费用, 也就是说, 决策者可以根据人力、物力以及资源限制等具体情况选择有利于自己的方案.

　　图 5.1 和图 5.2 分别为车辆数为 3 和 4 时的平均收敛曲线图.

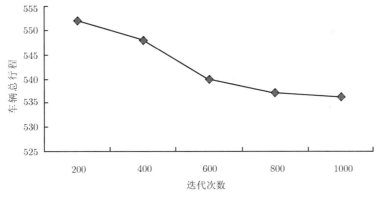

图 5.1 平均收敛曲线图 ($k=3$)

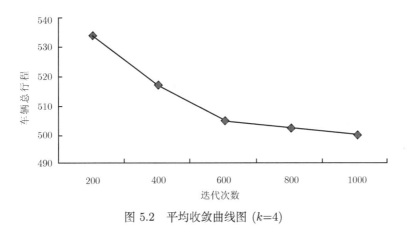

图 5.2 平均收敛曲线图 ($k=4$)

5.4 VRPTW 及其求解

5.4.1 数学模型

VRPTW (vehicle routing problem with time windows) 即通常提到的带有时间窗的车辆路径问题, 是在 VRP 基础上加上了客户被访问的时间窗限制. 其常见提法为: 已知有一批客户, 每个客户点的位置坐标和货物需求已知, 车辆的负载能力给定, 每辆车都从起点出发, 完成若干客户点的运送任务后再回到起点. 假设每个客户被而且只被访问一次, 每辆车所访问的城市的需求总和不能超过车辆的负载能力. 每个客户 i 带有一个时间窗 $[e_i, l_i]$, e_i 为客户 i 允许的服务最早开始时间, l_i 为客户 i 允许的服务最迟开始时间, 车辆对客户的服务时间必须在这个范围内. 若车辆在时间 e_i 之前到达客户点 i, 那就要等到 e_i 才开始服务. 问题的目标是以最少的车辆数和总路长完成所有任务.

对于目标函数, 大多数文献中提到的都只是总路长这个目标, 也有以总运行时间 (包括等待时间和服务时间) 为目标函数的, 这可以根据现实中的具体要求进行选择. 为了更接近实际要求, 同时, 为了采用 Solomon 测试问题计算并与其他算法作比较, 这里对 VRPTW 的求解中除了使总路长最短, 还增加了车辆数最少这一目标.

从 VRPTW 的要求和限制可知, 由于时间因素的加入, 根据时间窗约束合理进行车辆调度是非常重要的. 因为若仅仅为了能在客户要求的时间内完成任务就宁肯多派车辆早点到达而等在那里, 势必引起效率降低、资源浪费; 但若想要车辆数尽量少却又没能安排好路线, 就又可能无法在客户要求时间内到达. 因此, 以最少的车辆、最短的总运行时间来完成任务是节省资源、降低成本、提高经济效益的重点所在.

同样, VRPTW 也已被证明是一个 NP 难题, 近年来对其算法的研究主要集中在各种智能型启发式算法上, 如遗传算法、禁忌搜索法、模拟退火法等.

记每辆车的载重量为 D, 各客户点的需求为 $d_i(i \in V)$. se_i 表示对客户 i 服务的开始时刻, sl_i 表示服务终止时刻, s_i 表示完成任务所需要的服务时间, 即 $s_i = sl_i - se_i$, t_{ij} 为车辆从客户 i 到客户 j 的行驶时间; w_i 表示开始服务客户 i 前所需的等待时间. 为方便起见, 通常取 $t_{ij} = c_{ij}$, 于是 VRPTW 的数学模型为

$$\min Z = \left\{ \sum_i \sum_j \sum_k c_{ij} x_{ijk}, \sum_j \sum_k x_{0jk} \right\},$$

$$\text{s.t.} \begin{cases} \sum_i d_i y_{ki} \leqslant D, \quad \forall k, & \text{(a)} \\ \sum_k y_{ki} = 1, \quad i \in V, & \text{(b)} \\ \sum_i x_{ijk} = y_{kj}, \quad j \in V, \forall k, & \text{(c)} \\ \sum_j x_{ijk} = y_{ki}, \quad i \in V, \forall k, & \text{(d)} \\ \sum_{i,j \ \in S \times S} x_{ijk} \leqslant |S| - 1, \quad S \subseteq V, & \text{(e)} \\ sl_i + t_{ij} \leqslant se_j, \quad i, j \in V, \forall k, & \text{(f)} \\ e_i \leqslant se_i \leqslant l_i, \quad i \in V, & \text{(g)} \\ x_{ijk}, y_{ki} \in \{0, 1\}, \quad i, j \in V, \forall k, & \end{cases}$$

其中, 约束 (a)∼(e) 为 CVRP 的约束方程; 约束 (f) 表示一条线路上两邻接任务存在的条件; 约束 (g) 为时间窗约束; 目标为总路长最短和车辆数最少.

5.4.2   Solomon 测试问题

对于 VRPTW, 国际公认的 Solomon 测试问题库分为 6 类, 分别记为 C1,C2,R1, R2,RC1,RC2. 其中, C 类 (包含 C1 和 C2) 问题将点分为多个组, 每组的点坐标由服从均匀分布的伪随机数产生; R 类 (包含 R1 和 R2) 问题的所有点坐标全部由服从均匀分布的伪随机数产生; RC 类 (包含 RC1 和 RC2) 问题则将部分点分组, 每组的坐标由服从均匀分布的伪随机数产生, 而其余点坐标则全部由服从均匀分布的伪随机数产生. C1,R1 和 RC1 这三类问题的决策周期较短, 因而每条路线只有 5 到 10 个点; 而 C2,R2 和 RC2 这三类问题的决策周期较长, 一条路线的配送点数可多达 30 个点. 在每类测试问题中, 分别根据 25%、50% 、75% 和 100% 这 4 种配送点比例给出具有紧时间窗的配送点数, 生成不同的问题实例.

VRPTW 是比较经典的 NP 难题, 自提出以来, 许多学者对其进行了大量研究, 给出了不少求解方法, 其中主要以启发式方法为主. 这里, 在表 5.4 中列举了一些效果较好的方法所求得的结果, 其中, RT=Rochat and Taillard (1995), RS=Russell (1995), CH=Chiang and Russell (1996), PV=Potvin et al.(1996), PB=Potvin and Bengio (1996), TB=Taillard et al.(1996), BH=Bachem et al.(1997), CR=Chiang and Russell (1997), HG=Homberger and Gehring (1999). 每类问题中第一行数字表示该类问题中所有测试实例的平均车辆数, 第二行数字表示该类问题中所有测试实例的平均总路长.

表 5.4   VRPTW 部分结果

Prob	RT	RS	CR	PV	PB	TB	BH	CR	HG
C1	10.00	10.00	10.00	10.00	10.00	10.00	10.00	10.00	10.00
	828.45	930.00	909.80	861.00	838.00	828.45	828.38	828.38	828.38
C2	3.00	3.00	3.00	3.00	3.00	3.00	3.00	3.00	3.00
	590.32	681.00	684.10	602.50	589.90	590.30	591.88	591.42	589.86
R1	12.58	12.66	12.50	12.60	12.60	12.25	12.25	12.17	11.92
	1197.42	1317.00	1308.82	1294.70	1296.83	1216.70	1264.24	1204.19	1228.06
R2	3.09	2.91	2.91	3.10	3.00	3.00	2.91	2.73	2.73
	954.36	1167.00	1166.42	1185.90	1117.70	995.38	1100.33	986.32	969.95
RC1	12.38	12.38	12.38	12.60	12.10	11.88	11.75	11.88	11.63
	1369.48	1523.00	1473.90	1465.00	1446.20	1367.51	1414.63	1397.44	1392.57
RC2	3.62	3.38	3.38	3.40	3.40	3.38	3.38	3.25	3.25
	1139.79	1398.00	1401.50	1476.10	1360.60	1165.62	1341.35	1229.54	1144.43

5.4.3   蚁群算法

在带时间窗的车辆路径问题中, 车辆的等待时间和其到达时间与时间窗上限的时间差都会影响路径的选择, 为使完成任务的车辆数尽量少, 车辆在对客户点的选择时应该尽量先选择等待时间短、与时间窗上限时间差少的客户. 根据这一特点, 可将蚁群算法中的转移概率进行修改, 除原来的两个参量, 可再增加两个新的因素.

记

r_{ij}: 车辆从 i 点到 j 点的到达时间与时间窗上限 (即客户允许的服务最迟开始时间) 的时间差;

w_{ij}: 车辆从 i 点到 j 点后, 在 j 点的等待时间.

相应的参数:

γ: 时间差的相对重要性 ($\gamma \geqslant 0$);

θ: 等待时间的相对重要性 ($\theta \geqslant 0$).

则新的转移概率可定义为

$$P_{ij}^k = \frac{[\tau_{ij}]^\alpha \cdot [\eta_{ij}]^\beta \cdot [r_{ij}]^\gamma \cdot [w_{ij}]^\theta}{\sum\limits_l [\tau_{il}]^\alpha \cdot [\eta_{il}]^\beta \cdot [r_{il}]^\gamma \cdot [w_{il}]^\theta}.$$

此外, 信息素轨迹强度的上下限定义为

$$\tau_{\max} = \frac{\sigma}{1-\rho} \cdot \frac{1}{Z_k}, \quad \tau_{\min} = \frac{\tau_{\max}}{5},$$

其中, σ 为转移概率的修正参数; Z_k 为当前目标函数值.

算法总体思路和 CVRP 的求解类似, 但需在算法中增加时间窗合理性的判断.

5.4.4 实例求解

求解实例采用 Solomon 提供的 56 个 100 点规模的标准测试问题. 对蚁群算法中的参数取值, α, β 参照 CVRP 分别取为 1~2 和 1~3, γ, θ 取 1~2 之间, ρ 取 0.8, Q 取 100.

例 1   (R207), $n=100$, $D=1000$. 迭代次数 $nc=1000$, 取重复 10 轮运行中的最好解, 有关结果见表 5.5~5.8.

表 5.5   结   果   1

$(\alpha,\beta,\gamma,\theta)$	(1,1,1,1)	(1,2,1,1)	(1,3,1,1)	(1,1,2,1)	(1,2,2,1)	(1,3,2,1)
k	3	3	4	5	5	6
Z	1115	1079	1159	1230	1214	1244

表 5.6   结   果   2

$(\alpha,\beta,\gamma,\theta)$	(1,1,1,2)	(1,2,1,2)	(1,3,1,2)	(1,1,2,2)	(1,2,2,2)	(1,3,2,2)
k	3	3	4	5	5	6
Z	1101	1093	1168	1221	1214	1230

表 5.7   结   果   3

$(\alpha,\beta,\gamma,\theta)$	(2,1,1,1)	(2,2,1,1)	(2,3,1,1)	(2,1,2,1)	(2,2,2,1)	(2,3,2,1)
k	5	5	4	6	6	5
Z	1193	1201	1170	1297	1310	1259

表 5.8 结 果 4

$(\alpha, \beta, \gamma, \theta)$	(2,1,1,2)	(2,2,1,2)	(2,3,1,2)	(2,1,2,2)	(2,2,2,2)	(2,3,2,2)
k	5	5	4	6	6	5
Z	1186	1213	1188	1286	1301	1277

为了进一步分析各参数对最终结果的影响, 表 5.9~5.12 还给出了车辆数和总路长在 10 轮迭代中的平均值:

表 5.9 结 果 5

$(\alpha, \beta, \gamma, \theta)$	(1,1,1,1)	(1,2,1,1)	(1,3,1,1)	(1,1,2,1)	(1,2,2,1)	(1,3,2,1)
k	3.4	3.1	4.1	5.8	5.4	6.6
Z	1133.2	1103.6	1176.4	1288.1	1234.8	1313.0

表 5.10 结 果 6

$(\alpha, \beta, \gamma, \theta)$	(1,1,1,2)	(1,2,1,2)	(1,3,1,2)	(1,1,2,2)	(1,2,2,2)	(1,3,2,2)
k	3.3	3.1	4.2	5.6	5.3	6.6
Z	1130.4	1109.8	1183.8	1259.3	1228.4	1308.7

表 5.11 结 果 7

$(\alpha, \beta, \gamma, \theta)$	(2,1,1,1)	(2,2,1,1)	(2,3,1,1)	(2,1,2,1)	(2,2,2,1)	(2,3,2,1)
k	5.2	5.4	4.2	6.6	6.8	5.7
Z	1229.3	1241.1	1206.0	1314.5	1338.2	1288.8

表 5.12 结 果 8

$(\alpha, \beta, \gamma, \theta)$	(2,1,1,2)	(2,2,1,2)	(2,3,1,2)	(2,1,2,2)	(2,2,2,2)	(2,3,2,2)
k	5.2	5.3	4.1	6.5	6.7	5.8
Z	1228.6	1238.5	1202.2	1312.9	1330.1	1298.4

可以看出, 当 $\alpha=1$ 和 $\beta=2$ 时, 效果最好.

对 R207 实例, 当车辆数为 3 时, 其具体回路路径为:

第 1 条路线:

回路路径 =1 8 83 49 48 37 20 64 66 72 40 68 24 42 23
41 54 77 4 80 79 35 10 36 67 11 71 78 69 30
25 81 92 94 1

第 2 条路线:

回路路径 =1 90 61 6 46 84 19 53 28 70 2 51 34 82 52
21 31 33 91 63 12 65 50 89 32 100 97 7 95
88 58 3 74 73 75 76 57 5 26 56 55 13 29 27
22 14 96 101 98 59 1

第 3 条路线:

回路路径 =1　60　93　38　99　86　62　17　87　15　43　16　44　39
　　　　　　45　85　9　47　18　1

其中, 记起始点为 1, 则第 100 个客户则标记为 101. 目前对于 R207, 最好的解为 (3, 814.78).

其他一些启发式方法, 如 LS_DIV (多变局部搜索法)、SATabu (混合模拟退火-禁忌搜索法)、HGA (混合遗传算法)、GA (遗传算法) 等所求得的结果分别为

LS_DIV: (3, 921.552)；　SATabu: (4, 875.757)；　HGA: (3, 920.269)；　GA: (4, 987.703).

例 2　(R210), $n=100$, $D=1000$. 取 α 为 1, β 为 2, γ 为 1, θ 为 1, ρ 为 0.8, Q 为 100, nc 为 1000, 重复运行 10 轮取最好值.

所得结果为: 车辆数 =4; 总路长 =1182;

第 1 条路线:

回路路径 =1　22　74　73　76　40　68　24　39　85　9　47　50　1

第 2 条路线:

回路路径 =1　29　28　32　34　72　66　36　1

第 3 条路线:

回路路径 =1　53　83　48　37　20　65　64　12　63　70　2　51　77　27
　　　　　　41　88　100　7　95　54　23　42　58　44　98　3　75　57　56
　　　　　　26　25　78　59　1

第 4 条路线:

回路路径 =1　96　93　60　6　62　17　86　99　43　16　15　45　87　46
　　　　　　84　19　49　8　89　31　21　10　80　4　30　35　79　82　52
　　　　　　67　33　91　11　71　13　69　81　55　5　14　97　94　38
　　　　　　101　92　18　61　90　1

LS_DIV、SATabu、HGA、GA 求解 R210 所得结果分别为:

LS_DIV : (5, 1003.26)；　SATabu : (5, 961.179)；　HGA : (5, 1037.58)；
GA : (6, 1098.69).

表 5.13 列出对实例 R201～R211 蚁群算法同其他四种算法以及目前国际上最好解的比较结果 (表中仅给出车辆数和总路长).

表 5.13　结果比较

序号	已知最好解		LS_DIV		SATabu		HGA		GA		AS	
	车辆	总长	车辆	总长	车辆	总长	车辆	总长	车辆	总长	车辆	总长
R201	4	1252.37	6	1282.41	8	1198.15	6	1243.18	8	1329.74	6	1457
R202	3	1198.45	6	1147.53	6	1077.66	6	1188.91	7	1307.03	6	1389
R203	3	924.64	5	971.985	5	933.286	5	1050.03	6	1086.43	4	1106

续表

序号	已知最好解		LS_DIV		SATabu		HGA		GA		AS	
	车辆	总长	车辆	总长	车辆	总长	车辆	总长	车辆	总长	车辆	总长
R204	2	854.88	5	813.712	4	826.19	4	800.361	6	956.384	3	1067
R205	3	1013.47	5	1015.99	5	1049.04	5	1056.54	5	1131.18	5	1196
R206	3	833	4	1010.72	5	974.5	5	984.648	5	1187.25	4	1154
R207	3	814.78	3	921.552	4	875.757	3	920.269	4	987.703	3	1079
R208	2	732.23	4	778.381	3	769.256	3	770.691	3	845.937	3	1003
R209	3	855	3	945.276	3	912.47	3	902.67	5	1097.42	4	1099
R210	3	955.39	5	1003.26	5	961.179	5	1037.58	6	1098.69	4	1182
R211	2	910.09	4	884.703	3	896.108	4	887.476	7	932.483	4	1073

可以看出, 在所求得的车辆数上, 蚁群算法明显优于其他几种方法, 且已经很接近目前的最好解, 而事实上, 这些最好解通常都是几种启发式算法嵌套甚至是借助了某些经典算法所求得的结果.

5.5 VRPSTW 及其求解

5.5.1 数学模型

VRPSTW (vehicle routing problem with soft time windows), 即软时间窗车辆路径问题, 它允许车辆对客户开始服务的时间早于客户允许的最早开始时间或晚于客户允许的最迟开始时间, 但要给予一定的惩罚. 即在 VRPTW 基础上, 如果车辆早于 e_i, 或者晚于 l_i 到达客户 i, 则由客户给定一个允许服务提前开始的时间 lbv_i, 或者允许服务延迟开始的时间 ubv_i, 但必须以给予客户一定的赔偿为条件, 问题的最终目标是以最少的总费用完成所有任务.

至于给予客户的赔偿, 可根据客户的要求或者重要性不同而有所不同. 如有些特别紧急的、对时间要求比较苛刻的客户, 其费用系数可相对较大; 而要求不是那么严格的客户其费用系数则较小, 以此来体现放松时间窗对总费用的影响.

这里, 用图示来简单说明一下上述几个时间以及车辆在这些时间内进行服务的情况 (如图 5.3).

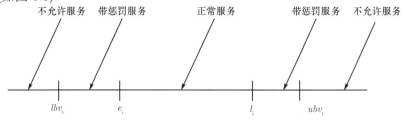

图 5.3 允许服务违反时间窗的上下限

可以看出, 当车辆早于客户给定的允许服务提前开始的时间 lbv_i 到达, 则不允许服务, 必须等到 lbv_i 才开始服务; 而当车辆晚于允许服务延迟开始的时间 ubv_i 到达, 也不允许服务. 当车辆到达时间介于 lbv_i 和 e_i, 以及 l_i 和 ubv_i 之间, 则需要给客户一定的赔偿, 即带惩罚服务. 当车辆到达时间在时间窗 $[e_i, l_i]$ 之内, 则进行正常服务.

假设惩罚量是违反时间量的线性函数, 并记

c_{e_i}: 车辆早于时间 e_i 到达客户 i 的单位惩罚数;

c_{l_i}: 车辆晚于时间 l_i 到达客户 i 的单位惩罚数;

P_i: 惩罚函数.

由前面 VRPTW 中的时间定义知, se_i 为对客户 i 服务的开始时刻, 则惩罚函数 P_i 可定义为

$$P_i = \begin{cases} \infty, & \text{若} se_i < lbv_i, \\ c_{e_i}(e_i - se_i), & \text{若} lbv_i \leqslant se_i < e_i, \\ 0, & \text{若} e_i \leqslant se_i \leqslant l_i, \\ c_{l_i}(se_i - l_i), & \text{若} l_i < se_i \leqslant ubv_i, \\ \infty, & \text{若} ubv_i < se_i, \end{cases}$$

其中, 系数 c_{e_i} 和 c_{l_i} 可以根据客户的重要程度或者对时间要求的苛求性不同而取不同的值, 由此来体现时间窗对目标函数的影响. 当 c_{e_i} 和 c_{l_i} 取无穷大时, 则 VRPSTW 就转化为硬时间窗下的 VRPTW 问题.

此外, 为防止车辆在某些客户点等待时间过长, 可设定一个最大等待时间 $wt_{\max}$, 使得

$$se_j - (se_i + s_i + t_{ij}) \leqslant wt_{\max}.$$

理论上而言, 等待时间越长, 则惩罚费用就越高, 因而限制等待时间也就间接减少了惩罚费用. 事实上, 经大量计算试验表明, 这一最大等待时间的设定相当重要, 它从一定程度上减少了车辆数和总惩罚费用, 从而也就减少了总费用.

设 tc_{ij} 为车辆从点 i 到点 j 的费用系数, z_k 为车辆的参与费用, 某些客户对时间窗的要求放宽为 $[lbv_i, ubv_i]$, 惩罚函数为 P_i. 为方便起见, 通常取 $tc_{ij} = c_{ij}$. 其他参数定义与 VRPTW 相同, 这里不再具体列出.

于是, VRPSTW 的数学模型可写成

$$\min Z = \left\{ \sum_i \sum_j \sum_k tc_{ij} x_{ijk} + \sum_j \sum_k z_k x_{0jk} + \sum_i P_i \right\},$$

$$\text{s.t.} \begin{cases} \sum_i d_i y_{ki} \leqslant D, \quad \forall k, & \text{(a)} \\[2mm] \sum_k y_{ki} = 1, \quad i \in V, & \text{(b)} \\[2mm] \sum_i x_{ijk} = y_{kj}, \quad j \in V, \forall k, & \text{(c)} \\[2mm] \sum_j x_{ijk} = y_{ki}, \quad i \in V, \forall k, & \text{(d)} \\[2mm] \sum_k \sum_{i,j \in S \times S} x_{ijk} \leqslant |S| - 1, \quad S \subseteq V, & \text{(e)} \\[2mm] sl_i + t_{ij} \leqslant se_j, \quad i,j \in V, \forall k, & \text{(f)} \\[2mm] lbv_i \leqslant se_i \leqslant ubv_i, \quad i \in V, & \text{(g)} \\[2mm] x_{ijk}, y_{ki} \in \{0,1\}, \quad i,j \in V, \forall k. & \end{cases}$$

5.5.2   蚁群算法

基于违反时间窗的客户的多少, 如按照 0%、5%、10% 的客户违反时间窗, 可以生成三种不同类型的问题集. 因此, 如果假设只有某些客户可以违反时间窗而另外的客户必须遵守硬时间窗的规定, 就可以生成很多种测试问题.

设 λ 问题为所有客户中的前 λ% 位客户允许时间窗被违反, 即服务可以提前或延迟时的一种问题类型, 则一个 λ 问题至少有 $(100 - \lambda)$% 的客户不允许违反最初的时间窗要求. 为能清晰地看出由于车辆的提前或延迟到达客户点而引起的时间偏离程度, 这里使用一个参数, 记为 TATWD (total average time window deviation):

$$\text{TATWD} = \frac{\sum_i \max\{0, e_i - a_i\} + \sum_i \max\{0, a_i - l_i\}}{n},$$

其中, a_i 表示服务开始的时间.

该衡量值对于软时间窗的车辆路径问题而言十分重要, 因为它体现了整个过程中对客户原定时间窗的违反程度.

VRPSTW 的蚁群算法求解与 VRPTW 类似, 只要 λ 值给定, VRPSTW 就可转化为 VRPTW 来求解.

5.5.3   实例求解

由于 VRPSTW 缺乏现成的测试数据库, 因此仍采用 Solomon 标准测试问题中的 C1, C2, R1, R2, RC1, RC2 六类问题.

同 VRPTW 类似, 取 $\alpha = 1, \beta = 2, \gamma = 1, \theta = 2, \rho = 0.8, Q = 100$ 时的 Ant-Cycle 模型.

用 R1 的 12 个问题作为测试实例, 求解过程中为控制惩罚函数过大和等待时间过长从而影响结果的有效性, 取 $P_{\max} = 23, wt_{\max} = P_{\max}$. 同时, 为计算方便, 系数 $c_{e_i} = c_{l_i} = 1$. 另外, 求解过程中将车辆数作为一个单独目标值, 其费用系数也取 1. λ 的初始值取为 10, 以后每次迭代增加 10. 当然, 在实际问题求解中, 这些取值可根据具体情况和要求而定. 表 5.14 中给出有关计算结果.

表 5.14　R1 求解结果

序号	有关指标	VRPSTW								VRPTW
	车辆数	21	20	19	18	17	16	15		22
R101	窗口违反数	6	11	28	33	48	56	62		
	惩罚费用	72	156	199	376	577	789	912		
	车辆数	20	19	18	17	16	15	14	13	21
R102	窗口违反数	5	16	22	35	46	55	62	74	
	惩罚费用	95	216	297	448	599	725	1001	1575	
	车辆数	15	14	13	12	11				16
R103	窗口违反数	7	18	21	44	51				
	惩罚费用	63	302	331	496	602				
	车辆数	13	12	11	10					14
R104	窗口违反数	5	17	23	41					
	惩罚费用	91	227	306	422					
	车辆数	16	15	14	13	12				17
R105	窗口违反数	8	16	27	46	64				
	惩罚费用	88	192	314	537	709				
	车辆数	15	14	13	12	11	10			16
R106	窗口违反数	4	18	21	29	42	63			
	惩罚费用	70	214	299	420	505	710			
	车辆数	12	11	10						13
R107	窗口违反数	11	27	44						
	惩罚费用	210	404	677						
	车辆数	12	11	10	9					13
R108	窗口违反数	8	13	16	37					
	惩罚费用	129	247	303	535					
	车辆数	13	12	11						14
R109	窗口违反数	7	14	36						
	惩罚费用	110	243	478						
	车辆数	13	12	11	10					14
R110	窗口违反数	9	18	26	47					
	惩罚费用	119	198	365	614					
	车辆数	12	11	10						13
R111	窗口违反数	8	31	42						
	惩罚费用	160	447	620						
	车辆数	11	10	9						12
R112	窗口违反数	7	14	32						
	惩罚费用	117	266	601						

可以看出, 在软时间窗问题中, 可以通过少量的违反时间窗而达到减少车辆的效果. 如 R101 中, 用 VRPTW 求解的结果是所需车辆为 22 辆, 而在 VRPSTW 中, 仅仅对 6% 的客户服务提前或延迟即可减少一部车辆. 虽然增加了一定的惩罚费用, 但因为车辆数的减少反而可能导致总费用减少.

例 (R102) $n=100$, $D=200$. 算法迭代次数 $nc=1000$, 取重复 10 轮运行中的最好解.

VRPTW: 所需车辆数 =21; 车辆总行程 =1929;

VRPSTW (取车辆数为 13 时的结果): 所需车辆数 =13; 车辆总行程 =1853; 违反的时间窗口数 =74; 总惩罚 P=1575.

可以看出, VRPTW 中, 所需车辆数为 21, 车辆总行程为 1929; VRPSTW 中, 所需车辆数为 13, 车辆总行程为 1853, 总惩罚为 1575. 两者相比, VRPSTW 所需车辆比 VRPTW 减少 7 辆, 总行程减少 76, 但是增加了 1575 的惩罚.

综上所述, 由于时间窗的放宽, 最终会引起车辆数、车辆总行程、路径等的变化, 从而导致总费用的增加或减少. 当然, 单纯从上述数字中无法判断总费用是增加还是减少, 因为实例中为了计算方便将各个费用系数都取为 1. 而在实际问题的求解中, 决策者可以依据车辆的固定费用、车辆的行驶费用以及顾客要求的惩罚费用等来决定各个因素的费用系数.

由于这里的 VRPSTW 问题性质以及最终结果直接取决于 λ 的值, 下面以 R102 为例, 给出最终求解的车辆数和没有违反时间窗的车辆数随 λ 取值不同而变化的关系图 (如图 5.4).

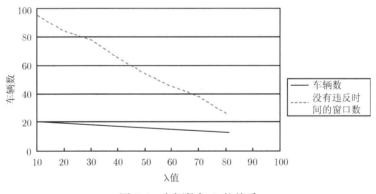

图 5.4 车辆数与 λ 的关系

5.6 FVRP 及其求解

5.6.1 问题概述

FVRP(fuzzy vehicle routing problem) 即模糊车辆路径问题, 是基于模糊约定时间、体现顾客偏好的一种车辆路径问题. 在前述的时间窗车辆路径问题中, 时间窗口概念有时不能很好地表达出顾客的偏好. 许多实际应用中, 尽管要求顾客提供固定的服务时间窗口, 但顾客却希望尽可能在所需的时间得到服务. 在这种情况下, 顾客的偏好信息可表达为满足服务时间意义上的凸模糊数.

FVRP 就是用模糊约定时间来替换时间窗口的概念, 因为它可以比固定时间窗口更好地体现顾客偏好. 当在模糊服务时间上进行调度时, 要满足的不仅仅是所有客户的可行服务时间, 还需尽可能地使服务时间接近每个顾客的约定时间, 即使服务时间合理化, 从而最大程度地让顾客满意.

FVRP 是基于模糊约定时间的概念描述的, 其中模糊约定时间的隶属函数符合服务时间的满意度. 按 FVRP 的提法, 问题可描述为: 已知有一批客户, 每个客户点的位置坐标和货物需求已知, 车辆的负载能力一定, 每辆车都从起点出发, 完成若干客户点的运送任务后再回到起点. 假设每个客户只被访问一次, 每辆车所访问的城市的需求总和不能超过车辆的负载能力. 每个客户的服务时间窗已知, 且客户给定一个希望的服务时间 μ_i, 称之为约定时间 (due-time). 考虑的目标是最小化车辆数、最大化平均顾客满意度、最小化总路长和等待时间.

顾客对服务的偏好可分为两类:

(1) 可容忍服务时间区间;

(2) 希望服务时间.

顾客可容忍服务时间即时间窗 $[e_i, l_i]$, 希望服务时间即 μ_i, 通常 $e_i \leqslant \mu_i \leqslant l_i$.

在 VRPTW 中, 仅考虑了顾客的容忍时间, 如果服务时间落在时间窗口范围内, 则服务满意度为 1, 否则, 服务满意度为 0. 对于任意服务时间 $t(t > 0)$, 其服务满意度可定义为

$$\mu_i(t) = \begin{cases} 1, & \text{如果} \quad e_i \leqslant t \leqslant l_i, \\ 0, & \text{其他}. \end{cases}$$

但如果要同时处理好上述两类顾客的偏好, 则可以将顾客偏好描述为考虑服务时间满意度的三角形模糊数, 以三元组 (e_i, μ_i, l_i) 形式表示. 如果顾客在希望时间被服务, 其满意度为 1(完全满意); 否则, 满意度随服务时间和希望时间之间的差距增大而减小; 若服务时间落在时间窗口外, 则满意度为 0(不满意). 称这样的三角模糊数为顾客的模糊约定时间.

记顾客 i 的模糊约定时间隶属函数为 $\mu_i(t_i)$, 代表服务时间为 t_i 时的满意度, 则

其具体形式可表述为

$$
\mu_i(t_i) = \begin{cases} 0, & t_i < e_i, \\ \dfrac{t_i - e_i}{u_i - e_i}, & e_i \leqslant t_i \leqslant u_i, \\ \dfrac{l_i - t_i}{l_i - u_i}, & u_i \leqslant t_i \leqslant l_i, \\ 0, & t_i > l_i. \end{cases}
$$

若车辆 k 从顾客 i 直接行驶到顾客 j, 并且需要等待, 则车辆在顾客 j 处的等待时间由下式确定

$$
w_j = t_j - (t_i + r_{ij}),
$$

其中, r_{ij} 表示从顾客 i 到顾客 j 的行驶时间.

5.6.2 数学模型

记

n: 顾客数;

m: 车辆数;

D: 车辆载重量;

d_i: 顾客 i 的需求量;

c_{ij}: 从顾客 i 行驶到顾客 j 的距离;

$w_i(t_i)$: 当服务时间为 t_i 时车辆在顾客 i 的等待时间;

$\mu_i(t_i)$: 顾客 i 的满意度;

t_i: 顾客 i 的服务时间;

$$
y_{ki} = \begin{cases} 1, & \text{顾客 } i \text{ 的需求由车辆 } k \text{ 完成}, \\ 0, & \text{其他}; \end{cases}
$$

$$
x_{ijk} = \begin{cases} 1, & \text{车辆 } k \text{ 从点 } i \text{ 行驶到点 } j, \\ 0, & \text{其他}. \end{cases}
$$

则 FVRP 模型可写成如下形式

$$
\min \sum_{j=1}^{n} \sum_{k=1}^{m} x_{0jk},
$$

$$
\max \frac{1}{n} \sum_{i=1}^{n} \mu_i(t_i),
$$

$$\min \sum_{k=1}^{m} \sum_{i=0}^{n} \sum_{j=0}^{n} c_{ij} x_{ijk},$$

$$\min \sum_{i=1}^{n} w_i(t_i),$$

$$\text{s.t.} \begin{cases} \mu_i(t_i) > 0, \quad i \in V, & \text{(a)} \\[2mm] \displaystyle\sum_{i=1}^{n} d_i y_{ki} \leqslant D, \quad \forall k, & \text{(b)} \\[2mm] \displaystyle\sum_{k=1}^{m} y_{ki} = 1, \quad i \in V, & \text{(c)} \\[2mm] \displaystyle\sum_{i=0}^{n} x_{ijk} = y_{kj}, \quad j \in V, \forall k, & \text{(d)} \\[2mm] \displaystyle\sum_{j=0}^{n} x_{ijk} = y_{ki}, \quad i \in V, \forall k, & \text{(e)} \\[2mm] \displaystyle\sum_{i,j \,\in S \times S} x_{ijk} \leqslant |S| - 1, \quad S \subseteq V, & \text{(f)} \\[2mm] t_i > 0, \quad i \in V, & \text{(g)} \\[2mm] x_{ijk}, y_{ki} \in \{0,1\}, \quad i,j \in V, \forall k. \end{cases}$$

对于 FVRP, 通常把目标重点放在顾客平均满意度上, 但这样将导致车辆的总等待时间增加, 因此, 需要在顾客平均满意度和车辆总等待时间之间进行权衡.

5.6.3 蚁群算法

FVRP 主要是考虑顾客的偏好, 然后是以最少的车辆数、最短的总行程和最短的总等待时间来提高顾客的平均满意度. 参照 VRPTW 中对转移概率的修正可知, 在 FVRP 中, 如果要尽量减少车辆、满足顾客的希望时间, 则车辆选择路径时应该尽量选择等待时间短、与顾客约定时间差少的顾客.

记

r_{ij}: 车辆到达时间与顾客约定时间的时间差;

w_{ij}: 车辆在 j 点的等待时间;

γ: 时间差的相对重要性 $(\gamma \geqslant 0)$;

θ: 等待时间的相对重要性 $(\theta \geqslant 0)$;

则转移概率可定义为如下修正形式

$$P_{ij}^k = \frac{[\tau_{ij}]^\alpha \cdot [\eta_{ij}]^\beta \cdot [r_{ij}]^\gamma \cdot [w_{ij}]^\theta}{\displaystyle\sum_l [\tau_{il}]^\alpha \cdot [\eta_{il}]^\beta \cdot [r_{il}]^\gamma \cdot [w_{il}]^\theta}.$$

由数学模型可知, FVRP 有四个目标, 要使其同时都实现最优往往是很困难的. 就实际而言, 由于各不同因素的影响比较复杂, 因此, 决策者需要根据具体情况对各目标进行定位, 按照目标的相对重要性来予以考虑. 这里, 对 FVRP 采用线性加权方式, 即对模型中的四个目标分别给以权系数将其化为新的目标函数

$$z(v_k) = \rho_1 \frac{m_k}{m_{\max}^0} + \rho_2 \left(1 - \frac{1}{n}\sum_i \mu_{ki}(t_{ki})\right) + \rho_3 \frac{1}{n}\sum_i \frac{w_{ki}}{w_{\max}^0} + \rho_4 \frac{c_k}{c_{\max}^0},$$
$$\sum_{i=1}^4 \rho_i = 1, \quad \rho_i \geqslant 0, \quad i = 1, 2, 3, 4,$$

其中, v_k 表示第 k 个解, m_k 是 v_k 中的车辆总数, $m_{\max}^0$ 是初始解中的最大车辆数, w_{ki} 是 v_k 中顾客 i 的等待时间, $w_{\max}^0$ 是初始解中的最大等待时间, c_k 是 v_k 的运行总距离, $c_{\max}^0$ 是初始解中最大运行距离. 对各权重 ρ_i, 其取值将会影响目标函数值.

FVRP 的蚁群算法思想可表述如下:

Begin

   初始化;

Loop:

   将初始点置于当前解集中;

   While (不满足停机准则)do

   if 满足时间窗口 then

begin

   按剩余载重量和转移概率选择顶点 j;

   移动蚂蚁 k 至顶点 j;

   将顶点 j 置于当前解集中;

   计算 μ_{ki}, w_{ki}, c_k;

end

   当所有点都已置于解集中, 则记录蚂蚁个数 $m \leftarrow k$;

   采用局部搜索机制优化路径;

   计算加权目标函数值, 并记录当前非劣解;

   for $k \leftarrow 1$ to m do

begin

   对各边 (i, j), 更新 $\Delta\tau_{ij}$;

end

   对各边 (i, j), 更新 τ_{ij};

   对各边 (i, j), 置 $\Delta\tau_{ij} \leftarrow 0$;

   $nc \leftarrow nc + 1$;

若 $nc <$ 预定的迭代次数, 则转 Loop;

输出目前的最好解;

End

5.6.4　实例求解

由于 FVRP 也没有标准的测试问题库, 因此仍采用 Solomon 测试问题, 其中, 每个顾客的模糊约定时间随机产生. 蚁群算法选 Ant-Cycle 模型, 参数取值为

$$\alpha \in [1,2], \quad \beta \in [1,3], \quad \gamma = \theta = 1, \quad \rho = 0.8, \quad Q = 100.$$

目标函数权重设置为 (0.5,0.3,0.1,0.1).

例　(R208) $n=100$, $D=1000$. 算法迭代次数为 1000, 取重复 10 轮运行中的最好解. 有关结果见表 5.15.

表 5.15　不同参数的结果

$(\alpha, \beta, \gamma, \theta)$	m	μ	w	c
(1,1,1,1)	3	0.652	189	1759
(1,2,1,1)	3	0.641	44	1658
(1,3,1,1)	4	0.615	252	1560
(2,1,3,1)	5	0.659	523	1946
(2,2,1,1)	6	0.596	1023	1869
(2,3,1,1)	5	0.601	847	1785

权重变化对最终决策的影响见表 5.16 和表 5.17.

表 5.16　不同权重结果 1

情况	ρ_1	ρ_2	ρ_3	ρ_4
1	0.50	0.30	0.10	0.10
2	0.85	0.05	0.05	0.05
3	0.05	0.85	0.05	0.05
4	0.05	0.05	0.85	0.05
5	0.05	0.05	0.05	0.85

表 5.17　不同权重结果 2

情况	m	μ	w	c
1	3	0.641	44	1658
2	3	0.635	57	1767
3	4	0.734	246	1691
4	3	0.624	0	1711
5	4	0.630	282	1519

这里, 给出情况 4 和 5 的具体求解结果:

所需车辆数 =3; 车辆总行程 =1711; 平均满意度 =0.624; 总等待时间 =0.

所需车辆数 =4; 车辆总行程 =1519; 平均满意度 =0.630; 总等待时间 =282.

从表中可发现, 由于目标函数四个权重的取值是相互影响、相互制约的, 因此其取值组合不同, 则最终结果也不尽相同.

第6章 最优树问题的蚁群算法

6.1 度约束最小树问题及其求解

6.1.1 问题概述

最小生成树 (minimum spanning tree, MST) 问题是运筹学、组合优化中一个常见的基本问题, 可使用避圈法、破圈法等成熟的方法求解. 但如果对树的各顶点度数加以限制, 即不超过预先给定的数值, 则问题的性质将变得截然不同, 这就是所谓的度约束最小生成树 (degree-constrained minimum spanning tree, DCMST) 问题, 其组合含义是从所有的生成树中 (数目可达 n^{n-2}) 找出顶点度符合约束且总权数最小的生成树.

该问题的求解难度随各顶点度约束的不同而不同, 现实世界中有许多这样的例子, 如管道铺设、电路设计、通信系统、计算机网络等.

记 $G = (V, E, W)$ 为赋权图, $V = \{1, 2, \cdots, n\}$ 为顶点集, E 为边集, W 为权矩阵, 并设各顶点的度限制为 $b_i (i = 1, 2, \cdots, n)$. 于是, 当 b_i 至少为 $n - 1$ 时, 即为无限制情况下一般的 MST 问题, 而当各 b_i 都为 2 时, 则是著名的旅行商问题 (TSP), 为 NP 难题, 是否存在有效算法尚不可知. 因此, 就一般情形而言, DCMST 问题是一个难解问题, 曾经出现过的一些精确算法 (如分支定界法等) 都是指数级运算时间的, 无法求解中型以上规模的实际问题.

设

$$x_{ij} = \begin{cases} 1, & \text{若}(i, j)\text{在最优树上}, \\ 0, & \text{其他}. \end{cases}$$

并记非负权矩阵

$$W = [w_{ij}]_{n \times n},$$

且 $w_{ii} = \infty (i \in V)$, 则 DCMST 问题的数学模型可写成如下的整数规划形式

$$\min Z = \sum_{i=1}^{n} \sum_{j=1}^{n} w_{ij} \cdot x_{ij},$$

$$\text{s.t.} \begin{cases} \sum_{i=1}^{n}\sum_{j=1}^{n}x_{ij}=n-1, & \text{(a)} \\[2mm] \sum_{i\in S}\sum_{j\in S}x_{ij}\leqslant|S|-1, \quad \forall S\subset V, S\neq\varnothing, & \text{(b)} \\[2mm] \sum_{j=1}^{n}x_{ij}\leqslant b_i, \quad i\in V, & \text{(c)} \\[2mm] x_{ij}\in\{0,1\}, \end{cases}$$

这里, $|S|$ 为集合 S 中所含图 G 的顶点个数, 第三个约束为度约束, 前两个约束则保证所得的是一棵树, 其中, 第一个约束也可写成如下的等价形式

$$\sum_{j\neq i}x_{ij}\geqslant 1, \quad i\in V.$$

6.1.2 快速启发式算法

首先, 对 DCMST 问题给出一种由贪心思想而来的启发式近似算法, 其思路为: 在不违反度约束的前提下, 每次找距离当前树最近且不属于当前树的顶点, 将其加入当前树中, 直至形成一棵生成树. 若将初始点遍历所有顶点, 然后在所得的 (至多) n 个解中取最好的一个, 即可得到所需的结果. 具体步骤叙述如下:

步骤 1.取初始点 $s\leftarrow 1$;

步骤 2.最近邻点 $n_s\leftarrow 0$, 顶点度 $\deg_i\leftarrow 0(i\in V)$;

步骤 3.置 $n_i\leftarrow s$, 最近距离 $d_i\leftarrow w_{si}(i\in V\backslash\{s\})$;

步骤 4.当前树顶点集 $V_T\leftarrow\{s\}$, 当前树边集 $E_T\leftarrow\varnothing$;

步骤 5.找使得

$$\min\{d_i|\deg_i<b_i,\deg_{n_i}<b_{n_i},i\in V-V_T,i\neq s\}$$

的下标 u;

步骤 6.若 $d_u=\infty$ 或 $n_u=0$, 则 G 不连通或搜索失败, 停止;

步骤 7.
$$V_T\leftarrow V_T\cup\{u\}, E_T\leftarrow E_T\cup\{(u,n_u)\};$$
$$\deg_u\leftarrow\deg_u+1, \deg_{n_u}\leftarrow\deg_{n_u}+1;$$

步骤 8.对所有 $k\in V-V_T$, 若 $w_{uk}<d_k$, 则 $d_k\leftarrow w_{uk}, n_k\leftarrow u$;

步骤 9.若 $|V_T|=n$, 则已找到一棵度约束生成树, 总权为 w_{opt}, 转步骤 10, 否则, 转步骤 5;

步骤 10.若 w_{opt} 是目前最小的, 则保留该解;$s\leftarrow s+1$, 若 $s\leqslant n$, 则转步骤 2.

易知, 算法的时间复杂度为 $O(n^3)$.

例　给定图 G 的权矩阵如下

$$\begin{bmatrix}
\infty & 3 & 3 & 5 & 16 & 5 & 12 & 21 & 23 \\
3 & \infty & 2 & 2 & 9 & 4 & 7 & 18 & 19 \\
3 & 2 & \infty & 7 & 13 & 9 & 15 & 22 & 24 \\
5 & 2 & 7 & \infty & 7 & 2 & 2 & 12 & 14 \\
16 & 9 & 13 & 7 & \infty & 15 & 9 & 20 & 11 \\
5 & 4 & 9 & 2 & 15 & \infty & 4 & 10 & 17 \\
12 & 7 & 15 & 2 & 9 & 4 & \infty & 6 & 8 \\
21 & 18 & 22 & 12 & 20 & 10 & 6 & \infty & 10 \\
23 & 19 & 24 & 14 & 11 & 17 & 8 & 10 & \infty
\end{bmatrix}.$$

该问题的最小生成树总权为 32.

(1) 度约束 $b_i = 3(i = 1, 2, \cdots, 9)$, 运行上述算法, 可得表 6.1.

表 6.1　DCMST 结果 1

初始点	1	2	3	4	5	6	7	8	9
w_{opt}	36	36	36	36	34	36	36	36	40

最好的解为 $w_{opt} = 34$, $E_T = \{(5,4),(4,2),(2,3),(4,6),(2,1),(6,7),(7,8),(7,9)\}$, 经分支定界法检验为最优解. 总共有 3 个最优解, 这里只能找出 1 个.

(2) 度约束 $b_i = 2(i = 1, 2, \cdots, 9)$, 运行上述算法, 可得表 6.2.

表 6.2　DCMST 结果 2

初始点	1	2	3	4	5	6	7	8	9
w_{opt}	45	53	40	40	39	44	41	46	52

最好的解为 $w_{opt} = 39$, $E_T = \{(5,4),(4,2),(2,3),(3,1),(1,6),(6,7),(7,8),(8,9)\}$, 并且由此构成的 TSP 解亦是一个最优解 (总权重 50).

(3) 度约束 $b_i = 2(i = 1, 2, \cdots, 7)$, $b_8 = b_9 = 1$, 运行上述算法, 可得表 6.3.

表 6.3　DCMST 结果 3

初始点	1	2	3	4	5	6	7	8	9
w_{opt}	×	×	×	×	×	×	46	46	×

最好的解为 $w_{opt} = 46$, $E_T = \{(7,4),(4,2),(2,3),(3,1),(1,6),(7,8),(6,5),(5,9)\}$, 由于度约束较紧, 可行解个数稀少, 因此, 多轮运算导致搜索失败.

(4) $b_7 = b_9 = 1$, 其他为 2, 运行算法, 得 $w_{opt} = 52$.

(5) $b_3 = b_9 = 1$, 其他为 2, 运行算法, 得 $w_{opt} = 54$.

(6) $b_1 = b_9 = 1$, 其他为 2, 运行算法, 得 $w_{opt} = 51$.

(7) $b_1 = b_2 = 1$, 其他为 3, 运行算法, 得 $w_{opt} = 41$.

(8) $b_6 = b_9 = 1$, 其他为 2, 运行算法, 未找到解.

大量随机算例测试表明, 这种快速启发式算法具有一定的效果.

从实际计算中还可发现, 对度约束较大的问题而言, 几乎就是一个最小生成树问题, 其度约束已基本不起作用 (除了稀疏图的情况). 因此, 对于稠密图而言, 真正起到约束作用的实质上就是那些度约束较紧的顶点. 数学上业已证明, 就欧氏平面问题而言, 度约束 $\geqslant 5$ 的情形等价于最小树问题, 即约束不起作用.

6.1.3 蚁群算法

用蚁群算法求解度约束最小生成树问题的大体思想与前述章节类似, 仅在蚂蚁移动时需要修正规则, 即每个蚂蚁按概率选择符合度限制的移动顶点, 具体实现细节见后面所附源程序.

首先给出对前述算例的求解结果, 其中, $\alpha, \beta \in [1, 3], \rho \in [0.6, 0.8], Q = 1$, 迭代次数为 5000.

(1) 度约束 $b_i = 3(i = 1, 2, \cdots, 9)$, 运行算法, 可得最好的解为 $w_{opt} = 34$, 并且找出了全部最优解:
$$E_T = \{(5, 4), (4, 2), (2, 3), (4, 6), (2, 1), (6, 7), (7, 8), (7, 9)\},$$
$$E_T = \{(3, 1), (3, 2), (2, 4), (4, 5), (4, 6), (6, 7), (7, 8), (7, 9)\},$$
$$E_T = \{(5, 2), (2, 3), (3, 1), (2, 4), (4, 6), (4, 7), (7, 8), (7, 9)\}.$$

(2) 度约束 $b_i = 2(i = 1, 2, \cdots, 9)$, 运行算法, 可得最好的解为 $w_{opt} = 39$,
$$E_T = \{(5, 4), (4, 2), (2, 3), (3, 1), (1, 6), (6, 7), (7, 8), (8, 9)\}.$$

(3) 度约束 $b_i = 2(i = 1, 2, \cdots, 7), b_8 = b_9 = 1$, 运行算法, 可得最好的解为 $w_{opt} = 40$,
$$E_T = \{(9, 5), (5, 4), (4, 2), (2, 3), (3, 1), (1, 6), (6, 7), (7, 8)\}.$$

(4) $b_7 = b_9 = 1$, 其他为 2, 运行算法, 可得最好的解为 $w_{opt} = 46$,
$$E_T = \{(5, 9), (5, 4), (4, 2), (2, 3), (3, 1), (1, 6), (6, 8), (8, 7)\}.$$

(5) $b_3 = b_9 = 1$, 其他为 2, 运行算法, 可得最好的解为 $w_{opt} = 48$,
$$E_T = \{(3, 1), (1, 2), (2, 4), (4, 5), (5, 7), (7, 6), (6, 8), (8, 9)\}.$$

(6) $b_1 = b_9 = 1$, 其他为 2, 运行算法, 可得最好的解为 $w_{opt} = 43$,
$$E_T = \{(3, 1), (3, 2), (2, 5), (5, 4), (4, 6), (6, 7), (7, 8), (8, 9)\}.$$

(7) $b_1 = b_2 = 1$, 其他为 3, 运行算法, 可得最好的解为 $w_{opt} = 39$,
$$E_T = \{(2, 3), (3, 1), (3, 4), (4, 5), (4, 6), (6, 7), (7, 8), (8, 9)\}.$$

(8) $b_6 = b_9 = 1$, 其他为 2, 运行算法, 可得最好的解为 $w_{opt} = 44$,
$$E_T = \{(8, 9), (8, 7), (7, 5), (5, 4), (4, 2), (2, 3), (3, 1), (1, 6)\}.$$

可以看到, 在各种情况下, 蚁群算法所得到的解都明显优于上一节所述快速算法所得结果, 其中, 最后一种情形下, 蚁群算法能够找出前者未能找到的解, 体现了蚁群系统很好的搜索能力.

下面, 再给出一个简单例子.

已知 $n = 8$, 度限制 $b = \{1, 3, 3, 1, 1, 3, 1, 3\}$, 权矩阵如下

$$\begin{bmatrix} \infty & 12 & 35 & 41 & 47 & 10 & 13 & 89 \\ 12 & \infty & 78 & 93 & 43 & 54 & 91 & 87 \\ 35 & 78 & \infty & 59 & 10 & 44 & 72 & 5 \\ 41 & 93 & 59 & \infty & 60 & 39 & 95 & 64 \\ 47 & 43 & 10 & 60 & \infty & 26 & 3 & 55 \\ 10 & 54 & 44 & 39 & 26 & \infty & 51 & 67 \\ 13 & 91 & 72 & 95 & 3 & 51 & \infty & 5 \\ 89 & 87 & 5 & 64 & 55 & 67 & 5 & \infty \end{bmatrix}.$$

该问题的最小生成树总权值为 87. 运行快速启发式算法可得 $w_{\text{opt}} = 202$,
$$E_T = \{(2,1),(2,5),(2,6),(6,4),(6,3),(3,8),(8,7)\}.$$

运行蚁群算法的三种模型, 可得最好解为 $w_{\text{opt}} = 169$,
$$E_T = \{(2,1),(2,6),(6,4),(6,3),(3,5),(3,8),(8,7)\}.$$

大量实验表明, 对于这里所讨论的度约束最小生成树问题来说, 顶点度约束越为苛刻, 蚁群算法就越能发挥其长处和威力, 当然, 必须以存在可行解为前提. 而对度约束较为宽松的情况, 则蚁群算法的运行效果反而不如其他启发式方法, 特别是对无约束情形下的一般最小树问题更是如此.

【附】蚁群算法 Delphi 源程序:

```
{* Ant Algorithm for Degree-Constrained MST *}
const    inf=99999999; eps=1E-8;
type     item=integer;
var      FN:string; f:System.Text;

procedure N_TANT_RUN;
const maxn=500; ruo=0.7;
label loop;
type   item2=real;
       arr1=array of array of item;
       arr2=array of array of item2;
       arr3=array of item;
```

```
var    n,i,j,k,ii,jj,count,maxcount,tweight,model,alpha,beta:item;
       Q,tmax,tmin:item2; ok:boolean; t,dt:arr2;
       w,tedge1,tedge2:arr1; ub,tw,e1,e2:arr3;

procedure FindTree(k:item;
                        var ok:boolean;
                        var tw:arr3;
                        var tedge1:arr1;
                        var tedge2:arr1);
label check;
var nearest,degree:arr3; tcount,u,i:item;

function PValue:item2;
var l:item; sum:item2;
begin
   sum:=0;
   for l:=1 to n do if (l<>nearest[i])and(nearest[l]<>0) then
   if (degree[l]+1<=ub[l])and(degree[nearest[l]]+1<=ub[nearest[l]]) then
      sum:=sum+exp(alpha*ln(t[nearest[i],l]))/exp(beta*ln(w[nearest[i],l]));
   if (sum>eps) then sum:=exp(alpha*ln(t[nearest[i],i]))/
                           exp(beta*ln(w[nearest[i],i]))/sum;
   PValue:=sum;
end;

begin
   SetLength(nearest,n+1);
   SetLength(degree,n+1);
   for i:=1 to n do degree[i]:=0;
   nearest[k]:=0;
   for i:=1 to n do
   if (i<>k)and(w[i,k]<inf) then nearest[i]:=k else nearest[i]:=0;
   tcount:=0;
   tw[k]:=0;
   ok:=true;
      while (tcount<n-1)and(ok) do
      begin
```

```
            u:=0;
            for i:=1 to n do if (nearest[i]<>0) then
            if (degree[i]+1<=ub[i])and(degree[nearest[i]]+1<=ub[nearest[i]]) then
            begin
                u:=i;
                if (tcount=n−2)or(random<PValue) then
                begin u:=i; goto check; end;
            end;
    check:
        if (u=0)or(nearest[u]=0) then
        begin
            ok:=false; tw[k]:=inf; exit;
        end
        else
        begin
            tcount:=tcount+1;
            tedge1[k,tcount]:=nearest[u]; tedge2[k,tcount]:=u;
            degree[nearest[u]]:=degree[nearest[u]]+1;
            degree[u]:=degree[u]+1;
            tw[k]:=tw[k]+w[nearest[u],u];
            if degree[nearest[u]]>=ub[nearest[u]] then
            begin
                for i:=1 to n do if (nearest[i]<>0) then
                if (w[i,u]<inf) then nearest[i]:=u;
            end
            else
            begin
                for i:=1 to n do if (nearest[i]<>0) then
                if (w[i,u]<inf) then if random<0.5 then nearest[i]:=u;
            end;
            nearest[u]:=0;
        end;
    end;
end;
```

```
begin
  AssignFile(f,FN); Reset(f);
  {$I−} Readln(f,n,maxcount); {$I+}
  if (IOResult<>0)or(n<3)or(n>maxn)or(maxcount<1) then
  begin ShowMessage(' 数据错误!'); System.Close(f); exit; end;
  SetLength(w,n+1,n+1);
  SetLength(tw,n+1);
  SetLength(t,n+1,n+1);
  SetLength(dt,n+1,n+1);
  SetLength(tedge1,n+1,n);
  SetLength(tedge2,n+1,n);
  SetLength(e1,n);
  SetLength(e2,n);
  SetLength(ub,n+1);
  for i:=1 to n−1 do for j:=i+1 to n do
  begin
    {$I−} readln(f,ii,jj,w[i,j]); {$I+}
    if (IOResult<>0)or(ii<>i)or(jj<>j)or(w[i,j]<0) then
    begin ShowMessage(' 数据错误!'); System.Close(f); exit; end;
    if w[i,j]=0 then w[i,j]:=inf; w[j,i]:=w[i,j];
    t[i,j]:=1; dt[i,j]:=0; t[j,i]:=t[i,j]; dt[j,i]:=dt[i,j];
  end;
  for i:=1 to n do
  begin
    w[i,i]:=inf; t[i,i]:=1; dt[i,i]:=0;
  end;
  for i:=1 to n do
  begin
    {$I−} readln(f,ii,ub[i]); {$I+}
    if (IOResult<>0)or(ii<>i)or(ub[i]<1) then
    begin ShowMessage(' 数据错误!'); System.Close(f); exit; end;
  end;
  System.Close(f);
  FN:=Copy(FN,1,Length(FN)−4)+'.OUT';
  ShowMessage(' 输出结果存入文件:'+FN);
```

```
AssignFile(f,FN); Rewrite(f);
count:=0;
tweight:=inf;
randomize;
Q:=100;
model:=random(3)+1;
alpha:=random(3)+1;
beta:=random(3)+1;
loop:
for k:=1 to n do FindTree(k,ok,tw,tedge1,tedge2);
for k:=1 to n do if tw[k]<inf then
begin
  case model of
  1:  begin
        for i:=1 to n−1 do
        begin
          ii:=tedge1[k,i]; jj:=tedge2[k,i];
          dt[ii,jj]:=dt[ii,jj]+q/tw[k];
        end;
      end;
  2:  begin
        for i:=1 to n−1 do
        begin
          ii:=tedge1[k,i]; jj:=tedge2[k,i];
          dt[ii,jj]:=dt[ii,jj]+q;
        end;
      end;
  3:  begin
        for i:=1 to n−1 do
        begin
          ii:=tedge1[k,i]; jj:=tedge2[k,i];
          dt[ii,jj]:=dt[ii,jj]+q/w[ii,jj];
        end;
      end;
    end;
  end;
```

```
end;
for k:=1 to n do if tw[k]<tweight then
begin
   tweight:=tw[k];
   for i:=1 to n−1 do
   begin
      e1[i]:=tedge1[k,i]; e2[i]:=tedge2[k,i];
   end;
end;
for i:=1 to n do for j:=1 to n do
begin
   t[i,j]:=ruo*t[i,j]+dt[i,j];
   tmax:=1/(tweight*(1−ruo)); tmin:=tmax/5;
   if (t[i,j]>tmax) then t[i,j]:=tmax;
   if (t[i,j]<tmin) then t[i,j]:=tmin;
end;
count:=count+1;
Q:=Q*0.9;
for i:=1 to n do for j:=1 to n do dt[i,j]:=0;
if count<maxcount then goto loop;
if tweight<inf then
begin
   writeln(f,' α = ',alpha,' β= ',beta,' model = ',model);
   writeln(f); writeln(f,' 总权重 = ',tweight);
   writeln(f); writeln(f,' 生成树各边弧:');
   for i:=1 to n−1 do writeln(f,' (',e1[i],',',e2[i],')');
end
else writeln(f,' 解未找到!');
System.Close(f);
end;
```

6.2　Steiner 最小树问题及其求解

6.2.1　问题概述

早在 17 世纪初, 著名数学家费马 (Pierre Fermat) 就提出这样一个问题: 设平

面上有三个点 A, B, C, 试求第四点, 使其到这三个点的距离之和最小.

该问题在 1640 年被 Torricelli 解决, 其方法是: 由这三个点构成一个等边三角形; 在每条边上各自向外作一个等边三角形; 为每个等边三角形作外接圆; 三个外接圆的交点即为所需求的点, 也称 Torricelli 点. 1750 年, Simpson 还设计了另一种构建 Torricelli 点的方法.

19 世纪初, 著名几何学家斯坦纳 (Steiner) 对 Fermat 问题加以推广: 试求第 $n+1$ 个点, 使其到原 n 个点的距离之和最小. 由于斯坦纳对该问题所作的杰出贡献, 故后来以其名字命名了该问题. 上述 Torricelli 点即为后来重命名的 Steiner 点.

Steiner 树 (Steiner tree, ST) 问题是指连接给定点的最小树长问题, 其最优解称为 Steiner 最小树 (Steiner minimum tree, SMT), 故又被称为 Steiner 最小树问题. 欧氏 Steiner 最小树 (ESMT) 即在欧氏平面上的 SMT: 给定原点集 P, 现要求在欧氏平面上连接 P 中所有点的最短树. 由于允许增加辅助点集 S, 因此该问题也就是寻求点集 S, 使得 $P \cup S$ 的生成树最小化.

就最初的费马问题而言, 三个原点构成一个正三角形, 边长为单位长 (如图 6.1(a)), 则最小生成树长为 2 (如图 6.1(b)). 若在三角形内选一新点 (即图 6.1(c) 中的 Steiner 点), 使其与其他三点均成 120° 夹角, 则 ESMT 的树长为 $\sqrt{3}$, 仅为 MST 的 $\sqrt{3}/2$ 倍.

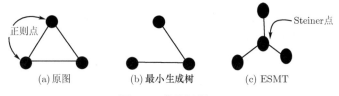

图 6.1   费马问题

Steiner 树问题在实际中有着广泛的应用, 如管道铺设、多点通信方式中的多播路由、多点广播中的最佳路由选择、音视视频会议、网络对战游戏、远程医疗手术和会议电视等组播路由优化问题.

1961 年, Melzak 最先提出了解决方法, 其思想为穷举所有满 Steiner 树的拓扑结构, 并分别计算它们的长度, 最短者即为 Steiner 最小树. 求解欧氏 Steiner 最小树问题的较好方法是 Warme 等人的 GeoSteiner 算法, 该方法能在几小时内求出具有 2000 多个点的精确解, 而此前, 最多只能求解 29 个点. GeoSteiner 算法并不枚举所有拓扑结构, 而是通过列出等角点, 并使用一种高效的剪枝技术来求解问题. 但是, 这些精确算法的运行时间都会随问题规模的增长而呈指数增长, 因此, 合理有效的现实办法仍是寻找各种启发式算法.

6.2.2   欧氏 Steiner 最小树的求解算法

欧氏 Steiner 最小树 (ESMT) 是指对给定欧氏平面上的原点集 P(也称正则点

集), 找出连接 P 的最短网络. 可以引入辅助点集 S(称 S 点集), 使由这些正则点和 S 点连成的网络树总长最小. 关于 ESMT, 有几个基本性质:

性质 1 ESMT 上任何一个顶点的关联边不多于 3 条, 且每个叶子都是原点.

性质 2 设 ESMT 的原点为 n 个, 则 S 点个数 $\leqslant n - 2$.

性质 3 设由 n 个原点所围成的区域为凸包, 则所有 S 点都必定包含在凸包内.

对 ESMT 问题, 如能设法求出 S 点的数目与位置, 就可用常规的最小生成树算法得到 ESMT. 为叙述下面的有关算法, 首先作以下一些处理:

（1）由原点集坐标确定一矩形区域 $\text{span}\_x \times \text{span}\_y$, 这里, $\text{span}\_x, \text{span}\_y$ 分别为矩形区域的长和宽;

（2）S 点在该区域内;

（3）依据点位置坐标的精度要求, 将上述区域等分成 $n\_x \times n\_y$ 个网格, 其中

$$n\_x = \lfloor \text{span}\_x \times \text{degree} \rfloor + 1, n\_y = \lfloor \text{span}\_y \times \text{degree} \rfloor + 1,$$

degree 为网格细分倍数;

（4）正则点和 S 点位于网格顶点上 (即网格的角, 简称格点);

（5）按行对格点从左到右进行编序, 最后一行、最后一列除外;

（6）用格点的行、列值取代平面上对应点的纵、横坐标位置.

于是, 正则点和 S 点在区域内都有对应的格点.

1. 模拟退火算法

求解 ESMT 问题的模拟退火算法实现如下:

步骤 1. 初始化退火温度;

步骤 2. 用 Prim 算法求解最小生成树 (MST) 问题;

步骤 3. 在当前温度 t_k 下执行如下操作:

    (a) 设现有 m 个 S 点, 随机选择以下一种方式:

        (i) 加入 r 个新 S 点 $(r + m \leqslant n - 2), m \leftarrow m + r$;

        (ii) 删除 r 个已存在 S 点 $(m - r \geqslant 0), m \leftarrow m - r$;

        (iii) 逐个移动 m 个 S 点于各自邻域的任一 "允许" 位置;

    (b) 由 $n + m$ 个点构造完全图, 边长即为两格点间的欧氏距离;

    (c) 用 Prim 算法计算 MST 值 (weight), 并计算与当前最好解的差值 ΔW;

    (d) 按概率 $\min(1, \exp(\Delta W / t_k)) > \text{random}(0, 1)$ 接收新解.

    重复步骤 3 直至系统达到 t_k 下的平衡状态;

步骤 4. 按 $t_k \leftarrow 0.9 \cdot t_k$ 的方式降温;

步骤 5. 若满足算法终止条件, 则退火过程结束, 否则转步骤 3.

【附】模拟退火法 Delphi 源程序:

```
{* Simulated Annealing Algorithm for Minimal E-Steiner Tree *}
const inf=99999999; eps=1E−8; decimal=5;
type item=integer;
var FN:string; f:System.Text;

procedure N_SAEST_RUN;
const max=500; alpha=0.9;
label loop;
type   arr1=array of array of item;
       arr2=array of array of real;
       arr3=array of item;
       arr4=array of real;
var    n,ii,jj,k,rr,nn,m,mm,n_x,n_y,maxcount,in_count,temporder,ran,nc,
       degree,option,T0,c_t,max_ct,gg:item; w,temploc,tploc,loc:arr2;
       order,best,exist,node,ct:arr3;
       T,dw,weight,tweight,min_w,tempweight,
       min_i,max_i,min_j,max_j,temp_loc,mi,mj:real;

procedure Graph(s_node:item);
var i,j,u,l:item;
begin
   for i:=0 to s_node−1 do
     begin
       u:=order[i]; {* order[ ]: the position of steiner node *}
       for j:=0 to n−1 do
       begin
         w[j,n+i]:=sqrt(sqr(loc[u,0]−loc[exist[j],0])+
                   sqr(loc[u,1]−loc[exist[j],1]));
         w[n+i,j]:=w[j,n+i];
       end;
       for j:=i+1 to s_node−1 do
       begin
         l:=order[j];
         w[n+i,n+j]:=sqrt(sqr(loc[u,0]−loc[l,0])+sqr(loc[u,1]−loc[l,1]));
         w[n+j,n+i]:=w[n+i,n+j];
```

```
      end;
      w[n+i,n+i]:=inf;
    end;
end;

function Prim(s_node:item): real;
var len,min:real; lowcost:arr4; i,j,kk:item;
begin
  SetLength(lowcost,n+s_node);
  len:=0; lowcost[0]:=0;
  for i:=1 to n+s_node−1 do lowcost[i]:=w[0,i];
  kk:=0;
  for i:=0 to n+s_node−1 do
  begin
    min:=inf;
    for j:=0 to n+s_node−1 do
    if (lowcost[j]<>0)and(lowcost[j]<min) then
      begin
      min:=lowcost[j]; kk:=j;
    end;
    len:=len+lowcost[kk];
    lowcost[kk]:=0;
    for j:=0 to n+s_node−1 do
    if ((w[kk,j]<>0)and(w[kk,j]<lowcost[j])) then lowcost[j]:=w[kk,j];
  end;
  Prim:=len;
end;

function Bolzman(dw:real): boolean;
begin
  if ((dw<0)or(random<exp(−dw/T))) then Bolzman:=true
  else Bolzman:=false;
end;

procedure Move(k:item;i:item);
var r:item; flag:boolean;
```

```
label ch;
begin
  node[order[i]]:=0; flag:=false;
ch:
  r:=random(8);
  case r of
  0: begin
       if (order[i]−n_x−1>=0)and(node[order[i]−n_x−1]=0) then
       begin
         order[i]:=order[i]−n_x−1; flag:=true;
       end;
     end;
  1: begin
       if (order[i]−n_x>=0)and(node[order[i]−n_x]=0)then
       begin
         order[i]:=order[i]−n_x; flag:=true;
       end;
     end;
  2: begin
       if (order[i]−n_x+1>=0)and(node[order[i]−n_x+1]=0) then
       begin
         order[i]:=order[i]−n_x+1; flag:=true;
       end;
     end;
  3: begin
       if (order[i]+1<=m)and(node[order[i]+1]=0) then
       begin
         order[i]:=order[i]+1; flag:=true;
       end;
     end;
  4: begin
       if (order[i]+n_x+1<=m)and(node[order[i]+n_x+1]=0) then
       begin
         order[i]:=order[i]+n_x+1; flag:=true;
       end;
```

```
        end;
5: begin
        if (order[i]+n_x<=m)and(node[order[i]+n_x]=0) then
        begin
            order[i]:=order[i]+n_x; flag:=true;
        end;
     end;
6: begin
        if (order[i]+n_x-1<=m)and(node[order[i]+n_x-1]=0) then
        begin
            order[i]:=order[i]+n_x-1; flag:=true;
        end;
     end;
7: begin
        if (order[i]-1>=0)and(node[order[i]-1]=0) then
        begin
            order[i]:=order[i]-1; flag:=true;
        end;
     end;
    end;
    if flag=false then goto ch;
    node[order[i]]:=1;
    Graph(k);
    weight:=Prim(k);
    //tempweight saves the best result of the nn_times moves
    if ((tempweight=-1)or(tempweight>weight)) then tempweight:=weight;
end;

begin
    AssignFile(f,FN); Reset(f);
    {$I-} Readln(f,n,maxcount); {$I+}
    if (IOResult<>0)or(n<3)or(n>max)or(maxcount<1) then
    begin ShowMessage(' 数据错误!'); System.Close(f); exit; end;
    SetLength(w,2*n-2,2*n-2);
    SetLength(best,n-2);
```

```
SetLength(tploc,n,2);
SetLength(temploc,n,2);
SetLength(exist,n);
SetLength(order,n−2);
for ii:=0 to n−3 do order[ii]:=−1; //初始化
T0:=maxcount;
T:=T0;
dw:=inf;
ran:=inf;
min_j:=inf;
min_i:=inf;
max_j:=−inf;
max_i:=−inf;
degree:=1;
SetLength(ct,5);
for ii:=0 to 4 do ct[ii]:=0;
for ii:=0 to n−1 do
begin
   {$I−} readln(f,temploc[ii,0],temploc[ii,1]); {$I+}
   if (IOResult<>0)or(abs(temploc[ii,0])>inf)or(abs(temploc[ii,1])>inf) then
   begin ShowMessage(' 数据错误!'); System.Close(f); exit; end;
   for jj:=0 to 1 do
   if (abs(temploc[ii,jj])<=1) then
   begin
      c_t:=0; temp_loc:=temploc[ii,jj];
      repeat
         temp_loc:=temp_loc*10; c_t:=c_t+1;
      until (abs(temp_loc-trunc(temp_loc))<eps)or(c_t=3);
      case c_t of
      1,2: ct[0]:=ct[0]+1;
      3 : ct[1]:=ct[1]+1;
      end;
   end
   else
   begin
```

```
    if (temploc[ii,jj]<=10) then ct[2]:=ct[2]+1
    else
    begin
        if (temploc[ii,jj]<=100) then ct[3]:=ct[3]+1
        else ct[4]:=ct[4]+1;
      end;
    end;
  if (min_i>temploc[ii,0]) then min_i:=temploc[ii,0];
  if (max_i<temploc[ii,0]) then max_i:=temploc[ii,0];
  if (min_j>temploc[ii,1]) then min_j:=temploc[ii,1];
  if (max_j<temploc[ii,1]) then max_j:=temploc[ii,1];
end;
mi:=min_i;
mj:=min_j;
for ii:=0 to n−1 do
begin
    tploc[ii,0]:=temploc[ii,0]−mi;
    tploc[ii,1]:=temploc[ii,1]−mj;
end; //偏移度
max_ct:=0; gg:=−1;
for jj:=0 to 4 do if ct[jj]>max_ct then gg:=jj;
case gg of
0,2 : degree:=100;
1 : degree:=1000;
3 : degree:=10;
−1,4: degree:=1;
end;
max_i:=round(max_i*degree); min_i:=trunc(min_i*degree);
max_j:=round(max_j*degree); min_j:=trunc(min_j*degree);
System.Close(f);
FN:=Copy(FN,1,Length(FN)−4)+'.OUT';
ShowMessage(' 输出结果存入文件:'+FN);
AssignFile(f,FN); Rewrite(f);
weight:=inf;
randomize;
```

```
n_x:=trunc(max_j-min_j)+1;
n_y:=trunc(max_i-min_i)+1;
SetLength(loc,n_x*n_y,2);
SetLength(node,n_x*n_y);
for ii:=0 to n-1 do for jj:=0 to n-1 do if (jj<>ii) then
begin
   w[ii,jj]:=sqrt(sqr(temploc[ii,0]-temploc[jj,0])+
                  sqr(temploc[ii,1]-temploc[jj,1]))*degree;
end;
for ii:=0 to n-1 do w[ii,ii]:=inf;
min_w:=Prim(0); tweight:=min_w;
for ii:=0 to n-1 do
begin
   temploc[ii,1]:=round(temploc[ii,1]*degree-mj*degree);
   temploc[ii,0]:=round(temploc[ii,0]*degree-mi*degree);
end;
m:=0;
for ii:=0 to n_x-1 do for jj:=0 to n_y-1 do
begin node[m]:=0; m:=m+1; end;
m:=m-1;
for ii:=0 to n-1 do node[trunc(temploc[ii,0]*n_x+temploc[ii,1])]:=1;
for ii:=0 to n_y-1 do for jj:=0 to n_x-1 do
begin
   mm:=ii*n_x+jj;
   loc[mm,0]:=ii; //y
   loc[mm,1]:=jj; //X
   for k:=0 to n-1 do if (ii=temploc[k,0])and(jj=temploc[k,1]) then
   begin
      exist[k]:=trunc(temploc[k,0]*n_x+temploc[k,1]);
      loc[exist[k],0]:=tploc[k,0]*degree;
      loc[exist[k],1]:=tploc[k,1]*degree;
      //store the original node //注意 exist 中的系数 k 与 temploc 中的 k 一致
   end;
end;
in_count:=0;
```

```
nn:=0;
nc:=maxcount;
loop:
  for jj:=0 to nc do
  begin
    option:=0;
    if (random>0.5) then
    begin
      if ((random>0.5)and (nn<n−2)) then
      begin
        ran:=trunc(random(n−2−nn));
        if (ran>0) then
        begin
          option:=1;
          for rr:=0 to ran−1 do
          begin
            node[order[nn+rr]]:=0;
            repeat
              order[nn+rr]:=random(m+1);
            until node[order[nn+rr]]=0;
            node[order[nn+rr]]:=1;
          end;
          Graph(nn+ran);
          weight:=Prim(nn+ran);
          dw:=weight−min_w;
        end;
      end
      else if (nn>0) then
        begin
          ran:=trunc(random(nn));
          if (ran>0) then
          begin
            option:=2;
            for rr:=nn−ran to nn−1 do node[order[rr]]:=0;
            Graph(nn−ran);
```

```
                weight:=Prim(nn−ran);
                dw:=weight−min_w;
                   end;
                end;
        end
        else if (nn>0) then
        begin
           option:=3;
           tempweight:=−1;
           for ii:=0 to nn−1 do Move(nn,ii);
           dw:=tempweight−min_w;
        end;
        if ((option<>0)and Bolzman(dw)) then
        begin
           min_w:=min_w+dw;
           if (option=1) then nn:=nn+ran else if (option=2) then nn:=nn−ran;
           for k:=0 to n−3 do best[k]:=−1;
           for k:=0 to nn−1 do best[k]:=order[k];
        end;
end;
T:=alpha*T;
in_count:=in_count+1;
if in_count<maxcount then goto loop;
writeln(f); writeln(f,' 初始温度 = ',T0,' 最终温度 = ',T:0:decimal);
writeln(f);
writeln(f,' 初始权重 = ',tweight/degree:0:decimal,' (标准最小树总长)');
writeln(f);
if min_w<tweight then
begin
   writeln(f,' 改进权重 = ',min_w/degree:0:decimal,' (Steiner 最小树总长)');
   writeln(f); writeln(f,' Steiner 比 = ',min_w/tweight:0:decimal);
   writeln(f); writeln(f,' Steiner 点:');
   for ii:=0 to nn−1 do
   writeln(f,' (',(loc[best[ii],0]+min_i)/degree:0:decimal,',',
            (loc[best[ii],1]+min_j)/degree:0:decimal,')');
```

end
else writeln(f,' 未找到更好的解!');
System.Close(f);
end;

2. 蚁群算法

记 τ_i 为第 i 个格点的信息素, $\Delta\tau_i$ 为单位蚂蚁在第 i 个格点上留下的信息素增量 $(i=0,1,2,\cdots,n\_x\times n\_y-1)$, $n\_x\times n\_y$ 为总格点数.

转移概率为

$$P_{ij}^k = \frac{[\tau_j]^\alpha[\eta_{ij}]^\beta}{\sum_l [\tau_l]^\alpha[\eta_{il}]^\beta},$$

其中, $\eta_{ij}=1/d_{ij}$, d_{ij} 为 i,j 两格点的欧氏距离.

蚁群算法求解 ESMT 与 TSP 等问题的不同之处在于蚂蚁的可行移动是逐步构造出一棵树, 而不是 TSP 中的回路, 详细实现细节可参看所附的源程序.

3. 计算试验

计算实验采用国际上公布的测试数据库 STEINLIB 中的问题实例, 表 6.4 中为正则点数 (n) 在 20 以内的部分实例数据, 其中每个单元格中的左右两列分别表示横坐标和纵坐标值, 前面几个单元格又有多组数据.

取 degree=100, 模拟退火温度为 2.65×10^{-3}. 分别用模拟退火法和蚁群算法对表 6.4 中的每组数据进行 10 次测试, 保留各自 Steiner 树与最小树总长比值的最好值和最差值, 有关结果如表 6.5 所示.

表 6.4 部分实例数据

n	3,4,5	6,7	8,9	10	12	14	16	18	20
	0.1	0.14,0.45	0.25,0.20	0.31,0.69	0.03,0.50	0.25,0.11	0.62,0.68	0.10,0.85	0,0.40
正	0.9,0	0.21,0.27	0.31,0.09	0.18,0.60	0.20,0.60	0.20,0.13	0.73,0.40	0.25,0.72	0,0.50
则	1,0.1	0.75,0.19	0.39,0.08	0.30,0.50	0.37,0.50	0.13,0.20	0.72,0.26	0.38,0.66	0.03,0.60
点		0.87,0.34	0.48,0.10	0.18,0.40	0.37,0.30	0.10,0.30	0.56,0.05	0.53,0.66	0.10,0.65
的		0.67,0.84	0.48,0.30	0.28,0.31	0.20,0.20	0.13,0.40	0.34,0	0.65,0.72	0.20,0.60
坐	0.10,0.08	0.48,0.86	0.56,0.32	0.64,0.69	0.03,0.30	0.20,0.48	0.12,0.10	0.80,0.85	0.20,0.48
标	0.10,0.20		0.64,0.28	0.71,0.58	0.63,0.50	0.30,0.50	0.03,0.32	0.68,0.70	0.30,0.40
值	0.80,0.20	0.21,0.51	0.70,0.20	0.60,0.50	0.80,0.60	0.40,0.48	0.09,0.53	0.61,0.58	0.37,0.45
	0.80,0.28	0.36,0.77		0.72,0.37	0.97,0.50	0.48,0.40	0.27,0.62	0.61,0.43	0.39,0.60

续表

n	3,4,5	6,7	8,9	10	12	14	16	18	20
		0.36,0.25		0.60,0.30	0.97,0.30	0.50,0.30	0.34,0.40	0.68,0.30	0.45,0.65
		0.66,0.77	0.35,0		0.80,0.20	0.48,0.20	0.41,0.37	0.80,0.17	0.50,0.65
正	0.7,0.96	0.66,0.25	0.15,0.10		0.63,0.30	0.45,0.17	0.42,0.30	0.65,0.28	0.54,0.60
则	0.88,0.46	0.81,0.51	0.45,0.20			0.30,0.16	0.40,0.27	0.45,0.35	0.54,0.48
点	0.88,0.16	0.51,0.51	0.15,0.30			0.32,0	0.35,0.27	0.25,0.27	0.63,0.40
的	0.19,0.26		0.45,0.40				0.29,0.31	0.10,0.17	0.70,0.50
坐	0.19,0.06		0.15,0.50				0.30,0.37	0.23,0.30	0.72,0.60
标			0.45,0.60					0.30,0.50	0.80,0.68
值			0.15,0.70					0.23,0.70	0.89,0.65
			0.35,0.80						0.90,0.51
									0.90,0.41

表 6.5　计算结果

点数	最好结果 (ST/MST) (AA/SA)	平均结果 (ST/MST) (AA/SA)	最差结果 (ST/MST) (AA/SA)	运行时间 (AA/SA)
3	0.986 021 4/1.0000 000 0	0.986 337 3/1.000 000 0	0.987 0.52 8/1.000 000 0	$0''/0''$
4	0.984 811 4/0.984 811 4	0.984 859 2/0.987 849 2	0.985 050 0/1.000 000 0	$1''/0''$
5	0.965 993/0.964 624 0	0.967 248 6/0.974 348 4	0.969 415 4/0.981 027 4	$2''/0''$
6	0.991 483 6/0.996 453 3	0.995 202 5/0.998 157 5	0.997 899 7/1.000 000 0	$3''/2''$
7	0.868 169 4/0.874 377 1	0.871 140 7/0.877 646 9	0.872 980 8/0.879 387 6	$6''/6''$
8	0.996 588 0/0.997 520 8	0.996 588 0/0.997 527 9	0.996 588 0/0.997 555 8	$13''/4''$
9	0.987 272 2/0.988 463 2	0.988 203 0/0.989 680 5	0.988 884 5/0.990 899 8	$26''/6''$
10	0.963 391 9/0.961 455 5	0.965 907 4/0.965 253 7	0.967 284 8/0.969 521 3	$48''/12''$
12	0.977 772 6/0.975 191 9	0.978 759 7/0.975 546 5	0.979 304 9/0.976 329 2	$2'15''/20''$
14	0.998 414/0.999 332 6	0.998 414 0/0.999 332 7	0.998 414 0/0.999 332 6	$5'/22''$
16	0.973 681 8/0.976 347 8	0.974 027 8/0.976 347 8	0.974 114 2/0.976 347 8	$11'/32''$
18	0.984 191 3/0.980 270 7	0.985 139 6/0.983 737 7	0.986 371 5/0.984 863 5	$20'/1''$
20	0.990 661 8/0.990 782 6	0.991 993 2/0.991 806 9	0.993 847 6/0.994 1997	$36'/1'26''$

　　从表中可知, 总体而言, 蚁群算法在性能上优于模拟退火法, 特别是当正则点个数较小的时候, 但随着正则点个数增多, 其运行时间也相应增加.

　　另外, 还对现有 STEINLIB 中正则点个数 n=10, 20, 30, 40, 50 的一些数据进行了测试, 分别取 degree=100, 500, 1 000 进行了比较. 结果表明, 当迭代次数越多, degree 值越大时, 所得到的解也越好; 而在迭代次数一定的情况下, degree 值较大者并不保证它得到的解较优, 因为此时的搜索空间反而相对变小. 同时, 测试也表明, 模拟退火法对初始温度有较强的依赖性.

【附】蚁群算法 Delphi 源程序:

```
{* Ant Algorithm for Minimal E-Steiner Tree *}
const   inf=99999999; eps=1E−8; decimal=5;
```

```
type    item=integer;
var     FN:string; f:System.Text;

procedure N_ANTEST_RUN;
const max=500; ruo=0.7; Q=1;
label loop;
type   arr1=array of array of item;
       arr2=array of array of real;
       arr3=array of item;
       arr4=array of real;
var    n,ii,jj,k,m,mm,n_x,n_y,s,maxcount,in_count,temporder,degree,
       gg,c_t,max_ct:item; w,temploc,tploc,loc:arr2;
       order,best,exist,node,better,ct:arr3; t,tw,dt:arr4;
       weight,tweight,min_w,min_i,max_i,min_j,max_j,temp_loc,mi,mj:real;

procedure Graph(s_node:item);
var i,j,u,l:item;
begin
  for i:=0 to s_node−1 do
  begin
    u:=order[i];
    for j:=0 to n−1 do
    begin
      w[j,n+i]:=sqrt(sqr(loc[u,0]−loc[exist[j],0])+
                     sqr(loc[u,1]−loc[exist[j],1]));
      w[n+i,j]:=w[j,n+i];
    end;
    for j:=i+1 to s_node−1 do
    begin
      l:=order[j];
      w[n+i,n+j]:=sqrt(sqr(loc[u,0]−loc[l,0])+sqr(loc[u,1]−loc[l,1]));
      w[n+j,n+i]:=w[n+i,n+j];
    end;
    w[n+i,n+i]:=inf;
  end;
end;
```

```
function Prim(s_node:item):real;
var len,min:real; lowcost:arr4; i,j,k:item;
begin
    SetLength(lowcost,n+s_node);
    len:=0; lowcost[0]:=0;
    for i:=1 to n+s_node−1 do lowcost[i]:=w[0,i];
    k:=0;
    for i:=0 to n+s_node−1 do
    begin
        min:=inf;
        for j:=0 to n+s_node−1 do
        if (lowcost[j]<>0)and(lowcost[j]<min) then
        begin min:=lowcost[j]; k:=j; end;
        len:=len+lowcost[k]; lowcost[k]:=0;
        for j:=0 to n+s_node−1 do
        if ((lowcost[j]<>0)and(w[k,j]<lowcost[j])) then lowcost[j]:=w[k,j];
    end;
    Prim:=len;
end;

procedure MoveTo(k:item;i:item;j:item);
var r,v,temp:item; flag:boolean;
label ch;
begin
    node[order[i]]:=0; temp:=order[i]; flag:=false;
ch:
    r:=random(8);
    case r of
    0: begin
            if (order[j]−n_x−1>=0)and(node[order[j]−n_x−1]=0)and
            (order[j]−n_x−1<>temp) then
            begin order[i]:=order[j]−n_x−1; flag:=true; end;
        end;
    1: begin
            if (order[j]−n_x>=0)and(node[order[j]−n_x]=0)and
```

```
        (order[j]−n_x<>temp) then
          begin order[i]:=order[j]−n_x; flag:=true; end;
        end;
 2: begin
        if (order[j]−n_x+1>=0)and(node[order[j]−n_x+1]=0)and
          (order[j]−n_x+1<>temp) then
          begin order[i]:=order[j]−n_x+1; flag:=true; end;
        end;
 3: begin
        if (order[j]+1<=m)and(node[order[j]+1]=0)and(order[j]+1<>temp) then
          begin order[i]:=order[j]+1; flag:=true; end;
        end;
 4: begin
        if (order[j]+n_x+1<=m)and(node[order[j]+n_x+1]=0)and
          (order[j]+n_x+1<>temp) then
        begin order[i]:=order[j]+n_x+1; flag:=true; end;
        end;
 5: begin
        if (order[j]+n_x<=m)and(node[order[j]+n_x]=0)and
          (order[j]+n_x<>temp) then
        begin order[i]:=order[j]+n_x; flag:=true; end;
        end;
 6: begin
        if (order[j]+n_x−1<=m)and(node[order[j]+n_x−1]=0)and
          (order[j]+n_x−1<>temp) then
        begin order[i]:=order[j]+n_x−1; flag:=true; end;
        end;
 7: begin
        if (order[j]−1>=0)and(node[order[j]−1]=0)and(order[j]−1<>temp) then
        begin order[i]:=order[j]−1; flag:=true; end;
      end;
end;
if flag=false then goto ch;
node[order[i]]:=1;
dt[order[i]]:=dt[order[i]]+Q;
```

```
   Graph(k);
   weight:=Prim(k);
   if min_w>weight then
   begin
      min_w:=weight;
      for v:=0 to k−1 do best[v]:=order[v];
   end;
   node[order[i]]:=0;
   order[i]:=temp;
   node[order[i]]:=1;
end;

function PValue(k:item;i:item;j:item):real;
var r:item; sum:real; ww:arr4;
begin
   SetLength(ww,k);
   ww[i]:=inf; sum:=0;
   for r:=0 to k−1 do if (r<>i) then
   begin
      ww[r]:=sqrt(sqr(loc[order[i],0]−loc[order[r],0])+
                  sqr(loc[order[i],1]−loc[order[r],1]));
      sum:=sum+t[order[r]]/ww[r];
   end;
   if (sum>eps) then
   begin
      ww[j]:=sqrt(sqr(loc[order[i],0]−loc[order[j],0])+
                  sqr(loc[order[i],1]−loc[order[j],1]));
      sum:=(t[order[j]]/ww[j])/sum;
   end;
   PValue:=sum;
end;

procedure Move(k:item;i:item);
var r,v:item; flag:boolean;
label ch;
begin
```

```
node[order[i]]:=0; flag:=false;
ch:
  r:=random(8);
  case r of
  0: begin
        if (order[i]−n_x−1>=0)and(node[order[i]−n_x−1]=0) then
        begin order[i]:=order[i]−n_x−1; flag:=true; end;
     end;
  1: begin
        if (order[i]−n_x>=0)and(node[order[i]−n_x]=0) then
        begin order[i]:=order[i]−n_x; flag:=true; end;
     end;
  2: begin
        if (order[i]−n_x+1>=0)and(node[order[i]−n_x+1]=0) then
        begin order[i]:=order[i]−n_x+1; flag:=true; end;
     end;
  3: begin
        if (order[i]+1<=m)and(node[order[i]+1]=0) then
        begin order[i]:=order[i]+1; flag:=true; end;
     end;
  4: begin
        if (order[i]+n_x+1<=m)and(node[order[i]+n_x+1]=0) then
        begin order[i]:=order[i]+n_x+1; flag:=true; end;
     end;
  5: begin
        if (order[i]+n_x<=m)and(node[order[i]+n_x]=0) then
        begin order[i]:=order[i]+n_x; flag:=true; end;
     end;
  6: begin
        if (order[i]+n_x<=m)and(node[order[i]+n_x−1]=0) then
        begin order[i]:=order[i]+n_x−1; flag:=true; end;
     end;
  7: begin
        if (order[i]−1>=0)and(node[order[i]−1]=0) then
        begin order[i]:=order[i]−1; flag:=true; end;
```

```
      end;
    end;
    if flag=false then goto ch;
    node[order[i]]:=1;
    dt[order[i]]:=dt[order[i]]+Q;
    Graph(k);
    weight:=Prim(k);
    if min_w>weight then
    begin
      min_w:=weight;
      for v:=0 to k−1 do best[v]:=order[v];
    end;
  end;

procedure CreatNode(k:item);
var pos_s,i,v:item;
begin
  for i:=0 to k−1 do
  begin
    repeat pos_s:=random(m+1); until (node[pos_s]=0); //选择
    node[pos_s]:=1;
    order[i]:=pos_s;
    dt[pos_s]:=dt[pos_s]+Q;
  end;
  Graph(k);
  weight:=Prim(k);
  if weight<min_w then
  begin
    min_w:=weight;
    for v:=0 to k−1 do best[v]:=order[v];
  end;
end;

begin
  AssignFile(f,FN); Reset(f);
  {$I−} Readln(f,n,maxcount); {$I+}
```

```
if (IOResult<>0)or(n<3)or(n>max)or(maxcount<1) then
begin ShowMessage(' 数据错误!'); System.Close(f); exit; end;
SetLength(w,2*n−2,2*n−2);
SetLength(best,n−2);
SetLength(tploc,n,2);
SetLength(temploc,n,2);
SetLength(exist,n);
SetLength(order,n−2);
for ii:=0 to n−3 do best[ii]:=−1;
min_j:=inf;
min_i:=inf;
max_j:=−inf;
max_i:=−inf;
degree:=1;
SetLength(ct,5);
for ii:=0 to 4 do ct[ii]:=0;
for ii:=0 to n−1 do
begin
  {$I−} readln(f,temploc[ii,0],temploc[ii,1]); {$I+}
  if (IOResult<>0)or(abs(temploc[ii,0])>inf)or(abs(temploc[ii,1])>inf) then
  begin ShowMessage(' 数据错误!'); System.Close(f); exit; end;
  for jj:=0 to 1 do if (abs(temploc[ii,jj])<=1) then
  begin
    c_t:=0; temp_loc:=temploc[ii,jj];
    repeat
      temp_loc:=temp_loc*10; c_t:=c_t+1;
    until (abs(temp_loc−trunc(temp_loc))<eps)or(c_t=3);
    case c_t of
     1,2: ct[0]:=ct[0]+1;
     3 : ct[1]:=ct[1]+1;
    end;
  end
  else
  begin
    if (temploc[ii,jj]<=10) then ct[2]:=ct[2]+1
```

```
        else
        begin
            if (temploc[ii,jj]<=100) then ct[3]:=ct[3]+1
            else ct[4]:=ct[4]+1;
        end;
    end;
    if (min_i>temploc[ii,0]) then min_i:=temploc[ii,0];
    if (max_i<temploc[ii,0]) then max_i:=temploc[ii,0];
    if (min_j>temploc[ii,1]) then min_j:=temploc[ii,1];
    if (max_j<temploc[ii,1]) then max_j:=temploc[ii,1];
end;
mi:=min_i;
mj:=min_j;
max_ct:=0;
gg:=-1;
for jj:=0 to 4 do if ct[jj]>max_ct then gg:=jj;
case gg of
0,2 : degree:=100;
1 : degree:=1000;
3 : degree:=10;
-1,4: degree:=1;
end;
max_i:=round(max_i*degree);
min_i:=trunc(min_i*degree);
max_j:=round(max_j*degree);
min_j:=trunc(min_j*degree);
System.Close(f);
FN:=Copy(FN,1,Length(FN)-4)+'.OUT';
ShowMessage(' 输出结果存入文件:'+FN);
AssignFile(f,FN); Rewrite(f);
weight:=inf;
randomize;
n_x:=trunc(max_j-min_j)+1;
n_y:=trunc(max_i-min_i)+1;
SetLength(t,n_x*n_y);
```

```
SetLength(dt,n_x*n_y);
SetLength(loc,n_x*n_y,2);
SetLength(node,n_x*n_y);
for ii:=0 to n−1 do
begin
    tploc[ii,0]:=temploc[ii,0]−mi;
    tploc[ii,1]:=temploc[ii,1]−mj;
end;
for ii:=0 to n−1 do for jj:=0 to n−1 do
begin
    w[ii,jj]:=sqrt(sqr(temploc[ii,0]−temploc[jj,0])+
                 sqr(temploc[ii,1]−temploc[jj,1]))*degree;
end;
for ii:=0 to n−1 do w[ii,ii]:=inf;
min_w:=Prim(0);
tweight:=min_w;
for ii:=0 to n−1 do
begin
    temploc[ii,1]:=round(temploc[ii,1]*degree−mj*degree);
    temploc[ii,0]:=round(temploc[ii,0]*degree−mi*degree);
end;
m:=0;
for ii:=0 to n_x−1 do for jj:=0 to n_y−1 do
begin node[m]:=0; m:=m+1; end;
m:=m−1;
for ii:=0 to n−1 do node[trunc(temploc[ii,0]*n_x+temploc[ii,1])]:=1;
for ii:=0 to n_y−1 do for jj:=0 to n_x−1 do
begin
    mm:=ii*n_x+jj;
    loc[mm,0]:=ii; //y
    loc[mm,1]:=jj; //x
    t[mm]:=1;dt[mm]:=0;
    for k:=0 to n−1 do
    if (ii=temploc[k,0])and(jj=temploc[k,1]) then
    begin
```

```
        exist[k]:=trunc(temploc[k,0]*n_x+temploc[k,1]);
        loc[exist[k],0]:=tploc[k,0]*degree;
        loc[exist[k],1]:=tploc[k,1]*degree;
        //store the original node //注意 exist 中的系数 k 与 temploc 中的 k 一致
      end;
    end;
  in_count:=0;
loop:
  for k:=1 to n−2 do   //steiner node
  begin                 //out_loop
    CreatNode(k);
    for s:=0 to (maxcount−1) do
    begin                //s_loop
      if k<>1 then
        for ii:=0 to k−1 do   //当前 k 只蚂蚁
        begin
          repeat jj:=random(k); until (ii<>jj);
          begin
            if (Random<=PValue(k,ii,jj)) then Moveto(k,ii,jj)
            else Move(k,ii);
          end;
        end
      else Move(k,0);
    end;                 //s_loop
    for ii:=0 to k−1 do node[order[ii]]:=0;
  end;                   //out_loop
  for ii:=0 to m do t[ii]:=ruo*t[ii]+dt[ii];
  for ii:=0 to m do dt[ii]:=0;
  in_count:=in_count+1;
  if in_count<maxcount then goto loop;
  writeln(f);
  writeln(f,' 初始权重 = ',tweight/degree:0:decimal,' (标准最小树总长)');
  writeln(f);
  if min_w<tweight then
  begin
```

writeln(f,' 改进权重 = ',min_w/degree:0:decimal,' (Steiner 最小树总长)');

writeln(f); writeln(f,' Steiner 比 = ',min_w/tweight:0:decimal);

writeln(f); writeln(f,' Steiner 点:');

for ii:=0 to n−3 do if (best[ii]<>−1) then

writeln(f,' (',(loc[best[ii],0]+min_i)/degree:0:decimal,',',

　　　　(loc[best[ii],1]+min_j)/degree:0:decimal,')');

end

else writeln(f,' 未找到更好的解!');

System.Close(f);

end;

6.2.3　绝对值距离 Steiner 最小树

根据点和连线的空间属性, Steiner 树问题可进一步细分为欧氏 Steiner 树问题和绝对值距离 Steiner 树 (rectilinear Steiner tree, RST) 问题 (连线只有水平和垂直两种形式), 相应的最优树分别为欧氏 Steiner 最小树 (ESMT) 和绝对值距离 Steiner 最小树 (RSMT). 在集成电路布线和网络设计中, 许多问题往往涉及这种绝对值距离 Steiner 最小树.

设 P 为平面上 n 个给定点集合, 对 P 中任意两点 $P_1 = (x_1, y_1), P_2 = (x_2, y_2)$, 其连线长度定义为如下绝对值距离 (也称 Manhattan 距离):

$$\mathrm{Dist}(P_1, P_2) = |x_1 - x_2| + |y_1 - y_2|.$$

按这种方式定义的距离所求得的 Steiner 最小树, 被简称为 RSMT. 图 6.2 给出了连接 4 个顶点的 MST 以及相应的 Steiner 最小树 (RSMT).

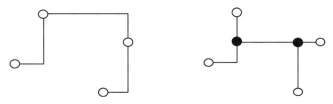

图 6.2　绝对值距离下的 MST (左) 和 RSMT (右)

(∘ 为原点, ● 为 S 点)

关于 RSMT 的主要性质有:

性质 1　RSMT 问题是 NP 难问题.

性质 2(Hanan 定理)　RSMT (T) 上的 Steiner 点均在经过 T 的水平线与竖直线的交点上, 如图 6.3 所示 (Synder 证明其在高维空间也适用).

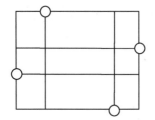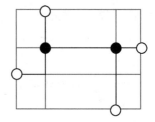

图 6.3　Hanan定理 (其中 ○ 为原点,● 为 S 点)

性质 3　RSMT 与相应 MST 的（费用）比率

$$\frac{c(\text{RSMT})}{c(\text{MST})} \geqslant \frac{2}{3}.$$

前述用于欧氏 Steiner 树问题的所有算法都可用于 RSMT 的求解, 仅需在目标函数的计算上加以修改即可, 这里不再赘述.

6.3　Min-Max 度最优树问题与多目标最小树问题

6.3.1　Min-Max 度最优树问题及其求解

Min-Max 顶点度生成树问题, 来自于工程中的电路布线等设计问题, 其目标是要寻找一棵生成树, 使得树中的最大顶点度数最小.

设

$$x_{ij} = \begin{cases} 1, & \text{若}(i,j)\text{在最优树上}, \\ 0, & \text{其他}. \end{cases}$$

则 Min-Max 度最优树问题的数学模型可以写成

$$\min Z = \max \sum_{i=1}^{n}\sum_{j=1}^{n} x_{ij},$$

$$\text{s.t.} \begin{cases} \displaystyle\sum_{i=1}^{n}\sum_{j=1}^{n} x_{ij} = n - 1, & \text{(a)} \\ \displaystyle\sum_{i \in S}\sum_{j \in S} x_{ij} \leqslant |S| - 1, & \forall S \subset V, \quad S \neq \varnothing, \quad \text{(b)} \\ \displaystyle\sum_{j=1}^{n} x_{ij} \leqslant b_i, & i \in V, \quad \text{(c)} \\ x_{ij} \in \{0, 1\}. & \end{cases}$$

若还要求生成树的总权重最小, 则问题就是双目标意义下的 Min-Max 度最小树问题, 其数学模型为

$$\min Z = \left\{ \max \sum_{i=1}^{n} \sum_{j=1}^{n} x_{ij}, \sum_{i=1}^{n} \sum_{j=1}^{n} w_{ij} x_{ij} \right\},$$

$$\text{s.t.} \begin{cases} \sum_{i=1}^{n} \sum_{j=1}^{n} x_{ij} = n - 1, & \text{(a)} \\ \sum_{i \in S} \sum_{j \in S} x_{ij} \leqslant |S| - 1, \forall S \subset V, \quad S \neq \varnothing, & \text{(b)} \\ \sum_{j=1}^{n} x_{ij} \leqslant b_i, \quad i \in V, & \text{(c)} \\ x_{ij} \in \{0, 1\}. \end{cases}$$

针对该两类问题, 可以设计相应的蚁群算法进行求解, 其中, 转移概率中考虑了树的顶点度数, 其他部分则基本与和前述各章中的蚁群算法类似. 这里, 给出 Min-Max 度最小树问题的蚁群算法源程序.

【附】蚁群算法 Delphi 源程序:

```
{* Ant Algorithm for Min-Max Degree MST *}
const   inf=99999999; eps=1E−8;
type    item=integer;
var     FN:string; f:System.Text;
procedure N_MINMAX2_RUN;
const maxn=500; ruo=0.7;
label loop;
type   item2=real;
       arr1=array of array of item;
       arr2=array of array of item2;
       arr3=array of item;
var    n,i,j,k,ii,jj,count,maxcount,maxdegree,totalweight,alpha,beta:item;
       ok:boolean; Q:item2; t,dt:arr2;
       w,tedge1,tedge2:arr1; tw,weight,e1,e2:arr3;

procedure FindTree(k:item;
                   var ok:boolean;
                   var tw:arr3;
                   var weight:arr3;
```

```
                    var tedge1:arr1;
                    var tedge2:arr1);
label check;
var nearest,degree:arr3; tcount,u,i:item;

function PValue:item2;
var l:item; sum:item2;
begin
   sum:=0;
   for l:=1 to n do if (l<>nearest[i])and(nearest[l]<>0) then
   if degree[l]>0 then
   begin
      sum:=sum+exp(alpha*ln(t[nearest[i],l]))/
                  exp(beta*ln(w[nearest[i],l]))/degree[l];
      if (sum>eps) then sum:=exp(alpha*ln(t[nearest[i],i]))/
                  exp(beta*ln(w[nearest[i],i]))/degree[i]/sum;
   end
   else
   begin
      sum:=sum+exp(alpha*ln(t[nearest[i],l]))/exp(beta*ln(w[nearest[i],l]));
      if (sum>eps) then sum:=exp(alpha*ln(t[nearest[i],i]))/
                              exp(beta*ln(w[nearest[i],i]))/sum;
   end;
   PValue:=sum;
end;

begin
   SetLength(nearest,n+1);
   SetLength(degree,n+1);
   for i:=1 to n do degree[i]:=0;
   nearest[k]:=0;
   for i:=1 to n do
   if (i<>k)and(w[i,k]<inf) then nearest[i]:=k else nearest[i]:=0;
   tcount:=0;
   tw[k]:=0;
   weight[k]:=0;
```

```
ok:=true;
while (tcount<n−1)and(ok) do
begin
   u:=0;
   for i:=1 to n do if (nearest[i]<>0) then
   begin
      u:=i;
      if (tcount=n−2)or(random<PValue) then
      begin u:=i; goto check; end;
   end;
check:
   if (u=0)or(nearest[u]=0) then
   begin
      ok:=false; tw[k]:=inf; exit;
   end
   else
   begin
      tcount:=tcount+1;
      tedge1[k,tcount]:=nearest[u];
      tedge2[k,tcount]:=u;
      degree[nearest[u]]:=degree[nearest[u]]+1;
      degree[u]:=degree[u]+1;
      weight[k]:=weight[k]+w[nearest[u],u];
      for i:=1 to n do if (nearest[i]<>0) then
      if (w[i,u]<inf) then if random<0.5 then nearest[i]:=u;
      nearest[u]:=0;
   end;
end;
if ok then
begin
   for i:=1 to n do if degree[i]>tw[k] then tw[k]:=degree[i];
end;
end;

begin
```

```
AssignFile(f,FN); Reset(f);
{$I-} Readln(f,n,maxcount); {$I+}
if (IOResult<>0)or(n<3)or(n>maxn)or(maxcount<1) then
begin ShowMessage(' 数据错误!'); System.Close(f); exit; end;
SetLength(w,n+1,n+1);
SetLength(tw,n+1);
SetLength(weight,n+1);
SetLength(t,n+1,n+1);
SetLength(dt,n+1,n+1);
SetLength(tedge1,n+1,n);
SetLength(tedge2,n+1,n);
SetLength(e1,n);
SetLength(e2,n);
for i:=1 to n-1 do for j:=i+1 to n do
begin
   {$I-} readln(f,ii,jj,w[i,j]); {$I+}
   if (IOResult<>0)or(ii<>i)or(jj<>j)or(w[i,j]<0) then
   begin ShowMessage(' 数据错误!'); System.Close(f); exit; end;
   if w[i,j]=0 then w[i,j]:=inf; w[j,i]:=w[i,j];
   t[i,j]:=1; dt[i,j]:=0; t[j,i]:=t[i,j]; dt[j,i]:=dt[i,j];
end;
for i:=1 to n do begin w[i,i]:=inf; t[i,i]:=1; dt[i,i]:=0; end;
System.Close(f);
FN:=Copy(FN,1,Length(FN)-4)+'.OUT';
ShowMessage(' 输出结果存入文件:'+FN);
AssignFile(f,FN); Rewrite(f);
count:=0;
maxdegree:=inf;
totalweight:=inf;
randomize;
Q:=100;
alpha:=random(3)+1;
beta:=random(3)+1;
loop:
   for k:=1 to n do FindTree(k,ok,tw,weight,tedge1,tedge2);
```

```
for k:=1 to n do if (tw[k]<inf)and(weight[k]<inf) then
for i:=1 to n−1 do
begin
   ii:=tedge1[k,i]; jj:=tedge2[k,i];
   dt[ii,jj]:=dt[ii,jj]+q;
end;
for k:=1 to n do
if (tw[k]<maxdegree)and(weight[k]<totalweight) then
begin
   maxdegree:=tw[k]; totalweight:=weight[k];
   for i:=1 to n−1 do
   begin
      e1[i]:=tedge1[k,i]; e2[i]:=tedge2[k,i];
   end;
end;
for i:=1 to n do for j:=1 to n do t[i,j]:=ruo*t[i,j]+dt[i,j];
count:=count+1;
Q:=Q*0.9;
for i:=1 to n do for j:=1 to n do dt[i,j]:=0;
if count<maxcount then goto loop;
if (maxdegree<inf)and(totalweight<inf) then
begin
   writeln(f,' α = ',alpha,' β= ',beta); writeln(f);
   writeln(f,' 最大度 = ',maxdegree);
   writeln(f,' 总权重 = ',totalweight); writeln(f);
   writeln(f,' 生成树各边弧:');
   for i:=1 to n−1 do writeln(f,' (',e1[i],',',e2[i],')');
end
else writeln(f,' 解未找到!');
System.Close(f);
end;
```

6.3.2 多目标最小树问题及其求解

多目标最小生成树是从经典的最小生成树概念引申而来, 所求的生成树实际上就是所谓的 Pareto 最优树, 实际生活中经常可以看到此类问题的原型, 如管道铺设、电路设计、交通网络等. 在找这种最小树时, 往往并不仅仅追求总费用最少, 还需考虑其他因素和准则, 包括社会效益等. 正是由于多目标情形难以求解, 许多人才退而求其次, 将之理想化成单一目标的传统最小树问题来加以解决.

多目标最小生成树问题的数学模型可以写成

$$\min Z = \left\{ \sum_{i=1}^{n}\sum_{j=1}^{n} w_{ij}^{1} \cdot x_{ij}, \sum_{i=1}^{n}\sum_{j=1}^{n} w_{ij}^{2} \cdot x_{ij}, \cdots, \sum_{i=1}^{n}\sum_{j=1}^{n} w_{ij}^{L} \cdot x_{ij} \right\},$$

$$\text{s.t.} \begin{cases} \sum_{i=1}^{n}\sum_{j=1}^{n} x_{ij} = n-1, \\ \sum_{i\in S}\sum_{j\in S} x_{ij} \leqslant |S|-1, \quad \forall S \subset V, S \neq \varnothing, \\ x_{ij} \in \{0,1\}, \end{cases}$$

其中, 有关记号和变量同前.

求解该问题的蚁群算法思想与前面类似, 这里不再赘述.

第7章 整数规划问题的蚁群算法

7.1 0-1 规划问题及其求解

整数规划是决策变量有整数要求的数学规划问题, 有着许多重要的实际应用背景. 如在研究人力分配问题时, 如果决策变量表示分派到某项工作的人数时, 就不能取非整数值; 同样, 如果决策变量代表购买大型设备, 如大型发电机组、飞机等高值物品, 小数表示也是不合理的. 此外, 一类需要回答是或否的决策变量, 无法取连续值, 只能取离散的整数值或二进制的 0 或 1.

在求解整数规划时, 如果可行域是有界的, 可以使用穷举法, 列出所有可行的整数组合, 然后比较它们的目标函数值, 确定最优解. 但对于大型问题而言, 组合数很大, 使用穷举法几乎是不可能的.

0-1 规划是一种特殊的整数线性规划, 其中的变量要么取 0, 要么取 1, 故也被称作 0-1 变量. 现实中的许多问题都可化作 0-1 规划, 如航班的安排、工作任务的分配、地址的选定等, 通常都是用 0-1 变量来描述的.

0-1 规划的数学模型可表示为

$$\min Z = \sum_{i=1}^{n} c_i x_i,$$

$$\text{s.t.} \begin{cases} \sum_{j=1}^{n} a_{ij} x_j \leqslant b_i, & i = 1, 2, \cdots, m, \\ x_j \in \{0, 1\}, & j = 1, 2, \cdots, n. \end{cases}$$

7.1.1 经典方法

隐枚举法是求解 0-1 规划问题的经典方法, 它是对穷举法的改进, 其原理是通过增加过滤性条件并做一些技术处理, 使得在求解过程中可以自动舍弃许多不可能成为最优解的试探解, 从而大大减少计算工作量.

隐枚举法简单实用, 易于计算机计算, 但存在两个明显的缺陷:

(1) 与穷举法相比, 隐枚举法所减少的计算量的程度强烈地依赖于给定的具体问题. 简而言之, 可构造特殊的例子, 使得应用隐枚举法求解时, 计算量一点也不减少, 以致等同于穷举法.

(2) 随着决策变量个数 n 的增大, 隐枚举法的计算量将急剧地增加, 也就是说,隐枚举法存在着规模 "爆炸" 的问题. 实际上, 求解整数规划的任何一种精确型方法都存在这一问题, 这是由于整数规划问题本身的 NP 难性质所决定的.

【附】BALAS 隐枚举法 Delphi 源程序：

```
{* BALAS Algorithm for 0-1 Programming *}
type    item=integer;
var     FN:string; f:System.Text;

procedure M_01BA_RUN;
const  col=500; row=500;
type    arrmn=array of array of item;
        arr =array of item;
var     m,n,i,j,fval,ii,jj:item; a:arrmn; b:arr; c,x:arr; exist:boolean;

procedure Balas(
            m,n :item;
            var a :arrmn;
            var b :arr;
            var c,x :arr;
            var fval :item;
            var exist :boolean);
label 10,20;
var     alfa,beta,gamma,i,j,mnr,nr,p,r,r1,r2,s,t,z:item;
        y,w,zr:arr; ii,jj,xx:arr; kk:arr;
begin
    SetLength(y,m+1);
    SetLength(w,m+1);
    SetLength(zr,m+1);
    SetLength(ii,n+1);
    SetLength(jj,n+1);
    SetLength(xx,n+1);
    SetLength(kk,n+2);
    for i:=1 to m do y[i]:=b[i];
    z:=1; alfa:=0;
    for j:=1 to n do begin xx[j]:=0; z:=z+c[j] end;
    fval:=z+z;
    s:=0; t:=0; z:=0;
```

```
    kk[1]:=0;
    exist:=false;
10:
    p:=0; mnr:=0;
    for i:=1 to m do
    begin
       r:=y[i];
       if r<0 then
       begin       (*infeasible constraint i *)
          p:=p+1;
          gamma:=0; alfa:=r; beta:=−inf;
          for j:=1 to n do if xx[j]<=0 then if c[j]+z>=fval then
          begin
             xx[j]:=2; kk[s+1]:=kk[s+1]+1; t:=t+1; jj[t]:=j
          end (* if c[j]+z >= fval *)
          else
          begin
             r1:=a[i,j];
             if r1<0 then
             begin
                alfa:=alfa−r1; gamma:=gamma+c[j];
                if beta<r1 then beta:=r1
             end
          end; (* else: c[j]+z < fval, for j *)
          if alfa<0 then goto 20;
          if alfa+beta<0 then
          begin
             if gamma+z>=fval then goto 20;
             for j:=1 to n do
             begin
                r1:=a[i,j]; r2:=xx[j];
                if r1<0 then
                begin
                   if r2=0 then
                   begin
```

```
                  xx[j]:=−2;
                  for nr:=1 to mnr do
                  begin
                      zr[nr]:=zr[nr]−a[w[nr],j];
                      if zr[nr]<0 then goto 20
                  end
                end (* if r2 = 0 *)
              end (* if r1 < 0 *)
              else if r2<0 then
              begin
                  alfa:=alfa−r1;
                  if alfa<0 then goto 20;
                  gamma:=gamma+c[j];
                  if gamma+z>=fval then goto 20
              end (* if r2 < 0, else: r1 >= 0 *)
          end; (* for j *)
          mnr:=mnr+1; w[mnr]:=i; zr[mnr]:=alfa
      end (* if alfa+beta < 0 *)
   end (* if r < 0 *)
end; (* for i *)
if p=0 then
begin      (* updating the best solution *)
   fval:=z; exist:=true;
   for j:=1 to n do if xx[j]=1 then x[j]:=1 else x[j]:=0;
   goto 20
end; (* if p = 0 *)
if mnr=0 then
begin
   p:=0; gamma:=−inf;
   for j:=1 to n do if xx[j]=0 then
   begin
      beta:=0;
      for i:=1 to m do
      begin
         r:=y[i]; r1:=a[i,j];
```

```
        if r<r1 then beta:=beta+r−r1
      end; (* for i *)
      r:=c[j];
      if (beta>gamma)or(beta=gamma)and(r<alfa) then
        begin alfa:=r; gamma:=beta; p:=j end
    end; (* if xx[j] = 0 *)
    if p=0 then goto 20;
    s:=s+1; kk[s+1]:=0;
    t:=t+1; jj[t]:=p; ii[s]:=1;
    xx[p]:=1; z:=z+c[p];
    for i:=1 to m do y[i]:=y[i]−a[i,p]
  end   (* if mnr = 0 *)
  else
  begin
    s:=s+1; ii[s]:=0; kk[s+1]:=0;
    for j:=1 to n do if xx[j]<0 then
    begin
      t:=t+1; jj[t]:=j; ii[s]:=ii[s]−1; z:=z+c[j]; xx[j]:=1;
      for i:=1 to m do y[i]:=y[i]−a[i,j]
    end; (* if xx[j] < 0 *)
  end; (* else: mnr <> 0 *)
  goto 10;
20:    (* backtracking *)
  for j:=1 to n do if xx[j]<0 then xx[j]:=0;
  if s>0 then
  repeat (* until s = 0 *)
    p:=t; t:=t−kk[s+1];
    for j:=t+1 to p do xx[jj[j]]:=0;
    p:=abs(ii[s]); kk[s]:=kk[s]+p;
    for j:=t−p+1 to t do
    begin
      p:=jj[j]; xx[p]:=2; z:=z−c[p];
      for i:=1 to m do y[i]:=y[i]+a[i,p]
    end; (* for j *)
    s:=s−1;
```

```
    if ii[s+1]>=0 then goto 10
    until s=0
end;

begin
    AssignFile(f,FN); Reset(f);
    {$I-} Readln(f,n,m); {$I+}
    if (IOResult<>0)or(n<)or(n>col)or(m<1)or(m>row) then
    begin ShowMessage(' 数据错误!'); System.Close(f); exit; end;
    SetLength(a,m+1,n+1);
    SetLength(b,m+1);
    SetLength(c,n+1);
    SetLength(x,n+1);
    for i:=1 to n do
    begin
        {$I-} readln(f,ii,c[i]); {$I+}
        if (IOResult<>0)or(ii<>i)or(c[i]<0) then
        begin ShowMessage(' 数据错误!'); System.Close(f); exit; end;
    end;
    for i:=1 to m do for j:=1 to n do
    begin
        {$I-} readln(f,ii,jj,a[i,j]); {$I+}
        if (IOResult<>0)or(ii<>i)or(jj<>j) then
        begin ShowMessage(' 数据错误!'); System.Close(f); exit; end;
    end;
    for i:=1 to m do
    begin
        {$I-} readln(f,ii,b[i]); {$I+}
        if (IOResult<>0)or(ii<>i) then
        begin ShowMessage(' 数据错误!'); System.Close(f); exit; end;
    end;
    System.Close(f);
    FN:=Copy(FN,1,Length(FN)-4)+'.OUT';
    ShowMessage(' 输出结果存入文件:'+FN);
    AssignFile(f,FN); Rewrite(f);
```

```
Balas(m,n,a,b,c,x,fval,exist);
if exist=false then writeln(f,' 无可行解!')
else
begin
    writeln(f); writeln(f,' 最优目标值 = ',fval);
    writeln(f); writeln(f,' 非零最优解:');
    for i:=1 to n do if x[i]<>0 then writeln(f,' x[',i:2,'] = ',x[i]:1);
end;
System.Close(f);
end;
```

7.1.2 蚁群算法

对 0-1 规划问题, 记

$m=$ 蚂蚁个数,

$\eta_{ij}=$ 不同变量组合的差异程度,

$\tau_i=$ 变量 i 为 1 时的轨迹强度,

$\Delta\tau_i^k=$ 蚂蚁 k 于变量 i 上留下的单位长度轨迹信息素数量, 采用 Ant-Density 模型:

$$\Delta\tau_i^k = \begin{cases} Q, & \text{若 } i \text{ 被选中}, \\ 0, & \text{其他}, \end{cases}$$

$P_{ij}^k=$ 蚂蚁 k 的转移概率.

轨迹强度更新方程为

$$\tau_i^{\text{new}} = \rho \cdot \tau_i^{\text{old}} + \sum_k \Delta\tau_i^k.$$

于是, 求解 0-1 规划的蚁群算法主要思想可叙述为:

步骤 1. $nc \leftarrow 0(nc$ 为迭代步数或搜索次数);

　　　　各参数初始化;

步骤 2. 设置每个蚂蚁对应各变量的初始组合;

　　　　对每个蚂蚁计算对应变量组合的最小值;

　　　　计算变量组合的差异;

　　　　计算转移概率是否进组合交换;

　　　　若交换, 则将组合 i 用 j 替代, 增加 j 各变量的信息素;

步骤 3. 计算各蚂蚁的目标函数值; 记录当前最好解;

步骤 4. 按更新方程修改轨迹强度;

步骤 5. 置 $\Delta\tau_{ij} \leftarrow 0$;

$$nc \leftarrow nc + 1;$$

步骤 6. 若 $nc <$ 预定迭代次数且无退化行为, 则转步骤 2;

步骤 7. 输出当前最好解.

【附】蚁群算法 Delphi 源程序:

```
{* Ant Algorithm for 0-1 Programming *}
type   item=integer;
var    FN:string; f:System.Text;
procedure M_ZOANT_RUN;
const maxn=500; ruo=0.7; maxants=2;
label loop,fin;
type   arr1=array of array of item;
       arr2=array of item;
var    i,n,m,k,j,s,count,maxcount,ii,jj,tweight,temp,ants,Q:item;
       t,dt:array[1..maxants] of real; a,x,xnew:arr1; c,b,opt:arr2;
function Max(a,b:item):item;
begin
   if a>=b then Max:=a else Max:=b;
end;

function FVal(k:item; x:arr1):item;
{* objective function–Minimization *}
var i,j,temp,penalty:item;
begin
   penalty:=0;
   for i:=1 to m do
   begin
      temp:=0;
      for j:=1 to n do temp:=temp+a[i,j]*x[j,k];
      temp:=temp−b[i];
      temp:=Max(0,temp);
      penalty:=penalty+temp;
   end;
   temp:=0;
   for j:=1 to n do temp:=temp+c[j]*x[j,k];
   FVal:=temp+k*100*penalty;
```

```
end;
function PValue(i,j:item):real;
var l:item; sum:real;
begin
   sum:=0;
   if fval(i,x)−fval(j,x)>=0 then
   begin PValue:=sum; exit; end;
   for l:=1 to n do if fval(i,x)−fval(l,x)<0 then
      sum:=sum+t[l]*(fval(l,x)−fval(i,x));
   if (sum>eps) then sum:=t[j]*(fval(j,x)−fval(i,x))/sum;
   PValue:=sum;
end;

begin
   AssignFile(f,FN); Reset(f);
   {$I−} Readln(f,n,m,maxcount); {$I+}
   if (IOResult<>0)or(n<1)or(n>maxn)or(m<1)or(m>maxn)or(maxcount<1) then
   begin ShowMessage(' 数据错误!'); System.Close(f); exit; end;
   SetLength(c,n+1);
   SetLength(b,m+1);
   SetLength(opt,n+1);
   SetLength(a,m+1,n+1);
   SetLength(x,n+1,maxants+1);
   SetLength(xnew,n+1,maxants+1);
   for i:=1 to n do
   begin
      {$I−} readln(f,ii,c[i]); {$I+}
      if (IOResult<>0)or(ii<>i)or(c[i]<0) then
      begin ShowMessage(' 数据错误!'); System.Close(f); exit; end;
   end;
   for i:=1 to m do for j:=1 to n do
   begin
      {$I−} readln(f,ii,jj,a[i,j]); {$I+}
      if (IOResult<>0)or(ii<>i)or(jj<>j) then
      begin ShowMessage(' 数据错误!'); System.Close(f); exit; end;
```

```
end;
for i:=1 to m do
begin
   {$I−} readln(f,ii,b[i]); {$I+}
   if (IOResult<>0)or(ii<>i) then
   begin ShowMessage(' 数据错误!'); System.Close(f); exit; end;
end;
System.Close(f);
FN:=Copy(FN,1,Length(FN)−4)+'.OUT';
ShowMessage(' 输出结果存入文件:'+FN);
AssignFile(f,FN); Rewrite(f);
for i:=1 to ants do
begin
   dt[i]:=0; t[i]:=1;
end;
count:=1;
tweight:=inf;
randomize;
Q:=random(100)+1;
loop:
for k:=1 to ants do
begin
   for i:=1 to n do if k=1 then x[i,k]:=0 else x[i,k]:=random(2);
   if fval(k,x)<tweight then
   begin
      tweight:=fval(k,x);
      for i:=1 to n do opt[i]:=x[i,k];
   end;
end;
for s:=1 to maxcount do
begin
   for k:=1 to ants do
   begin
      for j:=1 to ants do if (random<PValue(k,j)) then
      begin
```

```
        for i:=1 to n do x[i,k]:=x[i,j];
        dt[j]:=dt[j]+q;
    end;
    ii:=random(n)+1;
    for jj:=1 to ii do
    begin
        for i:=1 to n do
        if (i=random(n)+1) then xnew[i,k]:=1−x[i,k]
        else xnew[i,k]:=x[i,k];
    end;
    if fval(k,xnew)<fval(k,x) then
    begin
        for i:=1 to n do x[i,k]:=xnew[i,k];
    end;
    if fval(k,x)<tweight then
    begin
        tweight:=fval(k,x);
        for i:=1 to n do opt[i]:=x[i,k];
    end;
    end;
end;
for i:=1 to ants do t[i]:=ruo*t[i]+dt[i];
count:=count+1;
for i:=1 to ants do dt[i]:=0;
if count<maxcount then goto loop;
temp:=0;
for i:=1 to n do temp:=temp+c[i];
if tweight>temp then
begin writeln(f,' 未找到可行解!'); goto fin; end;
writeln(f,' Q = ',Q); writeln(f);
writeln(f,' 目标值 = ',tweight);
writeln(f); writeln(f,' 非零输出解:');
for i:=1 to n do if opt[i]<>0 then
    writeln(f,' x[',i:2,'] = ',opt[i]:1);
fin:
```

```
    System.Close(f);
end;
```

7.2　背包问题及其求解

　　背包问题是一类典型的整数规划问题: 假设有一个徒步旅行者, 有 n 种物品可供其选择后装入背包中. 已知第 i 种物品的重量为 w_i 千克, 使用价值为 p_i, 这位旅行者本身所能承受的总重量不能超过 V 千克. 问该旅行者如何选择这 n 种物品的件数, 使其总使用价值最大. 这就是著名的背包问题. 类似的问题有货物运输中的最优载货问题、工厂里的下料问题、银行资金的最佳信贷问题等.

　　设 x_i 为旅行者选择第 $i(i = 1, 2, \cdots, n)$ 种物品的件数, 则背包问题的数学模型为

$$\max Z = \sum_{i=1}^{n} p_i x_i,$$

$$\text{s.t.} \begin{cases} \sum_{i=1}^{n} w_i x_i \leqslant V, \\ x_i \geqslant 0 \text{且为整数}, \quad i = 1, 2, \cdots, n. \end{cases}$$

　　若 x_i 只取 0 或 1, 则称为 0-1 背包问题.

　　背包问题的描述有多种形式, 其中, 一般的整数背包问题可在有界的前提下化成等价的 0-1 背包问题, 因此这里仅考虑最基本的 0-1 背包问题.

　　求解 0-1 背包问题, 目前已有多种算法, 如动态规划、回溯法和分支定界法等, 但这些精确型方法都是指数级别的, 根本无法解决真正的实际问题.

7.2.1　回溯算法

　　回溯是一种在问题解空间中作系统搜索的方法, 这个空间必须至少包含问题的一个解 (可能是最优的), 其典型的组织方法是图或树. 一旦定义了解空间的组织方法, 即可按深度优先的办法从开始节点进行搜索. 回溯算法的一个有趣特性是在搜索执行的同时产生解空间, 在搜索期间的任何时刻, 仅保留从开始节点到当前节点的路径. 但由于解空间的大小通常是最长路径长度的指数或阶乘, 所以如果要存储全部解空间的话, 再多的空间也不够用. 本质上而言, 回溯算法仍是一种枚举法, 当问题规模较大时, 其指数级别的时间复杂度是难以令人接受的.

【附】回溯算法 Delphi 源程序:

```
{* Backtrack Algorithm for KnapSack Problem *}
const  inf=99999999;
type   item=integer;
var    FN:string; f:System.Text;
```

```
procedure M_KPBK_RUN;
const maxn=500;
type   arr=array of item;
label fin;
var    i,n,v,profit,count,sum,small,ii:item; p,w,x:arr; min,pd,wd,y,zd:arr;

procedure KnapBacktrack(var p,w,x :arr; var profit,count:item);
var d,i,j,k,l,ll,lim,m,pp,q,r,t,ww:item;
    b,step2,step4,step56,step7,stop:boolean;

procedure WorkVar;
var j,w1,p1:item;
begin
   for j:=i to l do y[j]:=1;
   p1:=pp; pd[i]:=p1; w1:=v−ww;
   wd[i]:=w1; zd[i]:=l+1;
   for j:=i+1 to l do
   begin
      p1:=p1−p[j−1]; pd[j]:=p1;
      w1:=w1−w[j−1]; wd[j]:=w1; zd[j]:=l+1
   end;
   for j:=l+1 to ll do
   begin
      pd[j]:=0; wd[j]:=0; zd[j]:=j;
   end;
   v:=ww; q:=q+pp; ll:=l
end;

begin
   count:=1; pp:=0; ww:=v; l:=0;
   step56:=true; m:=0;
   while ww>=w[l+1] do
   begin
      l:=l+1; pp:=pp+p[l]; ww:=ww−w[l];
   end;
   stop:=ww =0;
   if stop then
```

```
begin
   profit:=pp;
   for j:=1 to l do x[j]:=1;
   for j:=l+1 to n do x[j]:=0
end
else
begin
   r:=v+1; min[n]:=r;
   for j:=n downto 2 do
   begin
      if w[j]<r then r:=w[j];
      min[j−1]:=r;
   end;
   p[n+1]:=0; w[n+1]:=v+1;
   lim:=pp+trunc(ww*p[l+2]/w[l+2]);
   r:=pp+trunc(p[l+1]−(w[l+1]−ww)*p[l]/w[l]);
   if r>lim then lim:=r;
   for j:=1 to n do y[j]:=0;
   profit:=0; q:=0;
   i:=1; ll:=n;
   step2:=false; step4:=true;
   repeat
      while step2 do
   begin
      count:=count+1;
      if w[i]<=v then
      begin
         step2:=false;
         pp:=pd[i];
         ww:=v−wd[i]; l:=zd[i];
         b:=true;
         while ((l<=n)and b) do
         begin
            b:=w[l]<=ww;
            if b then
```

```
        begin
            pp:=pp+p[l]; ww:=ww−w[l]; l:=l+1;
        end
    end;
    l:=l−1;
    if (ww>0)and(l<n) then
    begin
        step56:=profit>=q+pp+trunc(ww*p[l+1]/w[l+1]);
        step4:=not step56
    end
    else
    begin
        step56:=true; step4:=false;
        if profit<q+pp then
        begin
            profit:=q+pp;
            for j:=1 to i−1 do x[j]:=y[j];
            for j:=i to l do x[j]:=1;
            for j:=l+1 to n do x[j]:=0;
            stop:=profit=lim;
            step56:=not stop
        end
    end
end
else
begin
    step56:=profit>=q+trunc(v*p[i+1]/w[i+1]);
    step4:=false;
    step2:=not step56;
    if step2 then i:=i+1
end
end;
if step4 then
begin
    WorkVar;
```

```
if l<n−2 then
begin
    i:=l+2; step56:=v<min[i−1];
    step2:=not step56; {step7:=false}
end
else
begin
    step56:=true;
    if l=n−2 then
    begin
        if v>=w[n] then
        begin
            q:=q+p[n]; v:=v−w[n]; y[n]:=1;
        end;
        i:=n−1
    end
    else i:=n
end;
if step56 then
begin
    if profit<q then
    begin
        profit:=q;
        for j:=1 to n do x[j]:=y[j];
        stop:=profit=lim;
        step56:=not stop
    end;
    if step56 and(y[n] = 1) then
    begin
        q:=q−p[n]; v:=v+w[n]; y[n]:=0;
    end
end
end;
if step56 then
begin
```

```
stop:=true;
k:=i;
while stop and(k>1) do
begin
    k:=k−1; stop:=y[k]=0;
end;
step7:=not stop;
if step7 then
begin
   r:=v; y[k]:=0;
   q:=q−p[k]; v:=v+w[k];
   step2:=r>=min[k]; step7:=not step2;
   if step2 then
      i:=k+1
   else
   begin
     i:=k; m:=k+1;
   end
end;
while step7 do
begin
   step56:=(m>n)or(profit>=q+trunc(v*p[m]/w[m]));
   step7:=not step56;
   step2:= step7; step4:= step7;
   if step7 then
   begin
      d:=w[m]−w[k]; t:=r−d;
      if d=0 then m:=m+1 else if d>0 then
      begin
         if (t<0)or(profit>=q+p[m]) then m:=m+1 else
         begin
            profit:=q+p[m];
            for j:=1 to k do x[j]:=y[j];
            for j:=k+1 to n do x[j]:=0;
            x[m]:=1;
```

```
                   stop:=profit=lim;
                   step7:=not stop;
                   if step7 then
                   begin
                       r:=t; k:=m; m:=m+1;
                   end
                end
             end
             else
             begin
                if t<min[m] then m:=m+1 else
                begin
                    step7:=false;
                    step56:=q+p[m]+trunc(t*p[m]/w[m])<=profit;
                    step2:= not step56; step4:= step2;
                    if step2 then
                    begin
                        q:=q+p[m]; v:=v−w[m];
                        y[m]:=1; i:=m+1;
                        pd[m]:=p[m]; wd[m]:=w[m]; zd[m]:=m+1;
                        for j:=m+1 to ll do
                            begin
                                pd[j]:=0; wd[j]:=0; zd[j]:=j;
                            end;
                        ll:=m
                    end
                end
             end
          end
        end
    until stop
  end
end;
```

```
procedure ShellSort(l:item);
var gap,i,j,k,y:item;
begin
    gap:=l div 2;
    while (gap>0) do
    begin
        for i:=(gap+1) to l do
        begin
            j:=i−gap;
            while (j>0) do
            begin
                k:=j+gap;
                if (p[j]/w[j]>=p[k]/w[k]) then j:=0
                else
                begin
                    y:=p[j]; p[j]:=p[k]; p[k]:=y;
                    y:=w[j]; w[j]:=w[k]; w[k]:=y;
                end;
                j:=j−gap;
            end;
        end;
        gap:=gap div 2;
    end;
end;
begin
    AssignFile(f,FN); Reset(f);
    {$I−} readln(f,n,v); {$I+}
    if (IOResult<>0)or(n<2)or(n>maxn)or(v<2) then
    begin ShowMessage(' 数据错误!'); System.Close(f); exit; end;
    SetLength(p,(n+1)+1);
    SetLength(w,(n+1)+1);
    SetLength(x,n+1);
    SetLength(min,n+1);
    SetLength(pd,n+1);
```

```
SetLength(wd,n+1);
SetLength(zd,n+1);
SetLength(y,n+1);
for i:=1 to n do
begin
    {$I−} readln(f,ii,w[i],p[i]); {$I+}
    if (IOResult<>0)or(ii<>i)or(w[i]<1)or(w[i]>v)or(p[i]<1) then
    begin ShowMessage(' 数据错误!'); System.Close(f); exit; end;
end;
System.Close(f);
FN:=Copy(FN,1,Length(FN)−4)+'.OUT';
ShowMessage(' 输出结果存入文件:'+FN);
AssignFile(f,FN); Rewrite(f);
ShellSort(n);
writeln(f,' 整序转换成标准形式:');
write(f,' W = { ');
for i:=1 to n−1 do write(f,w[i],','); writeln(f,w[n],' }');
write(f,' P = { ');
for i:=1 to n−1 do write(f,p[i],','); writeln(f,p[n],' }');
sum:=0; small:=0;
for i:=1 to n do
begin
    sum:=sum+w[i];
    if (v<w[i]) then small:=small+1;
end;
if (small>=1) or (v>=sum) then
begin writeln(f); writeln(f,' 数据不合理!'); goto fin; end;
KnapBacktrack(p,w,x,profit,count);
writeln(f); writeln(f,' 迭代次数 = ',count);
writeln(f); writeln(f,' 目标值 = ',profit);
writeln(f); writeln(f,' 最优解:'); write(f,' X = { ');
for i:=1 to n−1 do write(f,x[i],','); writeln(f,x[n],' }');
fin:
    System.Close(f);
end;
```

7.2.2 蚁群算法

对 0-1 背包问题, 记 $\eta_{ij} = f_j - f_i$ (目标函数差值), 其中, 目标函数 f 的形式已转化为

$$\sum_{i=1}^{n} p_i x_i - M \left| \min\left\{ 0, V - \sum_{i=1}^{n} w_i x_i \right\} \right|,$$

M 为一充分大的正数, 即把原约束方程作为罚函数项加入原目标中.

转移概率定义为

$$p_{ij} = \frac{\tau_j \cdot \eta_{ij}}{\sum_k \tau_k \cdot \eta_{ik}},$$

其中, τ_j 理解为蚂蚁 j 的邻域吸引强度.

强度更新方程为

$$\tau_i^{\text{new}} = \rho \cdot \tau_i^{\text{old}} + \sum_k \Delta\tau_i^k.$$

优化过程借助蚂蚁从其初始状态 (0 或 1 的位置点) 开始的不断移动来进行: 当 $\eta_{ij} > 0$ 时, 蚂蚁 i 按概率 p_{ij} 从 i 状态移至 j 状态, 即相应的 x 变为 $1-x$; 当 $\eta_{ij} \leqslant 0$ 时, 蚂蚁 i 维持原状态. 算法具体实现过程类似前述的 0-1 规划, 此处从略.

将蚁群算法与回溯算法进行数值计算比较, 各 p_i, w_i 在 1~100 内随机生成, V 选用两种形式

(1) $V = 0.5 \sum_{i=1}^{n} w_i$;

(2) $V = 0.8 \sum_{i=1}^{n} w_i$.

这里给出两个数值算例及有关结果. 其中, 参数 $\rho = 0.7, Q = 1$.

例 1 $n = 10, V = 269,$

$\qquad W = \{95, 4, 60, 32, 23, 72, 80, 62, 65, 46\},$

$\qquad P = \{55, 10, 47, 5, 4, 50, 8, 61, 85, 87\}.$

运行回溯法可得到最优值 295; 运行的蚁群算法, 100 次迭代后, 可得最优值. 平均收敛性态 (每种迭代次数下运行 10 轮) 如图 7.1 所示.

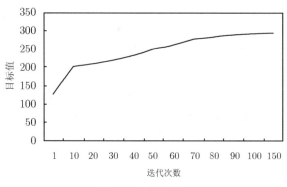

图 7.1   收敛性态 1

例 2 $n = 20, V = 878,$

$W = \{92, 4, 43, 83, 84, 68, 92, 82, 6, 44, 32, 18, 56, 83, 25, 96, 70, 48, 14, 58\},$

$P = \{44, 46, 90, 72, 91, 40, 75, 35, 8, 54, 78, 40, 77, 15, 61, 17, 75, 29 , 75, 63\}.$

运行回溯法得最优值 1024; 运行蚁群算法, 200 次迭代后, 可得最优值. 平均收敛性态 (每种迭代次数下运行 10 轮) 如图 7.2 所示.

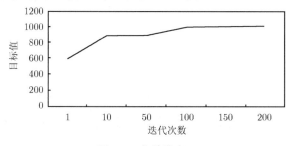

图 7.2   收敛性态 2

各迭代次数上的最好、最差和平均结果如表 7.1 所示.

表 7.1   迭代结果

迭代次数	最差	最好	平均
1	406	849	600
10	788	926	887
50	887	1024	902
100	979	1024	996
150	995	1024	1015
200	1009	1024	1022

这里给出的蚁群算法, 不仅可用于基本的背包问题, 对整数形式的背包问题同

样适用, 更为重要的是, 算法还能求解非线性形式的背包问题, 这对已有的许多经典方法来说是无能为力的.

7.3 多目标 0-1 规划问题及其求解

7.3.1 问题概述

多目标 0-1 规划是从一维背包问题的 0-1 整数规划为原型, 进而发展成为多个目标、多个约束的, 如实际应用中的投资决策等问题, 都可归结为这类模型.

设变量 x_j 为 0-1 变量, 则一般的多目标 0-1 线性规划数学模型可写成

$$\max Z = \left\{\sum_{j=1}^{n} c_j^1 x_j, \sum_{j=1}^{n} c_j^2 x_j, \cdots, \sum_{j=1}^{n} c_j^k x_j\right\},$$

$$\text{s.t.} \begin{cases} \sum_{j=1}^{n} a_{i,j} x_j \leqslant b_i, & i = 1, 2, \cdots, m, \\ x_j \in \{0, 1\}, & j = 1, 2, \cdots, n. \end{cases}$$

由于多目标意义下, 使得所有目标都达到最佳化的最优解往往并不存在, 所以, 一般所要求的都是非劣解 (non-dominated solution), 也称有效解或 Pareto 解.

为对上述多目标模型进行求解, 首先将问题转化为无约束形式. 一般可采用罚函数的方法, 取和的形式、和平方的形式以及乘积形式等, 为方便起见, 这里使用较简单的和形式:

令罚函数为

$$f = \sum_{i=1}^{m} \left|\min\left\{0, b_i - \sum_{j=1}^{n} a_{i,j} x_j\right\}\right|.$$

则前述多目标 0-1 规划模型就可转换为如下的无约束问题

$$\max Z = \left\{\sum_{j=1}^{n} c_j^1 x_j - Mf, \sum_{j=1}^{n} c_j^2 x_j - Mf, \cdots, \sum_{j=1}^{n} c_j^k x_j - Mf\right\},$$

其中, M 为充分大正数.

7.3.2 蚁群算法

在蚁群算法中, 有关参数、变量设定以及搜索思想同单目标 0-1 规划, 具体应用中, 以转移概率来决定蚂蚁的移动位置, 在判断解的优劣程度时按随机原则选择一个目标, 并按 Pareto 非劣性质保留有效解. 为改善优化效果, 算法中加入了邻域搜索机制, 实现细节见所附源程序.

为检验算法效果, 对大量实例进行了计算测试, 获得了较好的效果, 下面给出两个算例及有关结果.

例 1

$$\max Z_1 = 10x_1 + 14x_2 + 21x_3 + 42x_4,$$
$$\max Z_2 = 30x_1 + 15x_2 + 20x_3 + 18x_4,$$
$$\text{s.t.} \begin{cases} 8x_1 + 11x_2 + 9x_3 + 18x_4 \leqslant 34, \\ 2x_1 + 2x_2 + 7x_3 + 14x_4 \leqslant 11, \\ 9x_1 + 6x_2 + 3x_3 + 6x_4 \leqslant 14, \\ x_j \in \{0,1\}, \quad j = 1, 2, \cdots, 4. \end{cases}$$

用蚁群算法解得非劣解为

(1) $Z=(35, 35)$, $X=\{0, 1, 1, 0\}$;

(2) $Z=(31, 50)$, $X=\{1, 0, 1, 0\}$,

其中的参数设定为 $\alpha = \beta = 1, \rho = 0.7, Q = \mathrm{random}(100), \mathrm{Ants} = 2$. 而每个单目标情形下的最优解分别为

$$Z_1 = 35, X = \{0,1,1,0\}; Z_2 = 50, X = \{1,0,1,0\}.$$

例 2

$$\max Z_1 = 4x_3 + 5x_4 + 7x_7 + 6x_8 + 5x_9 + 6x_{10},$$
$$\max Z_2 = 9x_1 + 4x_2 + 6x_5 + 9x_6 + 6x_7 + 5x_8 + 6x_9 + 3x_{10},$$
$$\max Z_3 = 6x_1 + 3x_2 + 2x_3 + 8x_4 + 7x_5 + 2x_8,$$
$$\text{s.t.} \begin{cases} 3x_2 + 4x_3 + 8x_4 + 4x_5 + 7x_6 + 6x_7 + 5x_8 + 2x_9 + 6x_{10} \leqslant 37, \\ 5x_1 + 3x_2 + 6x_4 + 8x_6 + 5x_7 + 6x_8 + 3x_9 + 5x_{10} \leqslant 24, \\ 2x_1 + 2x_2 + 7x_3 + 4x_4 + 8x_5 + 9x_6 + 9x_7 + 3x_8 + 7x_9 + 5x_{10} \leqslant 43, \\ 2x_1 + 3x_2 + 3x_3 + 6x_4 + 3x_5 + 8x_7 + 4x_8 + 6x_9 \leqslant 31, \\ x_j \in \{0,1\}, \quad j = 1, 2, \cdots, 10. \end{cases}$$

用蚁群算法解得非劣解为

(1) $Z=(12, 40, 16)$, $X=\{1, 1, 0, 0, 1, 1, 1, 0, 1, 0\}$;

(2) $Z=(20, 30, 28)$, $X=\{1, 1, 1, 1, 1, 0, 0, 1, 1, 0\}$;

(3) $Z=(21, 29, 17)$, $X=\{1, 0, 1, 0, 1, 0, 0, 1, 1, 1\}$;

(4) $Z=(21, 23, 25)$, $X=\{1, 0, 1, 1, 1, 0, 0, 1, 0, 1\}$;

(5) $Z=(22, 21, 22)$, $X=\{0, 1, 1, 1, 1, 0, 1, 1, 0, 0\}$;

(6) $Z=(28, 20, 19)$, $X=\{0, 0, 1, 1, 1, 0, 1, 1, 0, 1\}$;

(7) $Z=(28, 27, 17)$, $X=\{1, 0, 1, 0, 1, 0, 1, 1, 1, 1\}$;

(8) $Z=(28, 30, 14)$, $X=\{0, 1, 1, 0, 1, 0, 1, 1, 1, 1\}$,

其中的参数设定同例 1.

【附】蚁群算法 Delphi 源程序:

```
{* Ant Algorithm for Multi-objective 0-1 Programming *}
type   item=integer;
var    FN:string; f:System.Text;

procedure M_ANTGP_RUN;
const maxn=500; ruo=0.7; maxants=2;
label loop,fin;
type   arr1=array of array of item;
       arr2=array of item;
var    i,n,m,k,j,s,count,maxcount,ii,jj,g,temp,ants,goals,Q:item;
       t,dt:array[1..maxants] of real; a,c,x,xnew:arr1; b,opt,tweight:arr2;

function Max(a,b:item):item;
begin
  if a>=b then Max:=a else Max:=b;
end;

function FVal(g:item; k:item; x:arr1):item;
{* objective function–Minimize *}
var i,j,temp,penalty:item;
begin
  penalty:=0;
  for i:=1 to m do
  begin
    temp:=0;
    for j:=1 to n do temp:=temp+a[i,j]*x[j,k];
    temp:=temp-b[i]; temp:=Max(0,temp);
    penalty:=penalty+temp;
  end;
  temp:=0;
  for j:=1 to n do temp:=temp+c[j,g]*x[j,k];
  FVal:=temp+k*100*penalty;
end;

function PValue(i,j:item):real;
```

```
var l:item; sum:real;
begin
   g:=random(goals)+1;
   sum:=0;
   if fval(g,i,x)−fval(g,j,x)>=0 then
   begin
      PValue:=sum; exit;
   end;
   for l:=1 to n do if fval(g,i,x)−fval(g,l,x)<0 then
      sum:=sum+t[l]*(fval(g,l,x)−fval(g,i,x));
   if (sum>eps) then sum:=t[j]*(fval(g,j,x)−fval(g,i,x))/sum;
   PValue:=sum;
end;

begin
   AssignFile(f,FN); Reset(f);
   {$I−} Readln(f,n,m,goals,maxcount); {$I+}
   if (IOResult<>0)or(n<1)or(n>maxn)or(m<1)or(m>maxn)or(goals<1)
      or(goals>10)or(maxcount<1) then
   begin ShowMessage(' 数据错误!'); System.Close(f); exit; end;
   ants:=maxants;
   SetLength(b,m+1);
   SetLength(opt,n+1);
   SetLength(tweight,goals+1);
   SetLength(a,m+1,n+1);
   SetLength(c,n+1,goals+1);
   SetLength(x,n+1,ants+1);
   SetLength(xnew,n+1,ants+1);
   for g:=1 to goals do for i:=1 to n do
   begin
      {$I−} readln(f,ii,jj,c[i,g]); {$I+}
      if (IOResult<>0)or(ii<>g)or(jj<>i)or(c[i,g]<0) then
      begin ShowMessage(' 数据错误!'); System.Close(f); exit; end;
   end;
   for i:=1 to m do for j:=1 to n do
```

```
begin
    {$I−} readln(f,ii,jj,a[i,j]); {$I+}
    if (IOResult<>0)or(ii<>i)or(jj<>j) then
    begin ShowMessage(' 数据错误!'); System.Close(f); exit; end;
end;
for i:=1 to m do
begin
    {$I−} readln(f,ii,b[i]); {$I+}
    if (IOResult<>0)or(ii<>i) then
    begin ShowMessage(' 数据错误!'); System.Close(f); exit; end;
end;
System.Close(f);
FN:=Copy(FN,1,Length(FN)−4)+'.OUT';
ShowMessage(' 输出结果存入文件:'+FN);
AssignFile(f,FN); Rewrite(f);
for i:=1 to ants do
begin
    dt[i]:=0; t[i]:=1;
end;
count:=1;
for g:=1 to goals do tweight[g]:=inf;
randomize;
Q:=random(100)+1;
loop:
for k:=1 to ants do
begin
    for i:=1 to n do if k=1 then x[i,k]:=0 else x[i,k]:=random(2);
    g:=random(goals)+1;
    if fval(g,k,x)<=tweight[g] then
    begin
        tweight[g]:=fval(g,k,x);
        for i:=1 to n do opt[i]:=x[i,k];
    end;
end;
for s:=1 to maxcount do
```

```
begin
   for k:=1 to ants do
   begin
      for j:=1 to ants do if (random<PValue(k,j)) then
      begin
         for i:=1 to n do x[i,k]:=x[i,j];
         dt[j]:=dt[j]+q;
      end;
      ii:=random(n)+1;
      for jj:=1 to ii do
      begin
         for i:=1 to n do
         if (i=random(n)+1) then xnew[i,k]:=1−x[i,k]
         else xnew[i,k]:=x[i,k];
      end;
      g:=random(goals)+1;
      if fval(g,k,xnew)<fval(g,k,x) then
      begin
         for i:=1 to n do x[i,k]:=xnew[i,k];
      end;
      g:=random(goals)+1;
      if fval(g,k,x)<=tweight[g] then
      begin
         tweight[g]:=fval(g,k,x);
         for i:=1 to n do opt[i]:=x[i,k];
      end;
   end;
end;
for i:=1 to ants do t[i]:=ruo*t[i]+dt[i];
count:=count+1;
for i:=1 to ants do dt[i]:=0;
if count<maxcount then goto loop;
for g:=1 to goals do
begin
   temp:=0;
```

```
    for i:=1 to n do temp:=temp+c[i,g];
    if tweight[g]>temp then
    begin writeln(f,' 未找到可行解!'); goto fin; end;
  end;
  for g:=1 to goals do
  begin
    temp:=0;
    for i:=1 to n do temp:=temp+c[i,g]*opt[i];
    tweight[g]:=temp;
  end;
  writeln(f,' Q = ',Q); writeln(f);
  for g:=1 to goals do writeln(f,' 目标',g:2,' = ',tweight[g]);
  writeln(f); writeln(f,' 非零输出解:');
  for i:=1 to n do if opt[i]<>0 then
    writeln(f,' x[',i:2,'] = ',opt[i]:1);
fin:
  System.Close(f);
end;
```

7.4   一般整数规划问题及其求解

7.4.1   问题概述

整数规划问题是运筹学中一个重要内容, 在工业、商业、运输、经济管理和军事等许多领域中都有着广泛的应用, 如决策变量为人数、机器台数、商店个数等, 就要求其取值为整数.

对于规模较小的整数规划问题, 常用的精确求解方法有割平面法和分支定界法. 割平面法最早由 Gomory 于 1958 年提出, 故又称为 Gomory 割平面法. 其基本思想是: 不断增加线性约束条件 (即割平面), 将原规划问题的可行域切掉一部分, 使得切割掉的部分只包含非整数解, 直到最后得到的可行域有一个整数坐标的极点恰好是问题的最优解为止. 分支定界法则是 20 世纪 60 年代初由 LandDoig 和 Dakin 等人提出, 可用于求解纯整数或混合的整数规划问题. 该方法灵活且便于用计算机求解, 其核心思想就是 "分支" 和 "定界". 但不管是割平面法, 还是分支定界法, 随着问题规模的增大, 都将变得不可取. 为此, 多年来人们设计了各种启发式算法来应对实际工作的需要.

这里, 蚁群算法作为一种新型智能优化算法, 不仅可用于求解经典的线性整数规划问题, 还能处理一般的非线性整数规划问题.

7.4.2 蚁群算法

一般的无约束整数规划问题可描述为

$$\min f(x_1, x_2, \cdots, x_n),$$
$$\text{s.t.} \begin{cases} a_i \leqslant x_i \leqslant b_i, & i = 1, 2, \cdots, n, \\ x_i \in Z, & i = 1, 2, \cdots, n, \end{cases}$$

其中,Z 为整数空间,$a_i, b_i (i = 1, 2, \cdots, n)$ 为整数, $l_i = b_i - a_i + 1$为x_i 可能取的个数.

可行解空间如图 7.3 所示, 其中 x_i 有 l_i 个节点, 每个变量取一个值就构成空间一个解. 选取 n 个变量构成 n 级决策问题, 第 i 级有 l_i 个节点, 开始时 m 个蚂蚁在第 1 级, 第 j 级中选择第 i 个节点的转移概率定义为

$$p_{ij} = \frac{\tau_{ij}}{\sum\limits_{i=1}^{l_i} \tau_{ij}},$$

这里,τ_{ij} 理解为第 j 级中第 i 个节点的吸引强度.

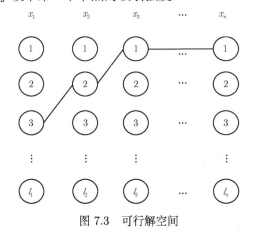

图 7.3　可行解空间

轨迹更新方程为

$$\tau_{ij}^{\text{new}} = \rho \cdot \tau_{ij}^{\text{old}} + \frac{Q}{f},$$

其中, f 为目标函数值.

于是, 解一般整数规划的蚁群算法主要思想可叙述如下:

步骤 1. $nc \leftarrow 0 (nc$ 为循环次数); 各参数初始化;

步骤 2. 将 m 个蚂蚁置于第一级位置;

步骤 3. 对每个蚂蚁, 按转移概率 p_{ij} 选择该级中一个节点, 每个蚂蚁走遍 n 个节点;

步骤 4. 计算目标函数值 f;

对 f 小于给定值的路径: 按更新方程修改吸引强度;

$nc \leftarrow nc + 1$;

步骤 5. 若 $nc >$ 预定的循环次数, 则停止运行, 按 τ_{ij} 选择节点; 否则转步骤 2.

用蚁群算法求解整数规划的参数设定与求解 0-1 规划和背包问题大致类似, 具体实验结果不再罗列. 此外, 算法不仅可求解线性整数规划, 还可求解非线性情况下的无约束整数规划以及一般的有约束整数规划问题 (可通过罚函数法来处理约束).

第8章　连续优化问题的蚁群算法

8.1　基本蚁群算法

8.1.1　算法思想

对于函数优化, 经典的优化方法一般都要求函数连续并且可微, 为此常常需要使用一些基于梯度信息的数学技巧, 如经典的牛顿法等. 这些传统算法在求解过程中接近最优解的时候, 往往会出现所谓的锯齿现象, 造成收敛缓慢.

在新一代的智能型算法 (包括蚁群算法) 中, 尽管仍未能彻底解决收敛性问题, 但至少对于求解一般函数优化问题而言, 没有对这些优化函数要求任何可微甚至连续的前提条件.

一个典型的带约束函数优化问题可写成如下形式

$$\max Z = f(X),$$
$$\text{s.t.} \begin{cases} g_i(X) \leqslant 0, & i = 1, 2, \cdots, m, \\ X \in [a, b]. \end{cases}$$

用常规的罚函数法将所有约束方程转入目标函数中, 这样, 在算法的具体搜索过程中可不必考虑约束是否满足的问题, 而直接通过对目标函数的评价, 由罚函数来强制其满足.

对每个蚂蚁 i, 定义其评价函数值为相应的目标函数值 Z_i, 并记 $\Delta Z_{ij} = Z_i - Z_j, \forall i, j$.

定义转移概率

$$P_{ij} = \frac{[\tau_j]^\alpha [\Delta Z_{ij}]^\beta}{\sum\limits_k [\tau_k]^\alpha [\Delta Z_{ik}]^\beta},$$

其中, τ_i 为蚂蚁 i 邻域 (半径为 r) 内的信息素数量, α, β 为非负参数.

算法中的转移概率定义不同于其在组合优化路径类问题中的实现, 搜索过程将分两部分来寻找问题的最优解.

第一部分是将给定个数的蚂蚁随机地散布在解的定义域内的等分区域的某处, 可按以下方法生成

$$x(i, k) = a(i) + \frac{b(i) - a(i)}{n}(i - 1 + \text{rand}),$$

rand 是 [0, 1] 之间的随机数, 并记录具有最好评价函数值的精英蚂蚁.

第二部分是按转移概率移动各蚂蚁, 并嵌入邻域搜索机制 (按 ΔZ_{ij} 的正负来决定是否作邻域搜索), 试图寻找更好的解, 然后按蚂蚁信息素更新规则进行轨迹更新.

通过不断地重复上述过程, 使算法能找到问题的最优解或较好的满意解.

求解函数优化问题的基本蚁群算法思想可简述如下:

步骤 1. 初始化:

$nc \leftarrow$ 迭代次数; $m \leftarrow$ 蚂蚁个数;

对每个蚂蚁 i: $\Delta\tau_i \leftarrow 0, \tau_i \leftarrow c$ (较小的正常数);

count←1:(外循环)

步骤 2. 对每个蚂蚁 k:

在 X 的定义范围内随机生成一个解 $X^{(k)}$, 并计算相应评价函数值;

$Z^* \leftarrow$ 当前最好的评价函数值, $X^* \leftarrow$ 对应 Z^* 的 X;

步骤 3. 置 $s \leftarrow 1$; (内循环)

步骤 4. 对每个蚂蚁 k:

按转移概率 P_{kj} 将 $X^{(k)}$ 替换为 $X^{(j)}$, $\Delta\tau_j \leftarrow \Delta\tau_j + Q$;

(Q 为单位蚂蚁遗留的信息素数量)

以邻域半径 r 对 $X^{(k)}$ 作局部搜索, 更新 Z^* 和 X^*;

步骤 5. $s \leftarrow s + 1$;

步骤 6. 若 $s <$ 预定次数 $\leqslant nc$ (可自定), 则转步骤 4;

步骤 7. 对每个蚂蚁 k: $\tau_k \leftarrow \rho \cdot \tau_k + \Delta\tau_k$; $\Delta\tau_k \leftarrow 0$;

步骤 8. $r \leftarrow r \cdot 99\%$; (按 99%缩减, 可自定缩减比例)

步骤 9. count←count+1; 若 count$< nc$, 则转步骤 2;

步骤 10. 输出 Z^* 和 X^*.

8.1.2 算例求解

为方便与 MATLAB 内部函数作比较, 算法用 MATLAB 实现. 通过一系列数值算例的求解, 并与其他一些方法作对比, 在迭代次数、计算结果等方面都具有相当的优势. 这里, 给出一个典型数值算例及其求解结果, 其中 $\alpha = \beta = 1, r=0.5, \rho=0.7, Q=1$.

例 (Ackley 函数, 如图 8.1 所示)

$$\max Z = e^{\frac{1}{10}\sum_{i=1}^{10}\cos(2\pi x_i)} + 20 \cdot e^{-0.2\sqrt{\frac{1}{10}\sum_{i=1}^{10}x_i^2}} - e - 20.$$

运行 LINGO 软件, 可得最优值 0.

运行 MATLAB 内部函数, 结果与初值有关, 经随机生成初始点后多次试算, 得到的结果都不超过 -4.

设计精巧的遗传算法亦需遗传 300 代才能得到结果:

$$Z^* = -0.00147, \quad x_i = 0.0004, \quad i = 1, 2, \cdots, 10$$

(可参见http://personal.redestb.es/riotorto/resol/acg/acge.htm).

运行蚁群算法, 使用 10 个蚂蚁, 迭代 5 次, 即可得全局最优值 0, $X = 0$.

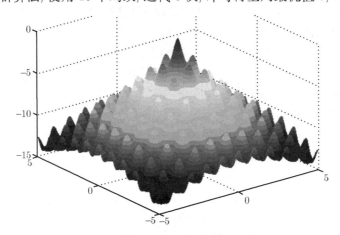

图 8.1   Ackley 函数

8.2   元胞蚁群算法

8.2.1   算法思想

定义 8.1   连续函数 $f(x_1, x_2, \cdots, x_n)$ 的定义域集合为 n 维欧氏空间, 记

$$c_i = (x_{1i}, \cdots, x_{ji}, \cdots, x_{ni}),$$

其中, $x_{ji} \in [a_j, b_j], j = 1, 2, \cdots, n; i = 1, 2, \cdots, n^n$, 则 c_i 为一元胞, 而所有的 c_i 构成元胞空间.

定义 8.2   元胞邻居采用扩展的 Moore 邻居类型.

定义 8.3   蚂蚁 i 搜索的区域 N_i 为元胞空间的第 i 个元胞及其扩展的 Moore 邻居, r 的值取决于函数定义域取值范围和蚂蚁数量.

定义 8.4   区域 N_i 的邻域为元胞空间中该区域之外的所有区域.

定义 8.5   蚂蚁的邻域转移概率、信息素强度更新方程, 及有关参数同 8.1 节中的基本蚁群算法.

定义 8.6   元胞演化规则:

(1) 选择任意一元胞 c_i, 计算 $Z = f(x_1, x_2, \cdots, x_n)$, 并记录 $Z_{\mathrm{opt}} = Z, c_{\mathrm{opt}} = c_i$;

(2) 选取 N_i 中任意元胞 c_i 和 c_j 并计算相应的 Z_i 和 Z_j. 若 $Z_i < Z_j$, 且 $Z_{opt} < Z_j$, 则 $\Delta\tau_j^k$ 的值增加 Q. 当 $\Delta Z_{ij} < 0$ 时, 蚂蚁 i 按概率 P_{ij} 从其邻域 i 移至蚂蚁 j 的邻域, 区域 N_i 死亡; 当 $\Delta Z_{ij} \geqslant 0$ 时, 蚂蚁 i 继续在区域 N_i 搜索.

整个算法的计算复杂度与元胞空间的划分有关, 为降低计算时间, 在实际问题的处理中, 可均衡划分元胞空间, 每个区域有元胞及元胞邻居组成. 在区域内以区域的中心为元胞, 其余为其邻居, 以元胞及邻居的状态, 确定区域的生死. 在区域内则利用计算机产生随机数进行随机搜索, 并结合函数在区域内的局部特点 (如局部单调、局部凸性等), 搜索区域局部最优解.

为防止算法收敛到局部最优解, 可以扩大邻域的范围, 将区域外的元胞空间均设为该区域的邻域, 这样, 对于蚂蚁转移区域的灵活性就增大, 有利于全局优化. 而区域之间的转移则依赖于邻域的吸引强度和目标函数差值, 随着各区域的生死演化, 蚂蚁群体将渐渐集中于某些区域, 从而加快优化进程.

元胞蚁群算法主要步骤叙述如下:

步骤 1. $nc \leftarrow 0$; (nc 为迭代步数或搜索次数)

　　　　各参数初始化;

　　　　按蚂蚁个数及空间大小确定邻域规模;

　　　　将所有蚂蚁置于各自搜索区域的中心;

步骤 2. 将各蚂蚁的初始出发点置于当前解集中;

　　　　对每个蚂蚁 $k(k = 1, 2, \cdots, m)$ 进行区域搜索, 并按概率 P_{ij}^k 移至 j 的邻域;

　　　　若移动成功, 则区域 N_i 死亡;

步骤 3. 计算各蚂蚁的目标函数值, 并记录当前的最好解;

步骤 4. 按更新方程修改轨迹强度;

步骤 5. 对每个蚂蚁 k: $\Delta\tau_k \leftarrow 0$; $nc \leftarrow nc + 1$;

步骤 6. 若 $nc <$ 预定迭代次数且无退化行为, 则转步骤 2;

步骤 7. 输出目前的最好解.

8.2.2 渐近收敛性分析

设 (Ω, A, p) 表示一个完全的概率测度空间, $a^m = \{a_1^m, a_2^m, \cdots, a_i^m, \cdots\}$ 为蚂蚁的状态空间, 其中 $a_n^m = (x_n^1, x_n^2, \cdots, x_n^m)$ 为第 n 次迭代时 m 个蚂蚁的状态, $x_n^i \in [a_i, b_i](i = 1, 2, \cdots, m)$, $C^n = (x_1, x_2, \cdots, x_i, \cdots, x_n)(\forall x_i \in [a_i, b_i])$ 为元胞空间.

定义 8.7 设有映射 $T: \Omega \times X \to Y$, 满足 $\forall x \in X, T(\omega, x) = y(\omega)$ 为 Y 值随机变量, 则 T 为一随机算子.

定义 8.8 转移算子 $T_p: \Omega \times C_n \to C_n$ 是指蚂蚁按概率从区域 i 到区域 j 的转移过程, 是一种蚂蚁元胞空间到元胞空间的映射. 对给定的邻域及其转移概率, 定

义 T_p 为

$$p(\omega : T_p(\omega, (c_i, c_j)) = \frac{[\tau_j]^\alpha [\eta_{ij}]^\beta}{\sum\limits_k [\tau_k]^\alpha [\eta_{ik}]^\beta},$$

其中, $c_i, c_j \in C^n$.

定义 8.9　演化算子 $T_f : \Omega \times C^n \to (1, 0)$ 为元胞区域的演化规律, 是元胞空间到元胞状态 (生与死) 的映射. 对任何区域 c_i, 可定义为

$$p(\omega : T_f(\omega, c_i) = 1) = \begin{cases} 1, & \text{元胞生}, \\ 0, & \text{元胞死}. \end{cases}$$

元胞蚁群算法的求解迭代过程是由若干个转移和演化算子合成的一个映射

$$T : \Omega \times a^m \to a^m,$$

其中

$$T = \prod_{}^{k} T_p \cdot \prod_{}^{l} T_f.$$

按元胞蚁群算法每次都保留最好解的做法, 整个求解过程中的目标函数是一个非减序列. 同时, 随着元胞区域的生死演化, 蚂蚁群体逐渐集中, 向全局最优解逼近. 由于优化过程只关心满意解的变化过程, 为分析方便, 每次迭代用最好解来代替该次迭代的目标值. 于是, 可定义映射

$$a_{n+1}^m = T(\omega) a_n^m, \quad a_n^m, a_{n+1}^m \in a^m,$$

其中, a_n^m 为第 n 次迭代中最好解对应的蚂蚁位置, a_{n+1}^m 为第 $n+1$ 次迭代中最好解对应的蚂蚁位置.

定义 8.10　度量 $d : a^m \times a^m \to R$ 定义为

$$d(a_i^m, a_j^m) = \begin{cases} |M - f(a_i^m)| + |M - f(a_j^m)| + d_1(a_i^m, a_j^m), & a_i^m \neq a_j^m, \\ 0, & a_i^m = a_j^m, \end{cases}$$

$$d_1(a_i^m, a_j^m) = \left(\sum_{l=1}^m |x_i^l - x_j^l|^2 \right)^{\frac{1}{2}}, \quad a_i^m, a_j^m \in a^m, \quad x_i^l, x_j^l \in [a_l, b_l],$$

其中, M 为 $f(a^m)$ 的上界. 对于一个最大值问题, M 必存在.

定理 8.1　(a^m, d) 是完备的度量空间.

证明　由于 a^m 为非空集合, d 为 $a^m \times a^m$ 上的实值函数, $\forall a_i^m, a_j^m \in a^m, \quad d(a_i^m, a_j^m)$ 满足:

(1) $d(a_i^m, a_j^m) \geqslant 0$, 当且仅当 $a_i^m = a_j^m$ 时, $d(a_i^m, a_j^m) = 0$, 即满足非负性;

(2) $d(a_i^m, a_j^m) = d(a_j^m, a_i^m)$, 即满足对称性;

(3) 三角形不等式.

又由于

$$|M - f(a_i^m)| + |M - f(a_j^m)| \leqslant |M - f(a_i^m)| + |M - f(a_k^m)|$$
$$+ |M - f(a_k^m)| + |M - f(a_j^m)|,$$

且 $d_1(a_i^m, a_j^m)$ 为欧氏距离, 满足三角形不等式, 因此有

$$d(a_i^m, a_j^m) = |M - f(a_i^m)| + |M - f(a_j^m)| + d_1(a_i^m, a_j^m)$$
$$\leqslant |M - f(a_i^m)| + |M - f(a_k^m)| + d_1(a_i^m, a_k^m)$$
$$+ |M - f(a_k^m)| + |M - f(a_j^m)| + d_1(a_k^m, a_j^m)$$
$$= d(a_i^m, a_k^m) + d(a_k^m, a_j^m).$$

故 (a^m, d) 为度量空间.

设 $\{a^m\}$ 为 a^m 中的柯西列, 对任意 $\varepsilon > 0$, 存在自然数 N, 当自然数 $n, k > N$ 时, 有 $d(a_n^m, a_k^m) < \varepsilon$. 根据度量定义可知, 当 $n \to \infty$ 时, $a_n^m \to a$, 且 $a \in a^m$. 因此, (a^m, d) 为完备的度量空间.

定义 8.11 若对所有 $\omega \in \Omega, T(\omega)$ 在 x_0 处连续, 即只要 $\{x_n\} \in X, x_n \to x_0$, 就有 $T(\omega)x_n \to T(\omega)x_0$, 则称 $T(\omega)$ 在 $x_0 \in X$ 处是连续的. 若 $\forall \omega \in \Omega, T(\omega)$ 均为 X 到 Y 的连续算子, 则称 $T(\omega)$ 为 X 上的连续算子.

定理 8.2 元胞蚁群算法形成的映射 T 为连续算子.

证明 $\forall a_n^m \in a^m$, 当 a_n^m 趋向于某值 a_0, 即 $a_n^m \to a_0$ 时, 存在 $\varepsilon > 0$ 和自然数 N, 当 $n > N$ 时, $a_n^m - a_0 < \varepsilon, T(\omega)a_n^m - T(\omega)a_0 = a_{n+1}^m - a_0 < \varepsilon$, 即

$$T(\omega)a_n^m \to T(\omega)a_0.$$

故元胞蚁群算法形成的映射 T 在 a_0 连续. 又 $\forall \omega \in \Omega, T(\omega)$ 均为 a^m 到 a^m 的连续算子, 于是, 元胞蚁群算法形成的映射 T 为连续算子.

定义 8.12 随机算子 $T : \Omega \times X \to X$ 称为随机压缩算子, 如果存在非负实值随机变量 $k(\omega) < 1, \text{a.s.}$, 使得 $\forall x, y \in X, p(\{\omega : d(T(\omega)x, T(\omega)y) \leqslant k(\omega)d(x, y)\}) = 1$, 其中, (X, d) 为完备度量空间.

定理 8.3 元胞蚁群算法形成的映射 T 为连续随机压缩算子.

证明 根据算法原理, 每次转移将产生一个更好的评价函数, 而一次迭代由若干次转移组成, 即每一次迭代将产生一个更好的评价函数. 于是有

$$f(a_{i-1}^m) \leqslant f(a_i^m) \leqslant f(a_{i+1}^m).$$

(1) 若迭代次数充分大, 有

$$d_1(a_i^m, a_{i+1}^m) \leqslant d_1(a_{i-1}^m, a_i^m),$$

从而

$$
\begin{aligned}
d(T(\omega, a_{i-1}^m), T(\omega, a_i^m)) &= d(a_i^m, a_{i+1}^m) \\
&= |M - f(a_i^m)| + |M - f(a_{i+1}^m)| + d_1(a_i^m, a_{i+1}^m) \\
&\leqslant |M - f(a_i^m)| + |M - f(a_{i-1}^m)| + d_1(a_{i-1}^m, a_i^m) \\
&= d(a_{i-1}^m, a_i^m).
\end{aligned}
$$

于是, 存在非负随机变量 $0 < k(\omega) < 1$, 使得

$$d(T(\omega, a_{i-1}^m), T(\omega, a_i^m)) \leqslant k(\omega) d(a_{i-1}^m, a_i^m).$$

(2) 若 $d_1(a_i^m, a_{i+1}^m) > d_1(a_{i-1}^m, a_i^m)$, 则根据算法的设计有两种情况:

①最优解不在该区域: 按算法规则, 蚂蚁从该区域转移到新区域搜索, 转移后若满足情况 (1) 则得所需结果, 否则继续转移, 直至满足 (1).

②多个最优解: 按算法规则, 蚂蚁将在各个区域搜索, 此时可将原有的一个迭代序列分解成多个迭代序列, 使每个序列满足 (1), 则可同样得到所需结果.

综合以上所述, 可得

$$p\left(\{\omega : d(T(\omega, a_{i-1}^m), T(\omega, a_i^m)) \leqslant k(\omega) d(a_{i-1}^m, a_i^m)\}\right) = 1,$$

且 (a^m, d) 为完备度量空间, 故元胞蚁群算法形成的映射 T 为连续的随机压缩算子.

定义 8.13   设映射 $T : \Omega \times X \to X$ 为一随机算子, 若映射 $\xi : \Omega \to X$ 满足 $T(\omega)\xi(\omega) = \xi(\omega)$, a.s., 则称 $\xi(\omega)$ 为 T 的随机不动点.

定理 8.4   几乎处处连续的随机压缩算子必有唯一的随机不动点.

证明可参阅有关随机泛函分析的教科书, 此处从略.

结论   元胞蚁群算法的求解迭代过程是一连续的随机压缩映射, 根据定理 8.4 可知, 该迭代过程存在唯一的随机不动点, 即元胞蚁群算法具有全局渐近收敛性.

8.2.3   实例求解

上述元胞蚁群算法在 MATLAB 环境下实现, 并进行了一系列测试. 下面给出若干典型数值算例及其求解结果, 其中 $\alpha = \beta = 1, r = 0.5, \rho = 0.7, Q = 1$. 元胞区域分割数为 10, 每个实例为 100 个区域, 每个区域的中心为元胞, 其余部分为元胞邻居, 而区域之外的部分为该区域的邻域.

例 1 如图 8.2 所示

$$\max Z = 21.5 + x_1 \cdot \sin(4\pi x_1) + x_2 \cdot \sin(20\pi x_2),$$
$$\text{s.t.} \begin{cases} -3 \leqslant x_1 \leqslant 12.1, \\ 4.1 \leqslant x_2 \leqslant 5.8. \end{cases}$$

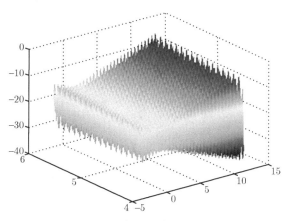

图 8.2 例 1 函数示意图

采用遗传算法遗传 396 代后的结果为 38.827533.

运行 LINGO 软件 (可从 LINDO 公司网站: http://www.lindo.com 下载) (使用经典算法) 得到的结果为 33.00552 (不设初值).

运行 MATLAB 的优化工具箱函数 (经典算法) 所得到的结果与初值有关, 经随机生成初始点后多次试算, 未能得到大于 38 的结果.

运行元胞蚁群算法的最好结果为 38.8503, $X=(11.6255, 5.7250)$.

例 2 (Schaffer 函数, 如图 8.3 所示)

$$\max Z = 0.5 - \frac{\sin^2 \sqrt{x_1^2 + x_2^2} - 0.5}{\left[1 + 0.001(x_1^2 + x_2^2)\right]^2}, \quad x_i \in [-4, 4].$$

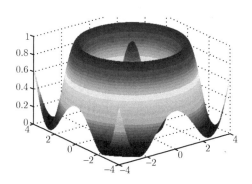

图 8.3 例 2 函数示意图

混沌优化方法所需计算次数：1092.

混沌遗传算法所需计算次数：458.

LINGO 软件得到的目标值：0.6468488.

MATLAB 优化工具箱得到的结果为 0.9903.

元胞蚁群算法可得到最优解 1, $X = (0, 0)$.

例 3 (Hansen 函数, 如图 8.4 所示)

$$\min Z = \sum_{i=1}^{5} i \cdot \cos((i-1) \cdot x_1 + i) \cdot \sum_{j=1}^{5} j \cdot \cos((j+1) \cdot x_2 + j), \quad x_i \in [-10, 10].$$

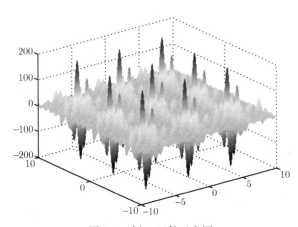

图 8.4　例 3 函数示意图

该函数亦是一个多峰函数, 局部极值点有 760 个.

LINGO 软件得到的结果：-12.3547.

MATLAB 内部函数所得结果与初值有关, 初值取得好, 则可得到最优解.

遗传算法 100 代内可得最优解.

元胞蚁群算法, 可得全局最优值 -176.541793, 并经多次反复运行, 可找到全部最优解：

$(-7.589893, -7.708314)$,　　$(-7.589893, -1.425128)$,　　$(-7.589893, 4.858057)$,

$(-1.306708, -7.708314)$,　　$(-1.306708, -1.425128)$,　　$(-1.306708, 4.858057)$,

$(4.976478, -7.708314)$,　　　$(4.976478, -1.425128)$,　　　$(4.976478, 4.858057)$.

例 4 (大海捞针问题, 如图 8.5 所示)

$$\max Z = \left[\frac{3}{0.05 + (x_1^2 + x_2^2)}\right]^2 + (x_1^2 + x_2^2)^2, \quad x_i \in [-5.12, 5.12].$$

该问题的全局最优解被最差解所包围, 经典方法对此几乎无能为力. 四个局部极值点为: $(-5.12, 5.12)$、$(-5.12, -5.12)$、$(5.12, 5.12)$、$(5.12, -5.12)$, 函数值为 2748.78.

运行 LINGO 软件和 MATLAB 内部函数, 都会落入上述四个局部极值点中.

采用有一定技巧的遗传算法在遗传 300 代后才能以 90% 的几率获得最优解.

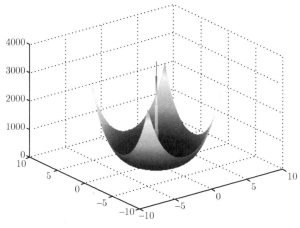

图 8.5 例 4 函数示意图

运行元胞蚁群算法, 迭代 5 次, 即可得 $Z=3600, X=(0.0000, 0.0002)$, 真正的全局最优值 $Z^*=3600$, $X^*=(0, 0)$. 部分迭代过程如表 8.1 所示, 其中的初值采用 MATLAB 内部函数求得.

表 8.1 元胞蚁群算法迭代过程

初 值	1	2	3	4	5
2748.8	3599.9	3600	3600	3600	3600
2748.8	3598.0	3598.0	3598.0	3598.0	3599.5
2748.8	3598.2	3598.5	3598.5	3600	3600
2748.8	3597.5	3598.3	3598.3	3599.9	3600
2748.8	3596.7	3596.7	3599.9	3600	3600

从以上实例可看出, 元胞蚁群算法具有相当好的获取全局最优解的能力. 由于算法利用元胞自动机的原理, 采用元胞演化规则确定区域的生与死, 可使蚂蚁逐步集中于某些区域, 加快优化过程. 此外, 从算法的寻优机理不难看出, 其核心过程能利用函数局部特性和邻域的扩大, 防止搜索陷入局部最优解, 从而具有更强的全局优化能力.

8.3　平面选址问题及其求解

平面选址问题是运筹学中一个经典的问题, 在现实中有着广泛的应用背景, 如工厂、医院、商店、仓库等单位的建造、设点位置选址等. 按所要求目标的不同, 有不同形式的选址问题. 最常见的一种就是所谓的极小极大选址问题, 其一般提法为: 给定平面上 n 个位置点 $P_i(x_i, y_i)(i = 1, 2, \cdots, n)$, 需要确定选址点 $P(x, y)$, 使其离最远的位置点尽可能近. 根据距离度量的不同, 又可分为欧氏距离问题和绝对值距离 (rectilinear distance) 问题, 即目标形式为

$$\min \max_i \{[(x - x_i)^2 + (y - y_i)^2]^{\frac{1}{2}}\},$$

或

$$\min \max_i \{|x - x_i| + |y - y_i|\}.$$

这类问题自 20 世纪 60 年代起就有了一系列的研究和若干有益的结果, 但一般而言, 还是没有通用的好方法. 随着实际问题的需要, 人们还研究了选址点 P 必须位于某个凸区域内 (包括边界) 的带约束限制的平面选址问题, 给出了一些比较直观的几何求解方法. 这里, 仅讨论可用于求解 (约束) 平面选址问题的蚁群算法.

8.3.1　算法思想

对给定的位置点集 $G = \{P_i(x_i, y_i)|i = 1, 2, \cdots, n\}$, 以及任意形状的平面区域

$$R = \bigcup_j R_j,$$

这里, 各 R_j 为连续区域, 并记 ∂R 为 R 的边界.

于是, 我们的问题就是

$$\min Z = \max_i \left\{[(x - x_i)^2 + (y - y_i)^2]^{\frac{1}{2}} \Big| P \in R \bigcup \partial R\right\},$$

或

$$\min Z = \max_i \left\{|x - x_i| + |y - y_i| \big| P \in R \bigcup \partial R\right\}.$$

令 m 为蚂蚁个数, 采用和前面求解连续函数优化问题类似的方式可以处理这里的 (约束) 选址问题. 其中, 对于问题中选址点的区域约束限制, 可作如下变换: 设给定的任意形状平面区域 R 由 $g_i(x, y) \leqslant 0(i = 1, 2, \cdots, L)$ 构成, 于是, 可在目标函数上加上一个罚函数项

$$\sum_i |\min(0, -g_i)|^{\frac{1}{2}}.$$

从而将问题转换为无约束形式进行求解.

在邻域搜索中, 当前解的邻域状态定义为

$$x' = x + r\cos\theta, \quad y' = y + r\cos\theta,$$

这里, 搜索半径 $r > 0$(一般可取 0.01~0.50). 当然, 邻域亦可按各变量的直线区间来定义.

8.3.2 实例求解

算法在 PC 系列微机上实现, 进行了一系列的数值计算试验, 收到了理想的效果. 这里用两个算例予以说明, 并给出与模拟退火法的比较结果, 其中分别包括无区域约束和有区域约束这两种情形. 各参数取值为 $\alpha = \beta = Q = 1, \rho = 0.7, r = 0.01$.

例 1 给定平面上 16 个位置点如下

$$
\begin{aligned}
&P_1 = (-9.8), &&P_2 = (-15, -8), &&P_3 = (22, 5), &&P_4 = (17, 20), \\
&P_5 = (10, 0), &&P_6 = (3, 4), &&P_7 = (-5, -9), &&P_8 = (-16, -4), \\
&P_9 = (12, 4), &&P_{10} = (-10, 17), &&P_{11} = (1, 14), &&P_{12} = (-7, 6), \\
&P_{13} = (-14, 3), &&P_{14} = (12, 24), &&P_{15} = (-1, 1), &&P_{16} = (0, -13).
\end{aligned}
$$

区域 R 的构成为

$$
\begin{cases}
x - y \leqslant 30, \\
-2x - 3y \leqslant 90, \\
x \leqslant -30, \\
-x + 4y \leqslant 150, \\
7x + 5y \leqslant 270, \\
11x - 5y \leqslant 270.
\end{cases}
$$

解 求解的有关结果如表 8.2 和表 8.3 所示.

表 8.2 无约束情形求解结果

算法	目标值Z		选址点P	
	欧氏距离	绝对值距离	欧氏距离	绝对值距离
模拟退火法	21.264	30.001	(1.084, 5.910)	(3.927, 0.717)
蚁群算法	21.260	30.000	(1.000, 6.000)	(3.000, 3.400)

表 8.3 有约束情形求解结果

算法	目标值Z		选址点P	
	欧氏距离	绝对值距离	欧氏距离	绝对值距离
模拟退火法	52.000	57.210	$(-30.000, 5.130)$	$(-30.150, 9.940)$
蚁群算法	52.000	57.000	$(-30.000, 5.000)$	$(-30.000, 10.000)$

例 2　给定平面上 12 个位置点如下

$$P_1 = (-5, 11), \quad P_2 = (-10, -5), \quad P_3 = (8, -4), \quad P_4 = (5, 5),$$
$$P_5 = (0, 0), \quad P_6 = (1, 5), \quad P_7 = (-10, -1), \quad P_8 = (-5, -7),$$
$$P_9 = (-5, 0), \quad P_{10} = (-10, 4), \quad P_{11} = (3, 6), \quad P_{12} = (2, -9).$$

区域 R 的构成为

$$\begin{cases} 4(x - 5y - 30) \leqslant y^2, \\ 2x + 3y \leqslant 60, \\ -x + 5y \leqslant 100, \\ -9x + y \leqslant 240, \\ -x - 4y \leqslant 150, \\ 19x - 24y \leqslant 60. \end{cases}$$

解　求解的有关结果如表 8.4 和表 8.5 所示.

表 8.4　无约束情形求解结果

算法	目标值Z		选址点P	
	欧氏距离	绝对值距离	欧氏距离	绝对值距离
模拟退火法	10.707	14.000	$(-1.251, 0.971)$	$(-2.577, -0.577)$
蚁群算法	10.625	14.000	$(-1.300, 1.100)$	$(-1.500, 0.500)$

表 8.5　有约束情形求解结果

算法	目标值Z		选址点P	
	欧氏距离	绝对值距离	欧氏距离	绝对值距离
模拟退火法	10.640	14.000	$(-1.390, 1.010)$	$(-2.400, -0.400)$
蚁群算法	10.601	14.000	$(-1.300, 1.070)$	$(-1.500, 0.500)$

　　一系列数值试算结果表明, 对 (约束) 平面选址问题而言, 蚁群算法具有较为理想的收敛特性和寻优能力, 在实际操作中也行之有效.

8.4　多目标优化问题及其求解

　　近年来, 随着智能优化方法在各种应用领域所取得的成功, 用其求解复杂的多目标优化问题也已成为研究热点. 许多学者使用遗传算法、蚁群算法等对求解多目标问题的 Pareto 有效解进行了有益的探讨.

　　针对多目标优化的特殊性, 这里给出一种求解多目标连续系统优化问题的元胞蚁群算法. 其中, 蚂蚁在搜索区域内按元胞自动机的演化规则进行局部优化, 按不同情况释放不同的信息素; 区域之间蚂蚁通过信息素的交流, 进行优化搜索. 这样既能达到 Pareto 前沿, 又能保证解的多样性.

8.4.1 多目标函数优化的元胞蚁群算法

在科学管理与经济决策的许多应用领域中, 存在着大量的多目标优化问题. 对于很多决策问题来说, 需要优化的目标往往不止一个, 如何在多个目标中寻找相对满意的解是一个比较复杂的问题.

在多目标优化问题中, 由于决策者对目标的选取出于不同的目的, 多个目标往往不可能同时达到最优, 有时甚至是截然相反的. 此外, 不同决策者由于对各个目标的偏好不同, 也会得到不同的满意解. 常用的优化技术本身并不能直接处理多目标优化问题, 常常需要将其转化为比较容易处理的单目标或双目标问题, 典型的方法有主要目标法、线性加权法、平均和加权法、理想点法、乘除法和几何平均法等. 这些优化技术一般每次都只得到 Pareto 解集中的一个, 或是相对于 Pareto 有效解的折衷解. 由于 Pareto 解往往是多目标优化问题的一个解集, 因此群体搜索策略是个非常合适的解决方案, 由于其每次的搜索结果是一组可行解, 因此可以较好地逼近 Pareto 有效解集.

多目标函数优化的数学模型可描述为

$$\min F(X) = (f_1(X), f_2(X), \cdots, f_k(X)),$$
$$\text{s.t.} \begin{cases} g(X) \leqslant 0, \\ X \in R. \end{cases}$$

为方便起见, 一个典型的带约束函数优化问题可以使用常规的罚函数法将所有约束方程转入目标函数中, 这样, 在算法的具体搜索过程中就不必考虑约束是否满足的问题, 而直接考虑目标函数优化.

和单目标函数优化的元胞蚁群算法类似, 这里的元胞邻居选用扩展的 Moore 邻居类型. 蚂蚁搜索的区域为元胞空间中某个元胞及其扩展的 Moore 邻居, 其中的邻居半径取决于函数定义域的取值范围和蚂蚁的数量, 蚂蚁在搜索区域内按元胞自动机的演化规则进行局部优化.

定义 8.14 元胞演化规则为:

(1) 初始化: 选择区域 N_i 的中心元胞 c_{i0}, 计算 $Z_{iopt} = (f_1(c_{i0}), f_2(c_{i0}), \cdots, f_k(c_{i0}))$, 并比较所有区域的元胞空间初始最佳值 Z_{opt};

(2) 选取区域 N_i 中任意元胞 c_i, 计算 $Z_i = (f_1(c_i), f_2(c_i), \cdots, f_k(c_i))$;

① 若 $Z_i \geqslant Z_{iopt}$, 不释放信息素;

② 若 $Z_i < Z_{iopt}$, 替换区域的最佳值;

  a. 若 $Z_i < Z_{opt}$, 替换空间最优值, 释放信息素 Q;

  b. 若 Z_i 与 Z_{opt} 无法比较, 则将其作为新的最佳值保存, 释放信息素 Q;

  c. 若 $Z_i \geqslant Z_{opt}$, 释放信息素 $Q/2$;

③ 若 Z_i 与 $Z_{i\text{opt}}$ 无法比较,

　　a. 若 $Z_i < Z_{\text{opt}}$, 替换空间最优值, 释放信息素 Q;

　　b. 若 Z_i 与 Z_{opt} 无法比较, 则将其作为新的最优值保存, 释放信息素 Q;

　　c. 若 $Z_i \geqslant Z_{\text{opt}}$, 释放信息素 $Q/2$.

蚂蚁的寻优方向与空间中其他区域的信息素浓度以及它们之间的目标函数平均差异程度有关.

定义 8.15　蚂蚁的邻域转移概率定义为

$$P_{ij} = \frac{[\tau_j]^\alpha [\eta_{ij}]^\beta}{\sum\limits_k [\tau_k]^\alpha [\eta_{ik}]^\beta},$$

其中, τ_j 为区域 j 的信息素强度, η_{ij} 为目标函数平均差异程度, 即

$$\eta_{ij} = \sqrt{\frac{1}{k} \sum_{t=1}^{k} (f_t(c_i) - f_t(c_j))^2}.$$

α 为邻域吸引强度相对重要性 $(\alpha \geqslant 0)$, β 为目标函数平均差异相对重要性 $(\beta \geqslant 0)$.

信息素强度更新方程同单目标函数优化问题. 于是, 多目标函数优化的元胞蚁群算法主要思想可叙述如下:

步骤 1. $nc \leftarrow 0$; (nc 为迭代步数或搜索次数)

　　　　各参数初始化;

　　　　按蚂蚁个数及空间大小确定邻域大小;

　　　　将 n 个蚂蚁置于 m 个搜索区域的中心;

　　　　元胞演化规则的初始化;

步骤 2. 对每个蚂蚁 $k(k = 1, 2, \cdots, n)$ 进行区域搜索, 并计算各蚂蚁的目标函数值;

　　　　按元胞演化规则释放信息素;

　　　　更新当前的最好解或添加新的最好解;

步骤 3. 按更新方程修改轨迹强度;

步骤 4. 计算转移概率, 确定蚂蚁是否转移;

步骤 5. 置 $\Delta\tau_j \leftarrow 0$; $nc \leftarrow nc + 1$;

步骤 6. 若 $nc <$ 预定迭代次数且无退化行为, 则转步骤 2;

步骤 7. 输出目前的最好解集.

随着蚂蚁在区域内的信息素释放, 依据蚂蚁的转移概率, 蚂蚁将渐渐集中于非劣解较多的区域, 从而获取更多的非劣解; 同时, 蚂蚁在不同的区域内搜索, 使得所找到的解具有一定的分布度.

元胞蚁群算法的计算时间复杂度与元胞空间的划分及每个区域的蚂蚁个数有关. 为降低计算时间, 在处理实际问题中, 采用均衡划分元胞空间, 且每个区域的蚂蚁个数不超过总区域数, 即 $n \leqslant m$, 则此时的算法时间复杂度为 $O(nc \cdot n^2 \cdot m^2) \leqslant O(nc \cdot m^4)$, 若每个区域放一个蚂蚁, 则为 $O(nc \cdot m^3)$, 与基本的蚁群算法类似.

8.4.2 实例求解

为验证方法的有效性, 求解了一系列的算例. 这里给出几个双目标优化测试函数及其计算效果. 在每个测试实例中, 以图形化的方式给出了所生成的 Pareto 前沿, 并对解的分布性能与散布范围进行了比较.

定义 8.16 间距评估

$$S = \sqrt{\frac{1}{n-1} \sum_{i=1}^{n} (\bar{d} - d_i)^2},$$

其中

$$\bar{d} = \frac{1}{n} \sum_{i=1}^{n} d_i,$$

$$d_i = \min_j \left(\left| f_1^i(x) - f_1^j(x) \right| + \left| f_2^i(x) - f_2^j(x) \right| \right), \quad i, j = 1, 2, \cdots, n,$$

n 为算法获得的 Pareto 前沿上向量的个数, 当所获得的解越接近均匀散布时, 间距 S 的值越小.

定义 8.17 最大散布范围评估为

$$D = \sqrt{(\max_{i=1}^{n} f_1^i - \min_{i=1}^{n} f_1^i)^2 + (\max_{i=1}^{n} f_2^i - \min_{i=1}^{n} f_2^i)^2},$$

其中定义了两个极值解的距离, 其值越大, 表明算法的解散布范围越广.

下面给出 4 组测试函数, 使用 MATLAB 编程实现并进行了计算测试. 测试中所用的参数为 $\alpha = \beta = Q = 1, \rho = 0.7$, 元胞的区域分割数为 10, 每个实例为 100 个区域, 每个区域的中心为元胞, 其余部分为元胞邻居, 而区域之外的部分为该区域的邻域.

例 1

$$\min f_1(x) \begin{cases} -x, & x \leqslant 1, \\ x - 2, & 1 < x \leqslant 3, \\ -x + 4, & 3 < x \leqslant 4, \\ x - 4, & x > 4, \end{cases}$$

$$\min f_2(x) = (x - 5)^2, \quad -5 \leqslant x \leqslant 10.$$

解 有关结果见表 8.6 和表 8.7 及图 8.6.

表 8.6 例 1 求解结果

蚂蚁个数	迭代次数	Pareto解数	间距评估S	散布范围D
1	100	411	0.25185	2.8263
1	200	1028	0.043624	2.4749
5	100	2399	0.0026599	2.8266
5	200	5709	0.0011352	2.8271

表 8.7 与其他算法间距上的比较

算法	NSGA II	PAES	Micro-GA	元胞蚁群算法
间距S	0.001641	0.067520	0.001530	0.001135

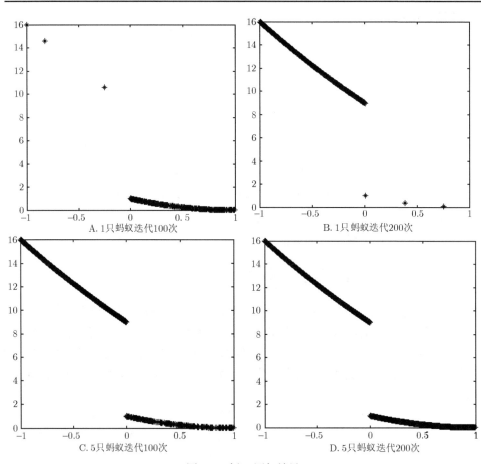

图 8.6 例 1 图解结果

从以上结果可知, 当每个区域只放一只蚂蚁, 由于蚂蚁的转移, 虽然在某些区域蚂蚁数增加, 该区域解的个数也在不断增加, 但却失去其他区域的可行解. 而当每个区域放 5 只蚂蚁, 则情况大为改观. 此时迭代 200 次后, 获得 Pareto 解的个数为

5709 个, 解的间距为 0.0011352, 最大散布范围为 2.8271.

例 2

$$\max f_1(x,y) = -x^2 + y,$$
$$\max f_2(x,y) = \frac{1}{2}x + y + 1,$$
$$\text{s.t.} \begin{cases} \dfrac{1}{6}x + y - \dfrac{13}{2} \leqslant 0, \\ \dfrac{1}{2}x + y - \dfrac{15}{2} \leqslant 0, \\ 5x + y - 30 \leqslant 0. \end{cases}$$

解 有关结果见表 8.8 及图 8.7.

表 8.8 例 2 求解结果

蚂蚁个数	迭代次数	Pareto解数	间距评估S	散布范围D
1	100	12	0.63418	13.421
1	200	18	0.22795	13.407
5	100	26	0.18897	13.415
5	200	38	0.13286	13.436

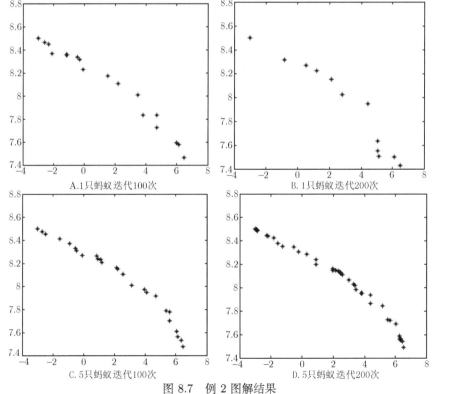

图 8.7 例 2 图解结果

从测试结果可以看到, 在每个区域放 1 只蚂蚁的情况下, 迭代 200 次后, 获得 Pareto 解的个数为 18 个, 解的间距为 0.22795, 最大散布范围为 13.407. 若在每个区域放 5 只蚂蚁, 则迭代 100 次以上, 效果更好.

例 3

$$\min f_1(X) = 4x_1^2 + 4x_2^2,$$
$$\min f_2(X) = (x_1 - 5)^2 + (x_2 - 5)^2,$$
$$\text{s.t.} \begin{cases} g_1(X) = (x_1 - 5)^2 + x_2^2 \geqslant 25, \\ g_2(X) = (x_1 - 8)^2 + (x_2 + 3)^2 \geqslant 7.7, \\ 0 \leqslant x_1 \leqslant 5, 0 \leqslant x_2 \leqslant 3. \end{cases}$$

解　有关结果见表 8.9 及图 8.8.

表 8.9　例 3 求解结果

蚂蚁个数	迭代次数	Pareto解数	间距评估 S	散布范围 D
1	10	166	0.911	187.88
2	10	296	0.61485	192.23
5	10	468	0.33161	191
10	10	746	0.24107	189.85

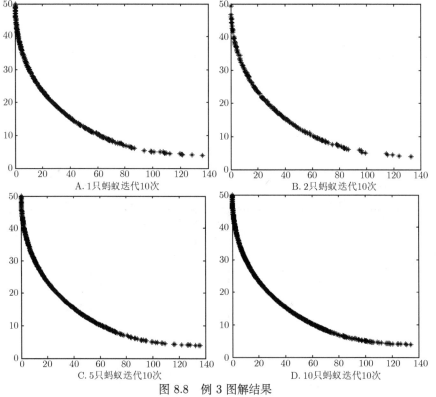

图 8.8　例 3 图解结果

从求解结果可知, 在区域放 2 只蚂蚁, 算法迭代次数为 10, 从解的个数而言已较好. 若在每个区域放 5 只蚂蚁, 则可获得 Pareto 解的个数为 468 个, 解的间距为 0.33161, 最大散布范围为 191, 很好地逼近了 Pareto 前沿.

例 4

$$\min f_1(X) = x_1,$$
$$\min f_2(X) = x_2,$$
$$\text{s.t.} \begin{cases} g_1(X) = x_1^2 + x_2^2 - 0.1 \cdot \cos(16 \cdot \arctan x_1/x_2) \geqslant 0, \\ g_2(X) = (x_1 - 0.5)^2 + (x_2 - 0.5)^2 \leqslant 0.5, \\ 0 \leqslant x_1 \leqslant \pi, \quad 0 \leqslant x_2 \leqslant \pi. \end{cases}$$

解 有关结果见表 8.10 及图 8.9.

表 8.10 例 4 求解结果

蚂蚁个数	迭代次数	Pareto解数	间距评估S	散布范围D
1	100	36	0.0245	1.4021
1	200	44	0.02056	1.39
5	100	70	0.014435	1.4173
5	200	98	0.0086	1.4296

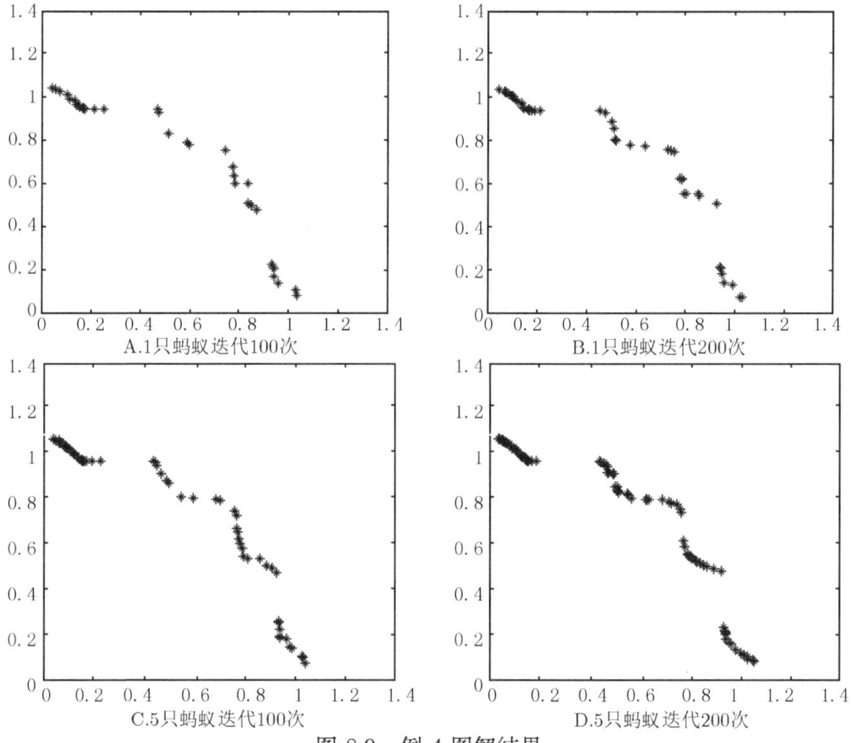

图 8.9 例 4 图解结果

在每个区域放 5 只蚂蚁且迭代 200 次后, 获得 Pareto 解的个数为 98 个, 解的间距为 0.0086, 最大散布范围为 1.4296.

第9章 其他优化问题的蚁群算法

9.1 二次分配问题及其求解

9.1.1 问题概述

二次分配问题 (quadratic assignment problems,QAP) 是一种典型的组合优化问题, 该问题可描述为:

已知 n 个位置点和 n 家工厂, 各位置点之间的距离矩阵为

$$D = [d_{ij}]_{n \times n},$$

各工厂之间的运输量矩阵为

$$F = [f_{ij}]_{n \times n}.$$

现要将这 n 家工厂建造在这 n 个位置点上, 使得总费用最小. 其中, 工厂 i 建造在位置点 k, 且工厂 j 建造在位置点 l 所导致的费用为 $f_{ij} \cdot d_{kl}$. 各工厂的固定建造费用由于对问题求解的难度没有本质上的影响, 故而常常忽略不计.

设

$$x_{ij} = \begin{cases} 1, & j \text{ 分配在 } i \text{ 位置上}, \\ 0, & \text{其他}. \end{cases}$$

则 QAP 的数学模型可表述为

$$\min Z = \sum_{i,j=1}^{n} \sum_{h,k=1}^{n} d_{ih} \cdot f_{jk} \cdot x_{ij} \cdot x_{hk},$$

$$\text{s.t.} \begin{cases} \sum_{i=1}^{n} x_{ij} = 1, & j = 1, 2, \cdots, n, \\ \sum_{j=1}^{n} x_{ij} = 1, & i = 1, 2, \cdots, n, \\ x_{ij} \in \{0, 1\}, & i, j = 1, 2, \cdots, n. \end{cases}$$

该问题由于目标函数的非线性而变得异常困难. 分支定界法和割平面法等经典方法虽然可用于精确求解 QAP 问题, 但当问题规模超过 20 时, 在计算时间上已基本无法接受.

9.1.2 算法思想

QAP 是蚁群算法继 TSP 之后第二个成功求解的 NP 难题, 有关实现细节大致和 TSP 的类似, 这里不再赘述. 其中, 转移概率中的 η_{ij} 定义为 $1/s_{ij}$, 而

$$s_{ij} = \left(\sum_{p=1}^{n} f_{ip}\right)\left(\sum_{q=1}^{n} d_{jq}\right).$$

下面, 分别给出 QAP 的蚁群算法、模拟退火算法以及禁忌搜索算法的 Delphi 源程序代码, 供参考和测试使用.

【附】蚁群算法 Delphi 源程序:

```
{* Ant algorithm for QAP *}
const inf=99999999; eps=1E−8;
type  item=integer;
var    FN:string; f:System.Text;

procedure M_QAPANT_RUN;
const maxn=500; ruo=0.7; Q=1; model=1;
label loop;
type item2=real;
     arr1=array of array of item;
     arr2=array of array of item2;
     arr3=array of item;
var    n,i,j,k,l,count,maxcount,ii,jj,tw,index,sum1,sum2,x,y,
       last,selected:item; tmax,tmin,alpha:item2;
       a,b,w,route,cycle:arr1; t,dt:arr2; len,opt,nearest,series:arr3;

function TWeight(q:arr1):item;
var i,j,s:item;
begin
  s:=0;
  for i:=1 to n do for j:=1 to n do s:=s+a[i,j]*b[q[k,i],q[k,j]];
  tweight:=s;
end;

function PValue(i,j,k:item):item2;
var l:item; sum:item2;
begin
```

```
        sum:=0;
        for l:=1 to n do if (cycle[k,l]=0)and(l<>i) then
            sum:=sum+alpha*t[i,l]+(1−alpha)/w[i,l];
        if (sum>eps)and(cycle[k,j]=0)and(j<>i) then
            sum:=(alpha*t[i,j]+(1−alpha)/w[i,j])/sum;
         PValue:=sum;
end;

procedure Swap(var aa,bb:item);
var temp:item;
begin
    temp:=aa; aa:=bb; bb:=temp;
end;

procedure AntMove;
label select,check;
var i,j,k:item;
begin
    for k:=1 to n do
    begin
        nearest[k]:=k;
        for i:=1 to n do cycle[k,i]:=0;
        cycle[k,nearest[k]]:=k;
        last:=n; selected:=k;
        for j:=1 to last do series[j]:=j;
select:
        i:=nearest[k]; last:=last−1;
        for j:=selected to last do series[j]:=series[j+1];
        for j:=1 to last do
        begin
            selected:=random(last)+1;
            index:=series[selected];
            if (random<PValue(i,index,k)) then goto check;
        end;
check:
        cycle[k,nearest[k]]:=index; nearest[k]:=cycle[k,nearest[k]];
```

```
    if last>=2 then goto select;
  end;
end;

begin
  AssignFile(f,FN); Reset(f);
  {$I-} Readln(f,n,maxcount); {$I+}
  if (IOResult<>0)or(n<4)or(n>maxn)or(maxcount<1) then
  begin ShowMessage( '数据错误!' ); System.Close(f); exit; end;
  SetLength(a,n+1,n+1);
  SetLength(b,n+1,n+1);
  SetLength(w,n+1,n+1);
  SetLength(t,n+1,n+1);
  SetLength(dt,n+1,n+1);
  SetLength(route,n+1,n+1);
  SetLength(cycle,n+1,n+1);
  SetLength(len,n+1);
  SetLength(opt,n+1);
  SetLength(nearest,n+1);
  SetLength(series,n+1);
  for i:=1 to n do
  begin
    for j:=1 to n do
    begin
      {$I-} read(f,a[i,j]); {$I+} {* flow matrix *}
      if (IOResult<>0)or(a[i,j]<0) then
      begin ShowMessage( '数据错误!' ); System.Close(f); exit; end;
    end;
    readln(f);
  end;
  for i:=1 to n do
  begin
    for j:=1 to n do
    begin
      {$I-} read(f,b[i,j]); {$I+} {* distance matrix *}
```

```
        if (IOResult<>0)or(b[i,j]<0) then
          begin ShowMessage( '数据错误!' ); System.Close(f); exit; end;
      end;
      readln(f);
    end;
  System.Close(f);
  FN:=Copy(FN,1,Length(FN)-4)+ '.OUT' ;
  ShowMessage( '输出结果存入文件:' +FN);
  AssignFile(f,FN); Rewrite(f);
  for i:=1 to n do for j:=i+1 to n do
  begin
    t[i,j]:=1; dt[i,j]:=0; t[j,i]:=t[i,j];
    dt[j,i]:=dt[i,j]; t[i,i]:=1; dt[i,i]:=0;
  end;
  for i:=1 to n do for j:=1 to n do
  begin
    sum1:=0; for k:=1 to n do sum1:=sum1+a[i,k];
    sum2:=0; for l:=1 to n do sum2:=sum2+b[j,l];
    w[i,j]:=sum1*sum2;
  end;
  count:=0;
  tw:=inf;
  index:=1;
  randomize;
  alpha:=random;
loop:
  AntMove;
  for k:=1 to n do
  begin
    index:=k;
    for i:=1 to n do
    begin
      route[k,i]:=index; index:=cycle[k,index];
    end;
    len[k]:=TWeight(route);
```

```
end;
k:=random(n)+1;
for i:=1 to n do
begin
   repeat
      x:=random(n)+1; y:=random(n)+1;
   until x<>y;
   Swap(route[k,x],route[k,y]);
   if len[k]−TWeight(route)<0 then Swap(route[k,x],route[k,y]);
end;
for k:=1 to n do if len[k]<tw then
begin
   tw:=len[k];
   for j:=1 to n do opt[j]:=route[k,j];
end;
for k:=1 to n do
begin
   case model of
   1:    begin
            for l:=1 to n−1 do
            begin
               ii:=route[k,l]; jj:=route[k,l+1];
               dt[ii,jj]:=dt[ii,jj]+q/len[k];
            end;
          end;
   2:    begin
            for l:=1 to n−1 do
            begin
               ii:=route[k,l]; jj:=route[k,l+1];
               dt[ii,jj]:=dt[ii,jj]+q;
            end;
          end;
   3:    begin
            for l:=1 to n−1 do
            begin
```

```
            ii:=route[k,l]; jj:=route[k,l+1];
            dt[ii,jj]:=dt[ii,jj]+q/w[ii,jj];
          end;
        end;
    end;
  end;
  for i:=1 to n do for j:=1 to n do
  begin
    t[i,j]:=ruo*t[i,j]+dt[i,j];
    tmax:=1/(tw*(1−ruo)); tmin:=tmax/5;
    if (t[i,j]>tmax) then t[i,j]:=tmax;
    if (t[i,j]<tmin) then t[i,j]:=tmin;
  end;
  count:=count+1;
  for i:=1 to n do for j:=1 to n do dt[i,j]:=0;
  if count<maxcount then goto loop;
  writeln(f, 'a=' ,alpha:0:5); writeln(f);
  writeln(f, '分配费用 =' , tw);
  writeln(f); write(f, '二次分配 =' );
  for i:=1 to n do write(f,opt[i], ' ' ); writeln(f);
  System.Close(f);
end;
```

【附】模拟退火算法 Delphi 源程序：

```
{* Simulated annealing algorithm for QAP *}
const  inf=99999999; eps=1E-8;
type   item=integer;
var    FN:string; f:System.Text;

procedure M_QAPSA_RUN;
const maxn=500; alpha=0.95;
type   arr1=array of array of item;
       arr2=array of item;
var    n,i,j,count,x,y,t,temp:item; a,b:arr1; p,ptemp:arr2;
       temperature,delta,t0,repetition,ratio:real;

function TWeight(q:arr2):item;
```

```
var i,j,s:item;
begin
    s:=0;
    for i:=1 to n do for j:=1 to n do s:=s+a[i,j]*b[q[i],q[j]];
    tweight:=s;
end;

begin
    AssignFile(f,FN); Reset(f);
    {$I-} Readln(f,n,count); {$I+}
    if (IOResult<>0)or(n<4)or(n>maxn)or(count<1) then
    begin ShowMessage( '数据错误!' ); System.Close(f); exit; end;
    t0:=count;
    SetLength(a,n+1,n+1);
    SetLength(b,n+1,n+1);
    SetLength(p,n+1);
    SetLength(ptemp,n+1);
    for i:=1 to n do
    begin
        for j:=1 to n do
        begin
            {$I-} read(f,a[i,j]); {$I+}
            if (IOResult<>0)or(a[i,j]<0) then
            begin ShowMessage( '数据错误!' ); System.Close(f); exit; end;
        end;
        readln(f);
    end;
    for i:=1 to n do
    begin
        for j:=1 to n do
        begin
            {$I-} read(f,b[i,j]); {$I+}
            if (IOResult<>0)or(b[i,j]<0) then
            begin ShowMessage( '数据错误!' ); System.Close(f); exit; end;
        end;
    end;
```

```
    readln(f);
end;
System.Close(f);
FN:=Copy(FN,1,Length(FN)-4)+ '.OUT' ;
ShowMessage( '输出结果存入文件:' +FN);
AssignFile(f,FN); Rewrite(f);
for i:=1 to n do p[i]:=i;
writeln(f, '初始总费用 =' ,TWeight(p));
repetition:=count;
temperature:=t0;
randomize;
t:=0;
repeat
   i:=0;
   repeat
      repeat
         x:=random(n)+1; y:=random(n)+1;
      until x<>y;
      for j:=1 to n do ptemp[j]:=p[j];
      temp:=ptemp[x]; ptemp[x]:=ptemp[y]; ptemp[y]:=temp;
      delta:=TWeight(ptemp)−TWeight(p);
      ratio:=−delta/temperature;
      if delta<0 then
      begin
         for j:=1 to n do p[j]:=ptemp[j];
      end
      else
      if abs(ratio)<ln(1/eps) then if random<exp(ratio) then
      begin
         for j:=1 to n do p[j]:=ptemp[j];
      end;
      i:=i+1;
   until i=repetition;
   t:=t+1;
   temperature:=exp(t*ln(alpha))*t0;
```

```
until temperature<eps;
writeln(f); writeln(f, '改进总费用 =' ,TWeight(p));
writeln(f); write(f, '改进分配 =' );
for i:=1 to n do write(f,p[i], ' ' ); writeln(f);
System.Close(f);
end;
```

【附】禁忌搜索算法 Delphi 源程序：

```
{* Tabu Search Algorithm for QAP *}
(* 根据 E. Taillard, "Comparison of iterative searches for the quadratic assignment
problem", Location Science 3, 1995, 87-105. 修改 *)
const inf=99999999;
type   item=integer;
var    FN:string; f:System.Text;

procedure M_TABU_RUN;
const maxn=500;
type  arrnn=array[1..(maxn+1),1..(maxn+1)] of item;
      arr =array of item;
var   a,b: arrnn; p: arr; scout: real;
      cost,init_sol_seed,meil_cout,n,no_res,nb_res,nb_iterations,i,j: item;

function UniF(var seed:item; low,high:item):item;
const m=2147483647; a=16807; b=127773; c=2836;
var kl:item; value_0_1:real;
begin
   kl:=seed div b;
   seed:=a*(seed mod b)-kl*c;
   if seed<0 then seed:=seed+m;
   value_0_1:=seed/m;
   UniF:=low+trunc((high-low+1)*value_0_1);
end;

procedure Swap(var a,b:item);
var temp:item;
begin
   temp:=a; a:=b; b:=temp
```

```
end;
procedure Improve_Qap_P(
        n        : item;
        var a, b : arrnn;
        var p    : arr;
        var cost : item;
        lower_taboo_list_size,
        higher_taboo_list_size,
        nr_iteration_before_aspiration,
        nr_iterations : item);
var current_iteration,current_taboo_list_size,
    aspirating_iteration,taboo_list_seed,best_cost: item;
    taboo_list,delta: arrnn; best_p: arr;

procedure Delta_Full_Computation(i,j:item);
var k,sum:item;
begin
   sum:=0;
   for k:=1 to n do if (k<>i)and(k<>j) then
      sum:=sum+(a[k, i]−a[k, j])*(b[p[k], p[j]]−b[p[k], p[i]])+(a[i, k]−a[j, k])*
              (b[p[j], p[k]]−b[p[i], p[k]]);
   sum:=sum+(a[i,i]−a[j,j])*(b[p[j],p[j]]−b[p[i],p[i]])+(a[i,j]−a[j,i])*(b[p[j],p[i]]−b[p[i],p[j]]);
   delta[i,j]:=sum
end;

procedure Delta_Short_Computation(r,s,i,j:item);
begin
   delta[i,j]:=delta[i,j]+(a[r,i]−a[r,j]+a[s,j]−a[s,i])*(b[p[s],p[i]]−b[p[s],p[j]]
           +b[p[r],p[j]]−b[p[r],p[i]]) +(a[i,r]−a[j,r]+a[j,s]−a[i,s])
              *(b[p[i],p[s]]−b[p[j],p[s]]+b[p[j],p[r]]−b[p[i],p[r]])
end;

procedure Initialize;
var i,j:item;
begin
   cost:=0;
```

```
for i:=1 to n do for j:=1 to n do
begin
    taboo_list[i,j]:=0; cost:=cost+a[i,j]*b[p[i],p[j]];
    if i<j then begin Delta_Full_Computation(i,j); end;
end;
best_cost:=cost; best_p:=p; taboo_list_seed:=123456789;
current_taboo_list_size:=UniF(taboo_list_seed,
                               lower_taboo_list_size,
                               higher_taboo_list_size);
end;

procedure Find_Best_Move(var u,v:item);
var i,j,delta_min:item; aspired,taboo:boolean;
begin
    delta_min:=inf; u:=inf;
    aspirating_iteration:=current_iteration−nr_iteration_before_aspiration;
    for i:=1 to pred(n) do for j:=succ(i) to n do
    begin
        taboo:=(taboo_list[i,p[j]]>=current_iteration)and
                (taboo_list[j,p[i]]>=current_iteration);
        aspired:=((taboo_list[i,p[j]]<aspirating_iteration)and
                (taboo_list[j,p[i]]<aspirating_iteration))or
                ((cost+delta[i,j]<best_cost)and taboo);
        if ((delta[i,j]<delta_min)and not taboo)or aspired then
        begin
            u:=i; v:=j;
            if aspired then delta_min:=−inf else delta_min:=delta[i,j];
        end
    end
end;

procedure Perform_One_Move;
var i,j,u,v: item;
begin
    Find_Best_Move(u,v);
    if u<>inf then
```

```
begin
    cost:=cost+delta[u,v];
    taboo_list[u,p[u]]:=current_iteration+current_taboo_list_size;
    taboo_list[v,p[v]]:=current_iteration+current_taboo_list_size;
    Swap(p[u],p[v])
end;
if cost<best_cost then
begin
    best_cost:=cost; best_p:=p;
end;
for i:=1 to pred(n) do
for j:=succ(i) to n do
if (i<>u)and(i<>v)and(j<>u)and(j<>v) then
    Delta_Short_Computation(u,v,i,j)
else Delta_Full_Computation(i,j);
if current_iteration mod (2*higher_taboo_list_size)=0 then
    current_taboo_list_size:=UniF(taboo_list_seed,
                            lower_taboo_list_size,
                            higher_taboo_list_size)
end;

begin
    SetLength(best_p,n+1);
    Initialize;
    current_iteration:=0;
    repeat
        current_iteration:=succ(current_iteration);
        perform_one_move
    until (current_iteration=nr_iterations);
    cost:=best_cost;
    p:=best_p
end;

begin
    AssignFile(f,FN); Reset(f);
    {$I-} Readln(f,n,nb_res); {$I+}
```

```
if (IOResult<>0)or(n<4)or(n>maxn)or(nb_res<1) then
begin ShowMessage( '数据错误!' ); System.Close(f); exit; end;
nb_iterations:=nb_res div 2;
SetLength(p,n+1);
for i:=1 to n do
begin
    for j:=1 to n do
    begin
        {$I-} read(f,a[i,j]); {$I+}
        if (IOResult<>0)or(a[i,j]<0) then
        begin ShowMessage( '数据错误!' ); System.Close(f); exit; end;
    end;
    readln(f);
end;
for i:=1 to n do
begin
    for j:=1 to n do
    begin
        {$I−} read(f,b[i,j]); {$I+}
        if (IOResult<>0)or(b[i,j]<0) then
        begin ShowMessage( '数据错误!' ); System.Close(f); exit; end;
    end;
    readln(f);
end;
System.Close(f);
FN:=Copy(FN,1,Length(FN)-4)+ '.OUT' ;
ShowMessage( '输出结果存入文件:' +FN);
AssignFile(f,FN); Rewrite(f);
init_sol_seed:=123456789;
scout:=0;
meil_cout:=inf;
for no_res:=1 to nb_res do
begin
    for i:=1 to n do p[i]:=i;
    for i:=1 to pred(n) do Swap(p[i],p[UniF(init_sol_seed,i,n)]);
```

```
Improve_Qap_P(n,a,b,p,cost,trunc(0.9*n),trunc(1.1*n)+4,3*n*n,
              nb_iterations);
   scout:=scout+cost;
   if meil_cout>cost then meil_cout:=cost;
end;
writeln(f); writeln(f, '改进总费用 =',meil_cout);
writeln(f); write(f, '改进分配 =' );
for i:=1 to n do write(f,p[i],  ' ); writeln(f);
System.Close(f);
end;
```

9.2　图着色问题及其求解

9.2.1　问题概述

图着色问题 (graph coloring problem, GCP) 是图论中的一个经典难题, 内容包括点着色、边着色、组合地图的面着色等. GCP 在组合分析和实际生活中有着广泛的应用背景, 如任务调度、资源分配、排课表、VLSI 布线和测试等. 目前大量的科技、管理及工业设计等领域问题都可归结为图着色问题来解决, 一些典型的组合问题, 如最大支配集、二次分配、最大覆盖问题等也都可以转化为图着色问题来加以研究. 因此, 图着色问题一直受到广泛的重视和深入的研究.

对图着色问题的研究有着悠久的历史, 它的起源可以追溯到 160 多年前. 当时在印制地图时, 为便于区分, 常把相邻的地区印成不同的颜色. 当然, 如果每个地区用一种颜色, 图中有几个地区就用几种颜色, 虽说能够达到易于区分的目的, 但是色彩太多, 印制起来不方便, 看上去也不美观. 于是人们希望既要对相邻的地区使用不同的颜色, 又要让使用的颜色数尽可能少. 经过实际工作人员在实践中测试, 发现这样一个现象: 在一个平面上的任何地图, 可以最多只用四种颜色, 就能给所有相邻的国家染上不同的颜色. 但是, 要在理论上予以确切的证明却并不容易. 1840 年, 德国几何学家莫比乌斯最早以假说的形式向他的学生提出过这一问题, 从此成了一百多年来数学史上一个使数学家们深为困扰的著名难题 ——"四色猜想"（该猜想于 1976 年由美国数学家借助计算机完成了证明, 从此成为"四色定理"）.

在寻找证明的过程中曾相继引出许多理论结果, 如有关色多项式和一些着色数上界的结论. 后来出于应用需要, 更多的研究集中到了算法设计方面. 早期的算法研究主要是诸如基于布尔代数运算的着色算法和基于深度优先检索的回溯算法等经典方法, 后来在用这些方法解决复杂及较大规模问题出现困难时, 一些近似算法或启发式算法陆续问世, 而近年来随着智能算法的发展, 遗传算法、模拟退火等自适应算法逐渐受到了人们的重视.

9.2.2 数学模型

图着色问题的实质是图的着色元素的分割问题, 即根据问题的要求将图的着色元素分割到不同的集合中, 依据分配型组合优化问题的统一数学框架可以相应建立图着色问题的模型, 其中, 图的顶点就是数学模型中的对象, 而各种颜色就是需要分配给每个顶点的资源.

图着色问题主要分为顶点着色、边着色、图的全着色, 经一定的变换, 图的边着色和全着色问题都可以等价地转化为图的点着色问题, 因此, 这里仅限于讨论图的点着色问题.

点着色是对图 $G = (V, E)$ 的顶点进行着色, 要求将每个顶点涂上一种颜色, 使得任何两个相邻顶点都具有不同颜色. 若用 k 种颜色能够对 G 的顶点进行着色, 就称 G 是 k 点可着色的. 若 G 是 k 点可着色的但不是 $(k-1)$ 点可着色的, 就简称 G 是 k 色的或称 G 是 k 色图, k 为 G 的色数, 记作 $\chi(G)$, 即 $\chi(G)$ 是使 G 是 k 点可着色的 k 的最小值. 这里, 引入一个点着色的重要定理.

定理 9.1 若图 G 的顶点最大度数为 $\Delta(G)$, 则 $\chi(G) \leqslant \Delta(G) + 1$.

证明可参看图论的有关教科书, 此处从略.

记 $n = |V|$ (n 种颜色一定可以在符合约束条件的情况下给图着色), $J_i = \{1, \cdots, n\}$ (顶点 i 可选颜色集, $1 \leqslant i \leqslant n$), 并设

$$x_{ij} = \begin{cases} 1, & \text{顶点 } i \text{ 着颜色 } j, \\ 0, & \text{其他}. \end{cases}$$

则图着色问题的数学模型可写成

$$\min f(x) = \sum_{k=1}^{n} \delta \left(\sum_{l=1}^{n} x_{lk} \right),$$

$$\text{s.t.} \begin{cases} \sum_{k \in J} x_{ik} = 1, & 1 \leqslant i \leqslant n, \\ G_k(x) = \sum_{[v_i, v_j] \in E} x_{ik} \cdot x_{jk} = 0, & 1 \leqslant i \leqslant n, \\ x_{ij} \in \{0, 1\}, & 1 \leqslant i \leqslant n, j \in J_i, \end{cases}$$

其中

$$\delta(z) = \begin{cases} 1, & \text{若 } z > 0, \\ 0, & \text{其他}. \end{cases}$$

目标函数是使用颜色的总数, 约束条件 $G_k(x)$ 避免了相邻顶点使用同一种颜色. 当然, 上述目标函数和约束条件还可采用其他形式, 这里不再一一列举.

9.2.3 求解算法

1. 随机序列启发式算法

对任一给定的无环无向图 $G = (V, E), V = \{v_1, v_2, \cdots, v_n\}$, 令 $p = \Delta(G) + 1$, 以 $C = \{c_1, c_2, \cdots, c_p\}$ 表示每个顶点 p 种不同可着色颜色的集合.

随机序列启发式算法可描述为:

步骤 1. 随机生成顶点序列 $V = \{v_1, v_2, \cdots, v_n\}$, 每个顶点的可着色集为

$$C = \{c_1, c_2, \cdots, c_p\};$$

步骤 2. 给 v_1 着色:

在可着色集中选择第一个颜色 c_1 给 v_1 着色, 并将 v_1 移至已着色点集中;

步骤 3. 给 v_2 着色:

若 v_2 与 v_1 关联, 则 v_2 可着色集去除 c_1, 并选择可着色集中的第二个元素 c_2 给 v_2 着色; 否则, 用可着色集的第一个元素 c_1 给 v_2 着色, 并将 v_2 移到已着色点集中;

步骤 4. 给 $v_i (i \geqslant 3)$ 着色:

若 v_i 与已着色点集中的点相关联, 则在可着色集中去除该点着色颜色, 并选择第一个颜色为 v_i 着色;

步骤 5. 若未着色点集不为空, 则转步骤 4; 否则着色完成.

该方法的特点是优先使用旧颜色, 同时保证每一次着色都是可行着色. 图 9.1 简要显示了该算法的着色过程.

但该算法在顶点关联比较复杂时容易陷入局部最优解, 如图 9.1 (b) 所示, 在给 v_5 着色时, 可着集的第一个元素为 c_1, 则 v_6 要着色 c_4, 以致于用了 4 个颜色给该图着色; 如果在步骤 4 中不选择可着色集的第一个元素却可得到最优解, 如图 9.1 (c) 所示, 用 c_3 给 v_5 着色, c_1 给 v_6 着色, 以至于只用 3 种颜色就可给该图着色.

我们可以在这个环节的处理上, 引入蚁群算法的搜索能力.

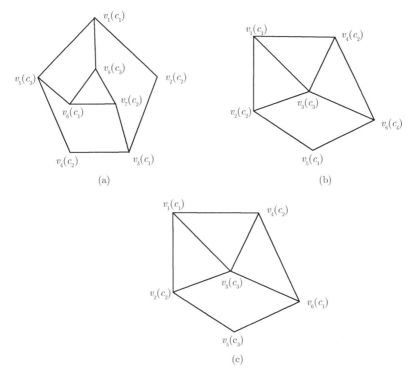

图 9.1 随机序列启发式算法的着色过程

2. 基于随机序列启发式搜索的蚁群算法

令

$$D = [d_{ij}]_{n \times n}$$

表示图的邻接矩阵, 其中

$$d_{ij} = \begin{cases} 0, & v_i 与 v_j 不关联, \\ 1, & v_i 与 v_j 相关联. \end{cases}$$

着色表

$$S = [s_{ij}]_{n \times p}$$

也称着色矩阵, 其中

$$s_{ij} = \begin{cases} 0, & 不给 v_i 着 c_j 色, \\ 1, & 给 v_i 着 c_j 色. \end{cases}$$

且

$$\sum_{j=1}^{p} s_{ij} = 1.$$

若着色蚂蚁 k 经过 s_{ij}, 则表示给 v_i 着 c_j 色, 如图 9.2 中, $s_{11}=1$. 图 9.3 为一只蚂蚁的完全着色过程.

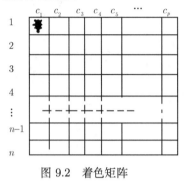

图 9.2   着色矩阵

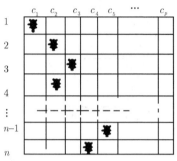

图 9.3   一只蚂蚁的着色过程

令 τ_{ij} 表示给 v_i 着 c_j 色的信息素, 与着色矩阵相对应.

信息素更新方程为

$$\tau_{ij}^{\mathrm{new}} = \rho \cdot \tau_{ij}^{\mathrm{old}} + \Delta\tau_{ij},$$

其中

$$\Delta\tau_{ij} = \sum_{k=1}^{m} \Delta\tau_{ij}^k, \quad \Delta\tau_{ij}^k = \frac{Q}{\mathrm{colored}_n}.$$

蚂蚁在着色遍历时, 给 v_i 着 c_j 色由转移概率 p_{ij}^k 决定

$$p_{ij}^k = \begin{cases} \dfrac{\tau_{ij}^{\alpha} \cdot \eta_{ij}^{\beta}}{\sum \tau_{is}^{\alpha} \cdot \eta_{is}^{\beta}}, & c_j \in \mathrm{allowed}_i^k \\ 0, & \text{其他}, \end{cases}$$

$$\eta_{ij} = \frac{1}{\mathrm{numc}},$$

numc 表示 v_{i-1} 着色后使用的总颜色数. $\mathrm{allowed}_i^k$ 为蚂蚁 k 给 v_i 着色时的可行着色集, 若不为空则按概率 p_{ij}^k 给 v_i 着 c_j 色, 若为空集则 numc=numc+1, 给 v_i 着 c_{numc} 色. α, β 体现了信息素和启发信息对蚂蚁决策的影响, Q 通常取 1, ρ 取 0.3.

于是, 整个蚁群算法可叙述如下:

步骤 1. 迭代次数 $nc \leftarrow 1$;

初始化循环次数、蚂蚁总数、轨迹信息素;

随机生成顶点序列 $V = \{v_1, v_2, \cdots, v_n\}$;

步骤 2. 将 m 只蚂蚁同时置于 v_1 点;

numc$\leftarrow 1$, 初始着色 $k \leftarrow 1$;

步骤 3. 对每个蚂蚁 k 进行遍历着色:

当给 v_i 着色时, 判断 allowed$_i^k$ 是否为空, 若不为空, 则按概率 p_{ij}^k 给 v_i
着 c_j 色; 若为空集, 则 numc $\leftarrow$ numc $+1$, 给 v_i 着 c_{numc} 色;
按此方式进行, 直至一次着色完成;

步骤 4. 若全部蚂蚁着色完成, 则记录当前最佳着色序列和所用颜色数;
否则,$k \leftarrow k+1$, 转步骤 3;

步骤 5. 按更新方程更新信息素轨迹;

步骤 6. 若达到预定迭代步数, 则输出目前最好解; 否则,$nc \leftarrow nc+1$, 转步骤 2.

9.2.4 实例求解

以中国地图着色进行测试, 共包括 34 个省、直辖市、自治区、以及香港特别行政区、澳门特别行政区和台湾, 于是, 问题可转化为含 34 个顶点的图着色问题.

蚂蚁总数定为 $m=30$, 迭代步数为 10. 经计算, 可得着色序列为

$$\{1,2,3,2,3,1,3,1,3,2,2,4,3,4,2,3,2,3,4,1,3,4,1,2,3,1,4,2,3,1,1,4,1,1\},$$

其中数字分别对应颜色集中的不同颜色, 最少颜色数为 4.

此外, 经大量算例测试, 当顶点个数较多时, 运行这种蚁群算法也比随机启发式搜索算法在相同运行时间下, 效果好很多, 并且, 在顶点度较大、边稠密度也较大时, 尽管算法运行时间稍长, 但仍可得到很好的效果, 有关结果如表 9.1 所示.

表 9.1 算例测试结果

随机图	顶点数	边的稠密度	最大度数	随机启发式方法	蚁群算法
	50	0.1	8	7	5
	50	0.3	21	11	7
	50	0.5	42	14	11
	100	0.3	43	17	14
	100	0.5	60	23	19
	150	0.5	92	32	28
	200	0.5	115	39	35
	300	0.5	170	53	47

9.3 多目标最短路及其求解

9.3.1 问题描述

多目标最短路问题是一种特殊的离散线性多目标组合优化难题, 至今尚未得到广泛的研究, 尽管有其强大的潜在应用, 但现有成果极少. 多目标最短路问题与经典最短路问题的区别在于: 给定图的每条弧上都有一个以上的权重参数, 诸如距离、时间、费用等. 因此才导致问题的困难性和复杂性.

此类问题的实际应用背景有其合理性, 因为传统的单一目标已不足以完整地体现实际情况, 如决策者往往更倾向于寻找合理解而不是针对所有目标的最优解 (现实中常常也做不到), 因此, 所需寻求的就是一种所谓的非劣解 (亦称有效解或 Pareto 最优解).

记 $G = (V, E)$ 为赋权连通简单图, $V = \{1, 2, \cdots, n\}$ 为顶点集, E 为边集, 各顶点间的权值 w_{ij}^r 已知 $(i, j \in V, r = 1, 2, \cdots, L)$.

设
$$x_{ij} = \begin{cases} 1, & \text{若}(i, j)\text{在最优路径上,} \\ 0, & \text{其他.} \end{cases}$$

则多目标最短路问题可写为如下的数学规划模型

$$\min Z = \left\{ \sum_{i=1}^{n} \sum_{j=1}^{n} w_{ij}^1 \cdot x_{ij}, \sum_{i=1}^{n} \sum_{j=1}^{n} w_{ij}^2 \cdot x_{ij}, \cdots, \sum_{i=1}^{n} \sum_{j=1}^{n} w_{ij}^L \cdot x_{ij} \right\},$$

$$\text{s.t.} \begin{cases} \displaystyle\sum_{j=1}^{n} x_{ij} - \sum_{j=1}^{n} x_{ji} = 1, & \text{若}i = s, \\ \displaystyle\sum_{j=1}^{n} x_{ij} - \sum_{j=1}^{n} x_{ji} = 0, & \text{若}i = V \backslash \{s, t\}, \\ \displaystyle\sum_{j=1}^{n} x_{ij} - \sum_{j=1}^{n} x_{ji} = -1, & \text{若}i = t, \\ x_{ij} \in \{0, 1\}, \end{cases}$$

其中, s, t 分别为源点和终点.

一条路 P 是非劣解, 意味着不存在任何其他路 P', 使得

$$Z_r(P') \leqslant Z_r(P), \quad r = 1, 2, \cdots, L,$$

其中, 至少有一个不等式严格成立 (Z_r 为相应的最短路长).

9.3.2　算法思想

多目标最短路的蚁群算法包括 Ant-Cycle、Ant-Density、Ant-Quantity 三种模型, 各蚂蚁的 η_{ij} 按等概率选取 $1/w_{ij}^r (r = 1, 2, \cdots, L)$ 中之一, 若实际问题有偏好结构, 可按不同概率在算法中加以体现.

算法主要思想可描述如下:

Begin

初始化;

Loop:

　　将所有蚂蚁的初始出发点 s 置于当前解集中;

　　for $k \leftarrow 1$ to m do

　　if　蚂蚁 k 尚未到达终点 t, 则

　　begin

　　　　按转移概率选择顶点 j;

　　　　移动蚂蚁 k 至顶点 j;

　　　　将顶点 j 置于当前解集;

　　end;

　　计算各蚂蚁的 L 个目标函数值;

　　记录当前的非劣解;

　　轨迹更新;

　　若迭代次数未到且无退化行为, 则转 Loop;

　　输出非劣解集;

End

　　当目标个数 $L=1$ 时, 上述算法可用来求解标准的最短路问题, 尽管从效率和质量上而言无法与已有的最短路算法相比拟, 但毕竟提供了另外一种思路和方法, 对于一些附带其他条件的最短路问题而言, 也许会有一番完全不同的景象, 如, 通过重复运行, 可以找到多条最短路, 以及寻找第二、第三 $\cdots$ 第 K 条最短路的能力. 此外, 如果将目标改为瓶颈形式, 则可将算法修改成用于多目标瓶颈路问题的蚁群算法, 因基本思路类似, 这里不再进行论述.

【附】蚁群算法 Delphi 源程序:

```
{* Ant Algorithm for Multicriteria Shortest Path Problem *}
const  inf=99999999; eps=1E-8;
type    item=integer;
var     FN:string; f:System.Text;

procedure N_PANT_RUN;
const  maxn=500; ruo=0.7;
label  loop;
type    item2=real;
        arr1=array of array of item;
        arr2=array of array of item2;
        arr3=array of item;
var     n,i,j,k,l,ii,jj,count,s,startnode,endnode,maxcount,model,alpha,beta,
```

```
        tweight1,tweight2,index,last,selected:item; Q,tmax,tmin:item2;
        w1,w2,route,cycle:arr1; t,dt:arr2;
        len1,len2,opt,nearest,sk,series:arr3;
function Min(x,y:item):item;
begin
    if x<=y then min:=x else min:=y;
end;
function PValue(i,j,k:item):item2;
var l:item; sum:item2;
begin
    sum:=0;
    if sk[k]=1 then
    begin
        for l:=1 to n do if (cycle[k,l]=0)and(l<>i) then
            sum:=sum+exp(alpha*ln(t[i,l]))/exp(beta*ln(w1[i,l]));
        if (sum>eps)and(cycle[k,j]=0)and(j<>i) then
            sum:=exp(alpha*ln(t[i,j]))/exp(beta*ln(w1[i,j]))/sum;
    end
    else
    begin
        for l:=1 to n do if (cycle[k,l]=0)and(l<>i) then
            sum:=sum+exp(alpha*ln(t[i,l]))/exp(beta*ln(w2[i,l]));
        if (sum>eps)and(cycle[k,j]=0)and(j<>i) then
            sum:=exp(alpha*ln(t[i,j]))/exp(beta*ln(w2[i,j]))/sum;
    end;
    PValue:=sum;
end;
procedure AntMove;
label select,check;
var i,j,k:item;
begin
    for k:=1 to n do
    begin
        for i:=1 to n do route[k,i]:=0;
```

```
    s:=1;
    nearest[k]:=startnode;
    route[k,s]:=startnode;
    len1[k]:=0; len2[k]:=0;
    for i:=1 to n do cycle[k,i]:=0;
    cycle[k,nearest[k]]:=startnode;
    last:=n;
    selected:=startnode;
    for j:=1 to last do series[j]:=j;
select:
    i:=nearest[k];
    sk[k]:=random(2)+1;
    last:=last−1;
    for j:=selected to last do series[j]:=series[j+1];
    for j:=1 to last do
    begin
        selected:=random(last)+1;
        index:=series[selected];
        if (random<PValue(i,index,k)) then goto check;
    end;
check:
    cycle[k,nearest[k]]:=index;
    nearest[k]:=cycle[k,nearest[k]];
    s:=s+1;
    route[k,s]:=index;
    len1[k]:=len1[k]+w1[route[k,s−1],route[k,s]];
    len2[k]:=len2[k]+w2[route[k,s−1],route[k,s]];
    if index<>endnode then goto select;
    end;
end;

begin
    AssignFile(f,FN); Reset(f);
    {$I−} Readln(f,n,startnode,endnode,maxcount); {$I+}
    if (IOResult<>0)or(n<4)or(n>maxn)or(maxcount<1)or(startnode<1)
```

```
    or(startnode>n)or(endnode<1)or(endnode>n)or(startnode=endnode) then
begin ShowMessage( '数据错误!' ); System.Close(f); exit; end;
SetLength(w1,n+1,n+1);
SetLength(w2,n+1,n+1);
SetLength(t,n+1,n+1);
SetLength(dt,n+1,n+1);
SetLength(route,n+1,n+1);
SetLength(cycle,n+1,n+1);
SetLength(len1,n+1);
SetLength(len2,n+1);
SetLength(opt,n+1);
SetLength(nearest,n+1);
SetLength(sk,n+1);
SetLength(series,n+1);
for i:=1 to n−1 do for j:=i+1 to n do
begin
    {$I−} readln(f,ii,jj,w1[i,j],w2[i,j]); {$I+}
    if (IOResult<>0)or(ii<>i)or(jj<>j)or(w1[i,j]<1)or(w2[i,j]<1) then
    begin ShowMessage( '数据错误!' ); System.Close(f); exit; end;
    w1[j,i]:=w1[i,j]; w2[j,i]:=w2[i,j];
    t[i,j]:=1; t[j,i]:=t[i,j]; dt[i,j]:=0; dt[j,i]:=dt[i,j];
end;
for i:=1 to n do
begin
    w1[i,i]:=inf; w2[i,i]:=inf; t[i,i]:=1; dt[i,i]:=0;
end;
System.Close(f);
FN:=Copy(FN,1,Length(FN)-4)+ '.OUT' ;
ShowMessage( '输出结果存入文件:' +FN);
AssignFile(f,FN); Rewrite(f);
count:=0;
tweight1:=inf;
tweight2:=inf;
index:=1;
randomize;
```

```
Q:=100;
model:=random(3)+1;
alpha:=random(3)+1;
beta:=random(3)+1;
loop:
AntMove;
for k:=1 to n do if (len1[k]<=tweight1)and(len2[k]<=tweight2) then
begin
    tweight1:=len1[k]; tweight2:=len2[k];
    for j:=1 to n do opt[j]:=route[k,j];
end;
for k:=1 to n do
begin
    case model of
    1:    begin
              if sk[k]=1 then
              begin
                  for l:=1 to n−1 do
                  begin
                      ii:=route[k,l]; jj:=route[k,l+1];
                      if (ii<>0)and(jj<>0) then dt[ii,jj]:=dt[ii,jj]+q/len1[k];
                  end;
              end
              else
              begin
                  for l:=1 to n−1 do
                  begin
                      ii:=route[k,l]; jj:=route[k,l+1];
                      if (ii<>0)and(jj<>0) then dt[ii,jj]:=dt[ii,jj]+q/len2[k];
                  end;
              end;
          end;
    2:    begin
              for l:=1 to n−1 do
              begin
```

```
              ii:=route[k,l]; jj:=route[k,l+1];
              if (ii<>0)and(jj<>0) then dt[ii,jj]:=dt[ii,jj]+q;
          end;
      end;
 3:   begin
          if sk[k]=1 then
          begin
              for l:=1 to n−1 do
              begin
                  ii:=route[k,l]; jj:=route[k,l+1];
                  if (ii<>0)and(jj<>0) then dt[ii,jj]:=dt[ii,jj]+q/w1[ii,jj];
              end;
          end
          else
          begin
              for l:=1 to n−1 do
              begin
                  ii:=route[k,l]; jj:=route[k,l+1];
                  if (ii<>0)and(jj<>0) then dt[ii,jj]:=dt[ii,jj]+q/w2[ii,jj];
              end;
          end;
      end;
  end;
end;
for i:=1 to n do for j:=1 to n do
begin
  t[i,j]:=ruo*t[i,j]+dt[i,j];
  tmax:=1/(min(tweight1,tweight2)*(1−ruo));
  tmin:=tmax/5;
  if (t[i,j]>tmax) then t[i,j]:=tmax;
  if (t[i,j]<tmin) then t[i,j]:=tmin;
end;
count:=count+1;
Q:=Q*0.9;
for i:=1 to n do for j:=1 to n do dt[i,j]:=0;
```

```
if count<maxcount then goto loop;
writeln(f, 'α=' ,alpha, 'β=' ,beta, 'model =' ,model); writeln(f);
writeln(f, '蚂蚁路长 1=' ,tweight1);
writeln(f, '蚂蚁路长 2=' ,tweight2);
writeln(f); write(f, '蚂蚁路径 =' );
for j:=1 to n do if opt[j]<>0 then
    write(f,opt[j], ' ' ); writeln(f);
System.Close(f);
end;
```

参 考 文 献

[1] Gilbert E N, Pollak H O. Steiner minimal trees. SIAM J. Appl. Math., 1968, 16 (1): 1~29.

[2] Garfinkel R S, Gilbert K C. The bottleneck travelling salesman problem: algorithms and probabilistic analysis. J. of ACM, 1978, 25 (3): 435~448.

[3] 夏道行等. 实变函数论与泛函分析. 北京: 人民教育出版社, 1979.

[4] Narula S, Ho C A. Degree-constrained minimum spanning tree. Computers and Opns. Res., 1980, 7 (4): 239~249.

[5] Golden B, et al. Approximate travelling salesman algorithms. Opns. Res., 1980, 28 (3): 694~711.

[6] Syslo M M, et al. Discrete optimization algorithms. Englewood Cliffs. New Jersey: Prentice-Hall Inc., 1983.

[7] Baker E K. An exact algorithm for the time-constrained travelling salesman problem. Opns. Res., 1983, 31 (5): 938~945.

[8] Kirkpatric S, et al. Optimization by simulated annealing. Science, 1983, 220 (4598): 671~679.

[9] Winter P. An algorithm of the Steiner problem in the Euclidean plane. Networks, 1985, 15 (2): 233~245.

[10] Gibbons A. Algorithmic graph theory. Cambridge: Cambridge University Press, 1985.

[11] Lawler E L, et al.(eds.). The travelling salesman problem: a guided tour of combinatorial optimization. Chichester. New York: J.Wiley&Sons, 1986.

[12] Padberg M, Rinaldi G. Optimization of a 532-city symmetric travelling salesman problem by branch and cut. Opns. Res. Letters, 1987, 6 (1): 1~7.

[13] Goldberg D. Genetic algorithms in search, optimization and machine learning. Reading, Mass.: Addison-Wesley, 1989.

[14] Glover F. Tabu search: a tutorial. Interfaces, 1990, 20 (4): 74~94.

[15] Reinelt G. TSPLIB — A travelling salesman problem library. ORSA J. on Computing, 1991, 3 (4): 376~385.

[16] Nurmi K. Travelling salesman problem tools for microcomputers. Computers and Opns. Res., 1991, 18 (8): 741~749.

[17] Padberg M, Rinaldi G. A branch-and-cut algorithm for the resolution of large-scale symmetric travelling salesman problem. SIAM Review, 1991, 33 (1): 60~100.

[18] Colorni A, Dorigo M, Maniezzo V. Distributed optimization by ant colonies // Proc. of the First European Conf. on Artificial Life. Paris, France: Elsevier Publishing, 1991: 134~142.

[19] Faigle U, Kern W. Some convergence results for probabilistic tabu search. ORSA J. on Computing, 1992, 4 (1): 32~37.

[20] Laport G. The travelling salesman problem: an overview of exact and approximate algorithms. European J. of Opnl. Res., 1992, 59 (2): 231~247.

[21] Bentley J J. Fast algorithms for geometric travelling salesman problems. ORSA J. on Computing, 1992, 4 (4): 387~411.

[22] Punnen A P. Travelling salesman problem under categorization. Opns. Res. Letters, 1992, 12 (2): 89~95.

[23] Laporte G. The vehicle routing problem: an overview of exact and approximation algorithms. European Journal of Operational Research, 1992, 5 (9): 345~358.

[24] Koskosidis Y A, Powell W B, Solomon M M. An Optimization-based heuristic for vehicle routing and scheduling with soft time window constraints. Transportation Science, 1992, 26 (2):69~85.

[25] Colorni A, Dorigo M, Maniezzo V. An investigation of some properties of an ant algorithm // Proc. of the Parallel Problem Solving from Nature Conference (PPSN'92). Brussels,Belgium: Elsevier Publishing, 1992: 509~520.

[26] Lin F T, et al. Applying the genetic approach to simulated annealing in solving some NP-hard problems. IEEE Trans. on SMC, 1993, 23 (6): 1752~1767.

[27] Balakrishnan N. Simple heuristics for the vehicle routing problem with soft time windows. Journal of the Operational Research Society, 1993, 44 (3): 279~287.

[28] Koulamas C, et al. A survey of simulated annealing applications to operations research problems. Omega, 1994, 22 (1): 41~56.

[29] Tung C T. A multicriteria pareto-optimal algorithm for the travelling salesman problem. Asia-Pacific J. of Opnl. Res., 1994, 11 (1): 103~115.

[30] Burke L I. Neural methods for the travelling salesman problem: insights from operations research. Neural Networks, 1994, 7 (4): 681~690.

[31] Colorni A, et al. Ant system for job-shop scheduling. JORBEL, 1994, 34 (1): 39~53.

[32] 谢惠民. 复杂性与动力系统. 上海: 上海科技教育出版社, 1994.

[33] Cheng R, Gen M. Vehicle routing problem with fuzzy due-time using genetic algorithms. Japanese Journal of Fuzzy Theory and Systems, 1995, 7 (5): 1050~1061.

[34] Gambardella L M, Dorigo M. Ant-Q: a reinforcement learning approach to the traveling salesman problem // Proc. of the 12thInt. Conf. on Machine Learning. Tahoe City. CA: Morgan Kaufman, 1995: 252~260.

[35] Bilchev G, Parmee I. The ant colony metaphor for searching continuous design spaces. Lecture Notes in Computer Science, 1995, 993: 25~39.

[36] Bilchev G, Parmee I. Adaptive search strategies for heavily constrained design spaces // Proc. of the 22nd Int. Conf. on CAD-95. Ukraine. Yalta, May 8~13, 1995.

[37] Kennedy J, Eberhart R C. Particle swarm optimization // Proc. of IEEE Int. Conf. on Neural Networks. Perth. Australia. Nov. 27-Dec.1, 1995: 1942~1948.

[38] 焦李成. 神经网络计算. 西安: 西安电子科技大学出版社, 1995.

[39] Pirlot M. General local search methods. European J. of Opnl. Res., 1996, 92 (3): 493~511.

[40] Chatterjee S, et al. Genetic algorithms and travelling salesman problems. European J. of Opnl. Res., 1996, 93 (3): 490~510.

[41] Dowsland K A. Genetic algorithms——a tool for or ?. J. of the Opnl. Res. Soc., 1996, 47 (4): 550~561.

[42] Viennet R, Fonteix C, Marc I. Multicriteria optimization using a genetic algorithm for determining a Pareto set. Int. J. Of Systems Science, 1996, 27 (2): 255~260.

[43] Colorni A, et al. Heuristics from nature for hard combinatorial optimization problems. Int. Trans. in Opnl. Res., 1996, 3 (1): 1~21.

[44] Dorigo M, Maniezzo V, Colorni A. Ant system: optimization by a colony of cooperating agents. IEEE Trans. on SMC, 1996, 26 (1): 29~41.

[45]   Bilchev G, Parmee I. Constrained optimization with an ant colony search model // Proc. of ACEDC'96, PEDC. University of Plymouth, UK, 1996.

[46]   Winter P, Zachariasen M. Euclidean Steiner minimum trees: an improved exact algorithm . Networks, 1997, 30 (2): 149~166.

[47]   Hochbaum D S(eds.). Approximation Algorithms for NP-hard Problems. Boston, MA: PWS Publishing Company, 1997.

[48]   Dorigo M, Gambardella L M. Ant Colony System: A cooperative learning approach to the traveling salesman problem. IEEE Trans. on Evolutionary Computation, 1997, 1 (1): 53~66.

[49]   Costa D, Hertz A. Ants can colour graphs. J. of the Opnl. Res. Soc., 1997, 48 (3): 295~305.

[50]   Kuntz P, Layzell P, Snyers D. A colony of ant-like agents for partitioning in VLSI technology // Proc. of the 4th European Conf. on Artificial Life. Cambridge. MA : MIT Press, 1997: 417~424.

[51]   Schoonderwoerd R, Holland O, Bruten J, et al. Ant-based load balancing in telecommunications networks. adaptive behavior, 1997, 5 (2): 169~207.

[52]   Wodrich M, Bilchev G. Co-operative distributed search: the ants' way. J. of Control and Cybernetics, 1997, 26 (3): 413~445.

[53]   Boryczka M, Boryczka U. Generative policies in ant system // Proc. of the Conf. EUFIT'97. Aachen, 1997, 857~861.

[54]   Dreyer D, Overton M. Two heuristics for the Euclidean Steiner tree problem. Journal of Global Optimization, 1998, 13 (1): 95~106.

[55]   Bullnheimer B, Hartl R F, Strauss C. Applying the ant system to the vehicle routing problem // Meta-Heuristics: Advances and Trends in Local Search Paradigms for Optimization. Kluwer, Boston, 1998: 109~120.

[56]   Stutzle T. An ant approach for the flow shop problem // Proc. of the 6th European Congress on Intelligent Techniques & Soft Computing (EUFIT'98). Verlag Mainz, Aachen, 1998, 3: 1560~1564.

[57]   Bullnheimer B, Kotsis G, Strauss C. Parallelization strategies for the ant system // Leone R, Murti A, Pardalos P M, et al.(eds.). High Performance Algorithms and Software in Nonlinear Optimization. Kluwer Academic Publishers. Dordrecht, 1998: 87~100.

[58]   Leguizamon G, Crespo M L, Kavka C, et al. A study of performance of an ant colony system applied to multiple knapsack problem // E Apayd (eds.). Proc. of EIS-98, ICSC Academic. 1998: 567~573.

[59]   彭斯俊, 黄樟灿, 刘道海等. 基于蚂蚁系统的 TSP 问题的新算法. 武汉汽车工业大学学报, 1998, 20 (5): 88~92.

[60]   张纪会, 程杰, 徐心和. 蚁群算法研究进展// 1998 中国控制与决策学术年会论文集. 大连: 大连海事大学出版社, 1998: 356~359.

[61]   马良. 多目标投资决策模型的进化算法. 上海理工大学学报, 1998, 20 (1): 56~59.

[62]   马良, 蒋馥. 度约束最小生成树的快速算法. 运筹与管理, 1998, 7 (1): 1~5.

[63]   马良, 蒋馥. 约束多目标选址问题及其算法. 运筹与管理, 1998, 7 (2): 7~12.

[64]   马良. 求解最小比率 TSP 的一个算法. 系统工程, 1998, 16 (4): 62~65.

[65]   Gambardella L M, Taillard E D, Dorigo M. Ant colonies for the quadratic assignment problem. Journal of the Operational Research Society, 1999, 50 (2): 167~176.

[66] Maniezzo V, Colorni A. The ant system applied to the quadratic assignment problem. IEEE Trans. on Knowledge and Data Engineering, 1999, 1 (5): 769~778.

[67] Song Y H, Chou C S, Min Y. Large-scale economic dispatch by artificial ant colony search algorithms. Electric Machines and Power Systems, 1999, 27 (7): 679~690.

[68] Bland J A. Layout of facilities using an ant system approach. Engineering Optimization, 1999, 32 (1): 101~115.

[69] Burke E, Kendall G. Applying ant algorithms and the no fit polygon to the nesting problem // Foo N (eds.). AI'99, LNAI1747. Berlin, Heidelberg: Springer-Verlag, 1999: 453~464.

[70] Bauer A, Bullnheimer B, Hartl R, et al. An ant colony optimization approach for the single machine total tardiness problem // Proc. of the 1999 Congress on Evolutionary Computation (CEC'99). July6-9. Washington D.C. USA. IEEE Press. Piscataway. N.J, 1999: 1445~1450.

[71] Gambardella L M, Taillard E D, Agazzi G. MACS-VRPTW: A multiple ant colony system for vehicle routing problems with time windows // D Corne, M Dorigo, F Glover(eds.). New Ideas in Optimization. London: McGraw-Hill, 1999: 63~76.

[72] Boryczka U. Bus routing problem and the ant colony system // M Mohammadian (eds.). Computational Intelligence for Modeling. Control & Automation. IOS Press, 1999: 11~16.

[73] Wagner I A, Bruckstein A M. Hamiltonian (t)–An ant-inspired heuristic for recognizing Hamiltonian graphs // Proc. of the 1999 Congress on Evolutionary Computation (CEC'99). July6-9. Washington DC. USA. IEEE Press. Piscataway. N.J,1999: 1465~1469.

[74] Merz P, Freisleben B.A comparison of memetic algorithms, tabu search and ant colonies for the quadratic assignment problem // Proc. of the 1999 Congress on Evolutionary Computation (CEC'99). July 6~9, Washington D.C. USA. IEEE Press. Piscataway. N.J., 1999: 2063~2070.

[75] Chang C S, Tian L, Wen F S. A new approach to fault section estimation in power systems using ant system. Electric Power Systems Research, 1999, 49 (5): 63~70.

[76] Leguizamon G, Michalewicz Z. A new version of ant system for subset problems // Proc. of the 1999 Congress on Evolutionary Computation (CEC'99). July 6-9. Washington D.C.. USA. IEEE Press. Piscataway. N.J., 1999: 1459~1464.

[77] Liang Y C, Smith A E. An ant system Approach to redundancy allocation // Proc. of the 1999 Congress on Evolutionary Computation (CEC'99). July 6-9. Washington D.C.. USA. IEEE Press. Piscataway. N.J., 1999: 1478~1484.

[78] Bullnheimer B, Hartl R F, Strauss C. An improved ant system algorithm for the vehicle routing problem. Annals of Operations Research, 1999, 89: 319~328.

[79] Bullnheimer B, Hartl R F, StraussC. A new rank-based version of the ant system: a computational study. Central European Journal for Operations Research and Economics, 1999, 7 (1): 25~38.

[80] Maniezzo V. Exact and approximate nondeterministic tree-search procedures for the quadratic assignment problem. INFORMS Journal on Computing, 1999, 11 (4): 358~369.

[81] Dorigo M, DiCaro G, Gambardella L M. Ant algorithms for discrete optimization. Artificial Life, 1999, 5 (2): 137~172.

[82] Bland J A. Space-planning by ant colony optimization. International Journal of Computer Applications in Technology, 1999, 12 (6): 320~328.

[83] Bonabeau E, Dorigo M, Theraulaz G. Swarm Intelligence: From Natural to Artificial Systems. New York: Oxford University Press, 1999.

[84] Song Y H, Chou C S, Stonham T J. Combined heat and power economic dispatch by improved ant colony search algorithm. Electric Power Systems Research, 1999, 52 (2): 115~121.

[85] Botee H M, Bonabeau E. Evolving ant colony optimization. Advances in Complex Systems, 1999, 1 (2/3): 149~159.

[86] Shi Y, Eberhart R C. Empirical study of particle swarm optimization // Proc. of 1999 Congress on Evolutionary Computation, July 6-9, 1999: 1945~1950.

[87] Dorigo M, DiCaro G. Ant colony optimization: a new meta-heuristic // Proc. of 1999 Congress on Evolutionary Computation, July 6-9, 1999: 1470~1477.

[88] Oida K, Sekido M. An agent-based routing system for QoS guarantees // Proc. of IEEE Int. Conf. on Systems, Man, and Cybernetics, Oct.12~15. 1999: 833~838.

[89] 全惠云, 江力. 求解 TSP 的演化算法. 湖南师范大学学报: 自然科学版, 1999, 22 (2): 28~34.

[90] 张纪会, 徐心和. 一种新的进化算法 —— 蚁群算法. 系统工程理论与实践, 1999, 19 (3): 84~87.

[91] 李生红. ATM 网中业务建模与路由优化问题的研究. 北京邮电大学博士学位论文, 1999.

[92] 庄昌文, 范明钰, 李春辉等. 基于协同工作方式的一种蚁群布线系统. 半导体学报, 1999, 20 (5): 400~405.

[93] 林锦, 朱文兴. 凸整数规划问题的混合蚁群算法. 福州大学学报: 自然科学版, 1999, 27 (6): 5~9.

[94] 吴庆洪, 张纪会, 徐心和. 具有变异特征的蚁群算法. 计算机研究与发展, 1999, 36 (10): 1240~1245.

[95] 马良, 蒋馥. 多目标旅行售货员问题的蚂蚁算法求解. 系统工程理论方法应用, 1999, 8 (4): 23~27.

[96] 马良. TSP 及其扩展问题的混合型启发式算法. 上海理工大学学报, 1999, 21 (1): 25~28.

[97] 马良, 蒋馥. 度限制最小树的蚂蚁算法. 系统工程学报, 1999, 14 (3): 211~214.

[98] 马良. 来自昆虫世界的寻优策略 —— 蚂蚁算法. 自然杂志, 1999, 21 (3): 161~163.

[99] Ma Liang, Wang Longde. A new algorithm for solving multicriteria shortest path problem. Journal of Systems Science and Systems Engineering, 1999, 8 (3): 335~339.

[100] Ma Liang. Ant algorithm for a kind of nonlinear traveling salesman problem // Proc. of '99 Int. Conf. on Management Science & Engineering. Harbin Institute of Technology Press, 1999: 448~452.

[101] 马良. 离散系统优化的蚂蚁算法研究. 上海交通大学博士学位论文, 1999.

[102] Onwubolu G C. Ants can schedule flow shops // Industrial Engineering Research 2000 Conf. & Industrial Engineering Solutions 2000 Conf.. Cleveland. Ohio. USA, May21~23 & May22~24, 2000: 1~8.

[103] Merkle D, Middendorf M. An ant algorithm with a new pheromone evaluation rule for total tardiness problems // Proc. of the EvoWorkshops2000, Edinburgh. Scotland. UK, April, LNCS1803.Berlin, Heidelberg: Springer-Verlag,2000: 287~296.

[104] Monmarche N, Venturini G, Slimane M. On how pachycondyla apicalis ants suggest a new search algorithm. Future Generation Computer Systems, 2000, 16 (8): 937~946.

[105] Dorigo M, Bonabeau E, Theraulaz G. Ant algorithms and stigmergy. Future Generation Computer Systems, 2000, 16 (8): 851~871.

[106] Gambardella L M, Dorigo M. An Ant Colony System Hybridized with a New Local Search for the Sequential Ordering Problem. INFORMS Journal on Computing, 2000, 12 (3): 237~255.

[107] Merkle D, Middendorf M, Schmeck H. Ant colony optimization for resource-constrained project scheduling // Proc. of the Genetic and Evolutionary Computation Conf. (GECCO-2000).San Francisco: Morgan Kaufmann Publishers. CA, 2000: 893~900.

[108] Stutzle T, Hoos H H. MAX-MIN ant system. Future Generation Computer Systems, 2000, 16 (8): 889~914.

[109] Gutjahr W J. A graph-based ant system and its convergence. Future Generation Computer Systems, 2000, 16 (8): 873~888.

[110] Bonabeau E, Theraulaz G. Swarm smarts. Scientific American, 2000, 282 (3): 54~61.

[111] Bonabeau E, Dorigo M, Theraulaz G. Inspiration for optimization from social insect behaviour. Nature, 2000, 406 (6791): 39~42.

[112] Campos M, Bonabeau E,Theraulaz G, et al. Dynamic scheduling and division of labor in social insects. Adaptive Behavior, 2000, 8 (3): 83~96.

[113] Maniezzo V, Carbonaro A. An ants heuristic for the frequency assignment problem. Future Generation Computer Systems, 2000, 16 (8): 927~935.

[114] Solnon C. Solving permutation constraint satisfaction problems with artificial ants // Proc. of the 14th European Conf. on Artificial Intelligence. IOS Press. Amsterdam. The Netherlands, 2000: 118~122.

[115] Roux O, Fonlupt C, Robilliard D. Co-operative improvement for a combinatorial optimization Algorithm // C Fonlupt et al.(eds.) AE'99, LNCS1829. Berlin, Heidelberg:Springer-Verlag, 2000: 231~241.

[116] Shelokar P S, Adhikari S, Vakil R, et al. Multiobjective ant algorithm for continuous function optimization: combination of strength Pareto fitness assignment and thermodynamic clustering. Foundations of Computing and Decision Sciences, 2000, 25 (4): 213~230.

[117] Schoofs L, Naudts B. Ant colonies are good at solving constraint satisfaction problems // 2000 Congress on Evolutionary Computation (CEC'00): Evolution at Work. LaJolla. California. USA, July 16~19. 2000: 1190~1195.

[118] Jayaraman V K, Kulkarni B D, Karale S, et al. Ant colony framework for optimal design and scheduling of batch plants. Computers and Chemical Engineering, 2000, 24 (8): 1901~1912.

[119] Lu Guoying,Lin Zemin,Zhou Zheng. Multicast routing based on ant algorithm for delay-bounded and load-balancing traffic // Proc. of the 25th Annual IEEE Conf. on Local Computer Networks. LCN2000, 2000: 362~368.

[120] Kawamura H, Yamamoto M, Suzuki K, et al. Multiple ant colonies algorithm based on colony level interactions. IEICE Transactions on Fundamentals, 2000, E83-A (2): 371~379.

[121] 张纪会, 高齐圣, 徐心和. 自适应蚁群算法. 控制理论与应用, 2000, 17 (1): 1~3.

[122] 张素兵, 吕国英, 刘泽民等. 基于蚂蚁算法的 QoS 路由调度方法. 电路与系统学报, 2000, 5 (1): 1~5.

[123] 张素兵, 刘泽民. 基于蚂蚁算法的分级 QoS 路由调度方法. 北京邮电大学学报, 2000, 23 (4): 11~15.

[124] 李生红, 刘泽民, 周正. ATM 网上基于蚂蚁算法的 VC 路由选择方法. 通信学报, 2000, 21 (1): 22~28.

[125] 赵凯, 王珏. 适应性计算. 模式识别与人工智能, 2000, 13 (4): 407~414.

[126] 张徐亮, 张晋斌. 基于协同学习的蚁群电缆敷设系统. 计算机工程与应用, 2000, 36 (5): 181~182.

[127] 约翰·霍兰. 隐秩序 —— 适应性造就复杂性. 上海: 上海科技教育出版社, 2000.

[128] 玄光男, 程润伟. 遗传算法与工程设计. 北京: 科学出版社, 2000.

[129] 马良. 中国 144 城市 TSP 的蚂蚁搜索算法. 计算机应用研究, 2000, 17 (1) (J): 36~37,43.

[130] 马良. 旅行推销员问题的算法综述. 数学的实践与认识, 2000, 30 (2): 156~165.

[131] 邱模杰, 马良. 约束平面选址问题的蚂蚁算法. 上海理工大学学报, 2000, 22 (3): 217~220.

[132] 马良. 全局优化的一种新方法. 系统工程与电子技术, 2000, 22 (9): 61~62,83.

[133] Yu I K, Song Y H. A novel short-term generation scheduling technique of thermal units using ant colony search algorithms. Electrical Power and Energy Systems, 2001, 23 (6): 471~479.

[134] Cordone R, Maffioli F. Coloured ant system and local search to design local telecommunication networks // E J W.Boers et al.(eds.) EvoWorkshop2001, LNCS2037. Berlin, Heidelberg Springer-Verlag, 2001: 60~69.

[135] Sandalidis H G, Mavromoustakis K, Stavroulakis P. Performance measures of an ant based decentralised routing scheme for circuit switching communication networks. Soft Computing, 2001, 5 (4): 313~317.

[136] Dorigo M. Ant algorithms solving difficult optimization problems // J Kelemen, P Sosik (eds.). ECAL2001, LNAI2159. Berlin, Heidelberg:Springer-Verlag,2001: 11~22.

[137] Merkle D, Middendorf M. A new approach to solve permutation scheduling problems with ant colony optimization // E J W Boers, et al.(eds.). EvoWorkshop2001, LNCS2037. Berlin, Heidelberg:Springer-Verlag, 2001: 484~494.

[138] Jayaraman V K, Kulkarni B D, Gupta K,et al. Dynamic optimization of fed-batch bioreactors using the ant algorithm. Biotechnology Progress, 2001, 17 (1): 81~88.

[139] Sumpter D J T, Blanchard G B, Broomhead D S. Ants and agents: a process algebra approach to modeling ant colony behaviour. Bulletin of Mathematical Biology, 2001, 63 (5): 951~980.

[140] Guntsch M, Middendorf M. Pheromone modification strategies for ant algorithms applied to dynamic TSP // Lecture Notes in Computer Science, Springer-Verlag, 2001, 2037: 213~222.

[141] 李敏强, 寇纪松. 遗传算法的一种非单调适应值标度变换方法. 自然科学进展, 2001, 11 (5): 530~536.

[142] 侯立文, 蒋馥. 一种基于蚂蚁算法的交通分配方法及其应用. 上海交通大学学报, 2001, 35 (6): 930~933.

[143] 张素兵, 刘泽民. 基于蚂蚁算法的时延受限分布式多播路由研究. 通信学报, 2001, 22 (3): 70~74.

[144] 李生红, 潘理, 诸鸿文等. 基于蚂蚁算法的组播路由调度方法. 计算机工程, 2001, 27 (4): 63~65.

[145] 庄昌文. 超大规模集成电路若干布线算法研究. 博士学位论文, 电子科技大学, 2001.

[146] 王颖, 谢剑英. 一种基于蚁群系统的多点路由新算法. 计算机工程, 2001, 27 (1): 55~56, 75.

[147] 王颖, 谢剑英. 一种基于改进蚁群算法的多点路由算法. 系统工程与电子技术, 2001, 23 (8): 98~101.

[148] 陈烨. 带杂交算子的蚁群算法. 计算机工程, 2001, 27 (12): 74~76, 176.

[149] 何靖华, 肖人彬, 师汉民. 蚂蚁算法在机构同构判定中的实现. 模式识别与人工智能, 2001, 14 (4): 406~412.

[150] 李艳君, 吴铁军. 连续空间优化问题的自适应蚁群系统算法. 模式识别与人工智能, 2001, 14 (4): 423~427.

[151] 吴斌, 史忠植. 一种基于蚁群算法的 TSP 问题分段求解算法. 计算机学报, 2001, 24 (12): 1328~1333.

[152] 张治中, 何荣希, 张云麟等. 基于蚂蚁算法的 WDM 网络动态逻辑拓扑重配置. 通信学报, 2001, 22 (11): 42~49.

[153] 郑肇葆. 协同模型与遗传算法的集成. 武汉大学学报: 信息科学版, 2001, 26 (5): 381~386.

[154] 黄樟灿, 吴方才, 胡焕林. 基于信息素的整体规划的演化求解. 计算机应用研究, 2001, 18 (7): 27~29.

[155] 陈根军, 王磊, 唐国庆. 基于蚁群最优的输电网络扩展规划. 电网技术, 2001, 25 (6): 21~24.

[156] 约翰 · 霍兰. 涌现 —— 从混沌到有序. 上海: 上海科学技术出版社, 2001.

[157] 马良, 项培军. 蚂蚁算法在组合优化中的应用. 管理科学学报, 2001, 4 (2): 32~37.

[158] 潘威海, 马良. 蚂蚁算法在城市高密度光纤铺设优化中的应用// 2001 中国控制与决策学术年会论文集. 东北大学出版社, 2001: 404~408.

[159] 马良, 王龙德. 背包问题的蚂蚁优化算法. 计算机应用, 2001, 21 (8): 4~5.

[160] 马良. 瓶颈 TSP 的蚂蚁系统优化. 计算机工程, 2001, 27 (9): 24~25.

[161] Ma Liang,Wang Longde. Artificial ant algorithm for constrained optimization. Journal of Systems Science and Systems Engineering, 2001, 10 (1): 57~61.

[162] Ma Liang,Yao Jian. A new algorithm for integer programming problem // Proc. of 2001 Int. Conf. on Management Science & Engineering. Harbin Institute of Technology Press, 2001: 534~537.

[163] 李有梅, 王文剑, 徐宗本. 关于求解难组合优化问题的蚁群优化算法. 计算机科学, 2002, 29 (3): 115~118.

[164] 王颖, 谢剑英. 一种自适应蚁群算法及其仿真研究. 系统仿真学报, 2002, 14 (1): 31~33.

[165] 王恒奎, 边耐欣, 王文等. 基于 Trimmed NURBS曲面几何特征的数字化自适应采样. 计量学报, 2002, 23 (4): 271~275.

[166] 冯祖洪, 徐宗本. 用混合型蚂蚁群算法求解 TSP 问题. 工程数学学报, 2002, 19 (4): 35~39.

[167] 郝晋, 石立宝, 周家启. 求解复杂 TSP 问题的随机扰动蚁群算法. 系统工程理论与实践, 2002, 22 (9): 88~91, 136.

[168] 张宗永, 孙静, 谭家华. 蚁群算法的改进及其应用. 上海交通大学学报, 2002, 36 (11): 1564~1567.

[169] 陈义保, 姚建初, 钟毅芳等. 基于蚁群系统的工件排序问题的一种新算法. 系统工程学报, 2002, 17 (5): 476~480.

[170] 陈崚, 沈洁, 秦玲. 蚁群算法求解连续空间优化问题的一种方法. 软件学报, 2002, 13(12): 2317~2322.

[171] 高玮, 郑颖人. 蚁群算法及其在硐群施工优化中的应用. 岩石力学与工程学报, 2002, 21 (4): 471~474.

[172] 黄岚, 王康平, 周春光等. 基于蚂蚁算法的混合方法求解旅行商问题. 吉林大学学报: 理学版, 2002, 40 (4): 369~373.

[173] 刘道海, 方毅, 黄樟灿. 一种求解组合优化问题的演化算法. 武汉大学学报: (理学版), 2002, 48 (3): 315~318.

[174] 李智, 许川佩等. 基于蚂蚁算法的同步时序电路初始化研究. 电子测量与仪器学报, 2002, 16 (4): 33~38.

[175] 郝晋, 石立宝, 周家启. 一种求解最优机组组合问题的随机扰动蚁群优化算法. 电力系统自动化, 2002, 26 (23): 23~28.

[176] 顾军华, 侯向丹, 宋洁等. 基于蚂蚁算法的 QoS 组播路由问题求解. 河北工业大学学报, 2002, 31 (4): 19~24.

[177] 陈昌富, 谢学斌. 露天采矿边坡临界滑动面搜索蚁群算法研究. 湘潭矿业学院学报, 2002, 17 (1): 62~64.

[178] 徐宁, 朱小科, 刘良萍等. 用于两端线网布线的蚁群系统方法. 计算机辅助设计与图形学学报, 2002, 14 (5): 410~412.

[179] 王颖, 谢剑英. 一种基于蚁群算法的多媒体网络多播路由算法. 上海交通大学学报, 2002, 36 (4): 526~528, 531.

[180] 丁亚平, 苏庆德, 吴庆生. 化学蚁群算法与多组分导数荧光光谱解析. 高等学校化学学报, 2002, 23 (9): 1695~1697.

[181] 丁亚平, 刘平阳, 苏庆德等. 化学蚁群算法及其在光谱解析中的应用. 计算机与应用化学, 2002, 19 (3): 326~328.

[182] 王志刚, 杨丽徙, 陈根永. 基于蚁群算法的配电网网架优化规划方法. 电力系统及其自动化学报, 2002, 14 (6): 73~76.

[183] 金飞虎, 洪炳熔, 高庆吉. 基于蚁群算法的自由飞行空间机器人路径规划. 机器人, 2002, 24 (6): 526~529.

[184] Chen Yibao,Yao Jianchu,ZhongYifang. Ant system based optimization algorithm and its applications in identical parallel machine scheduling. Journal of Systems Engineering and Electronics, 2002, 13 (3): 78~85.

[185] Vincent T, Nicolas M, Fabrice T, et al. An ant colony optimization algorithm to solve a 2-machine bicriteria flow shop scheduling problem. European Journal of Operational Research,

2002, 142 (2): 250~257.

[186] Cui Xueli,Ma Liang,Fan Bingquan. Ant colony optimization for VRP // Proc. of 2002 Int. Conf. on Management Science & Engineering (Vol.II). Harbin Institute of Technology Press, 2002: 2057~2061.

[187] Ma Liang,YaoJian,Cui Xueli. Ant search algorithm for multi-objective 0-1 knapsack problem // Proc. of 2002 Int. Conf. on Management Science & Engineering (Vol.II). Harbin Institute of Technology Press, 2002: 2598~2601.

[188] 马良. 基于蚂蚁算法的函数优化. 控制与决策, 2002, 17 (Suppl.): 719~722, 726.

[189] 林国辉, 马正新, 王勇前等. 基于蚂蚁算法的拥塞规避路由算法. 清华大学学报, 2003, 43 (1): 1~4.

[190] LI Yan-Jun,WU Tie-Jun. A nested hybrid ant colony algorithm for hybrid production scheduling problems. 自动化学报, 2003, 29 (1): 95~101.

[191] 张铃, 程军盛. 松散的脑袋 —— 群体智能的数学模型. 模式识别与人工智能, 2003, 16 (1): 1~5.

[192] 蒋建国, 骆正虎, 张浩等. 基于改进型蚁群算法求解旅行 Agent 问题. 模式识别与人工智能, 2003, 16 (1): 6~10.

[193] 徐婕, 詹士昌. 动态调整信息素的蚁群算法. 汉中师范学院学报 (自然科学版), 2003, 21 (2): 31~35.

[194] 陈峻, 沈洁, 秦玲. 蚁群算法进行连续参数优化的新途径. 系统工程理论与实践, 2003, 23 (3): 48~53.

[195] 陶军, 顾冠群. 基于移动代理的蚂蚁算法在 QoS 路由选择中的应用研究. 计算机研究与发展, 2003, 40 (2): 180~186.

[196] 赵强, 敬东, 李正. 蚁群算法在配电网规划中的应用. 电力自动化设备, 2003, 23 (2): 52~54.

[197] 陈峻, 沈洁, 秦玲, 陈宏建. 基于分布均匀度的自适应蚁群算法. 软件学报, 2003, 14 (8): 1379~1387.

[198] 詹士昌, 徐婕, 吴俊. 蚁群算法中有关算法参数的最优选择. 科技通报, 2003, 19 (5): 381~386.

[199] 高尚, 钟娟, 莫述军. 多处理机调度问题的蚁群算法. 微型电脑应用, 2003, 19 (4): 9~10, 16.

[200] 庄晓东, 孟庆春, 高云. 复杂环境中基于人工势场优化算法的最优路径规划. 机器人, 2003, 25 (6): 531~535.

[201] 孙焘, 王秀坤, 刘业欣等. 一种简单蚂蚁算法及其收敛性分析. 小型微型计算机系统, 2003, 24 (8):1524~1527.

[202] 游道明, 陈坚. 用蚂蚁算法解决多目标 TSP 问题. 小型微型计算机系统, 2003, 24 (10): 1808~1811.

[203] 曹浪财, 罗键, 李天成. 智能蚂蚁算法 —— 蚁群算法的改进. 计算机应用研究, 2003, 20 (10): 62~64.

[204] 丁建立, 陈增强, 袁著祉. 基于动态聚类邻域分区的并行蚁群优化算法. 系统工程理论与实践, 2003, 23 (9): 105~110.

[205] 杨勇, 宋晓峰, 王建飞等. 蚁群算法求解连续空间优化问题. 控制与决策, 2003, 18 (5): 573~576.

[206] 董玉成, 陈义华. 基于蚂蚁算法的移动机器人路径规划. 重庆大学学报 (自然科学版), 2003, 26 (3): 49~51.

[207] 陈峻, 秦玲, 陈宏建等. 具有感觉和知觉特征的蚁群算法. 系统仿真学报, 2003, 15 (10): 1418~1425.

[208] 黄晶, 王峻峰. 基于蚂蚁算法的拆卸序列优化. 武汉理工大学学报:(交通科学与工程版), 2003, 27 (3): 306~309.

[209] 王成华, 夏绪勇, 李广信. 基于应力场的土坡临界滑动面的蚂蚁算法搜索技术. 岩石力学与工程学报, 2003, 22 (5): 813~819.

[210] 邱峰, 陈学广, 迟嘉昱. 一种改进的蚂蚁算法在多目标配路中的应用. 华中科技大学学报 (自然科学版), 2003, 31 (4): 39~41.

[211] 李智, 许川佩, 莫玮等. 基于蚂蚁算法和遗传算法的同步时序电路初始化. 电子学报, 2003, 31 (8): 1276~1280.

[212] 丁建立, 陈增强, 袁著祉. 遗传算法与蚂蚁算法的融合. 计算机研究与发展, 2003, 40 (9): 1351~1356.

[213] 赵虎, 李睿. 蚂蚁算法在车间作业调度问题中的应用. 计算机工程与应用, 2003, 39 (22): 6~8.

[214] 丁建立, 陈增强, 袁著祉. 基于自适应蚂蚁算法的动态最优路由选择. 控制与决策, 2003, 18 (6): 751~753, 757.

[215] 郜庆路, 罗欣, 杨叔子. 基于蚂蚁算法的混流车间动态调度研究. 计算机集成制造系统, 2003, 9 (6): 456~459, 475.

[216] 王笑蓉, 吴铁军. Flowshop 问题的蚁群优化调度方法. 系统工程理论与实践, 2003, 23 (5): 65~71.

[217] 于永新, 张新荣. 基于蚁群系统的多选择背包问题优化算法. 计算机工程, 2003, 29 (20): 75~76, 84.

[218] 王笑蓉. 蚁群优化的理论模型及在生产调度中的应用研究. 浙江大学博士学位论文, 2003.

[219] 高尚, 钟娟, 莫述军. 连续优化问题的蚁群算法研究. 微机发展, 2003, 13 (1): 21~22, 69.

[220] 高尚. 武器 - 目标分配问题的蚁群算法. 计算机工程与应用, 2003, 39 (3): 78~79.

[221] 毕军, 付梦印, 张宇河. 一种改进的蚁群算法求解最短路径问题. 计算机工程与应用, 2003, 39 (3): 107~109.

[222] 杨晓华, 杨志峰, 郦建强. 蚁群加速遗传算法在水环境优化问题中的应用. 水电能源科学, 2003, 21 (4): 42~45.

[223] 业宁, 梁作鹏, 董逸生. 基于蚁群算法的 Web 站点导航. 应用科学学报, 2003, 21 (4): 357~361.

[224] 詹士昌, 徐婕. 用于多维函数优化的蚁群算法. 应用基础与工程科学学报, 2003, 11 (3): 223~229.

[225] 丁滢颖, 何衍, 蒋静坪. 基于蚁群算法的多机器人协作策略. 机器人, 2003, 25 (5): 414~418.

[226] 陈昌富, 龚晓南, 王贻荪. 自适应蚁群算法及其在边坡工程中的应用. 浙江大学学报 (工学版), 2003, 37 (5): 566~569.

[227] 宁春林, 田国会, 尹建芹等. Max-Min 蚁群算法在固定货架拣选路径优化中的应用. 山东大学学报 (工学版), 2003, 33 (6): 676~680.

[228] 洪炳熔, 金飞虎, 高庆吉. 基于蚁群算法的多层前馈神经网络. 哈尔滨工业大学学报, 2003, 35 (7): 823~825.

[229] 夏火松. 多 Agent 分布式的市场营销知识获取结构. 计算机工程, 2003, 29 (7): 178~180.

[230] 俞龙江, 彭喜源, 彭宇. 基于蚁群算法的测试集优化. 电子学报, 2003, 31 (8): 1178~1181.

[231] 张国钢, 耿英三, 王建华. 基于蚁群并行算法的电气接线路径优化及仿真. 系统仿真学报, 2003, 15 (8): 1091~1094.

[232] 高坚. 基于自适应蚁群法的多受限网络 QoS 路由优化. 计算机工程, 2003, 29 (19): 40~41, 67.

[233] 董梅, 谢楠琳. 基于蚂蚁行为的景点群最优路线选择. 计算机工程, 2003, 29 (19): 142~143, 173.

[234] 杨欣斌, 孙京诰, 黄道. 一种进化聚类学习新方法. 计算机工程与应用, 2003, 39 (15): 60~62.

[235] 高坚. 基于并行多种群自适应蚁群算法的聚类分析. 计算机工程与应用, 2003, 39 (25): 78~79, 82.

[236] 陈敬宁, 何桂贤. 带杂交、变异因子的自适应蚁群算法在电力系统无功优化中的应用. 继电器, 2003, 31 (11): 36~39, 43.

[237] 张华, 王秀坤, 孙焘. 蚁群算法在考试安排中的应用. 计算机工程与设计, 2003, 24 (12): 62~64.

[238] 丁建立, 陈增强, 袁著祉. 智能仿生算法及其网络优化中的应用研究进展. 计算机工程与应用, 2003, 39(12): 10~15.

[239] 杨浩澜, 黄开莉, 陈继努. 一种网络负载平衡算法研究与改进. 通信技术, 2003, (10): 55~56, 59.

[240] 许耀华, 胡愈军. 一种基于蚁群算法的 CDMA 多用户检测方法. 通信学报, 2003, 24 (11A): 28~33.

[241] 丁建立, 陈增强, 袁著祉. 基于混合蚂蚁算法的网络资源均衡与优化. 仪器仪表学报, 2003, 24 (4) 增刊: 592~594,598.

[242] 李泉永, 龚雨兵, 杨道国等. 基于蚂蚁算法的机械结构优化设计. 机械科学与技术, 2003, 22 (增刊): 131~132, 187.

[243] 宋方, 向征. 优先队列式分支限界法和蚂蚁算法的比较. 中国民航学院学报, 2003, 21 (增刊 2): 202~205.

[244] 石为人, 余兵, 张星. 单机作业下的提前/脱期问题的蚁群调度优化算法. 仪器仪表学报, 2003 (增刊), 24 (4): 690~692.

[245] 李小珂, 韩璞, 刘丽等. 基于蚁群算法的 PID 参数寻优. 2003 全国仿真技术学术会议论文集. 计算机仿真, 2003 (增刊): 366~368.

[246] 肖帕德, 德罗斯. 物理系统的元胞自动机模拟. 北京: 清华大学出版社, 2003.

[247] 崔雪丽, 马良. 有缺货限制的 VRP 蚂蚁算法研究. 上海理工大学学报, 2003, 25 (1): 39~44.

[248] 焦敏朵, 马良. 交叉口信号配时的人工蚂蚁优化. 上海理工大学学报, 2003, 25 (2): 143~145, 176.

[249] 马良, 姚俭, 范炳全. 蚂蚁算法在交通配流中的应用. 科技通报, 2003, 19 (5): 377~380.

[250] Ma Liang,Cui Xueli,YaoJian. Finding the minimum ratio traveling salesman tour by artificial ants. Journal of Systems Engineering and Electronics, 2003, 14 (3): 24~27.

[251] Rajendran C, Ziegler H. Ant-colony algorithms for permutation flow shop Scheduling to minimize make-span/total flow time of jobs. European Journal of Operational Research, 2004, 155 (2): 426~438.

[252] Yoshiyuki Nakamichi, Takaya Arita. Diversity control in ant colony optimization. Artificial Life and Robotics, 2004, 7 (4): 198~204.

[253] 宋学军, 刘巍. 多点并行蚁群搜索在多限制动态组播中的应用研究. 电路与系统学报, 2004, 9 (1): 73~77,118.

[254] 李星, 许智宏, 沈雪勤. 网格环境中基于蚂蚁算法的任务调度策略的改进. 河北工业大学学报, 2004, 33 (1): 79~83.

[255] 谭冠政, 李文斌. 基于蚁群算法的智能人工腿最优 PID 控制器设计. 中南大学学报 (自然科学版), 2004, 35 (1): 91~96.

[256] 李智, 陈明意. 蚁群算法及其在异型螺旋槽管优化设计中的应用. 石油化工设备, 2004, 33 (2): 18~21.

[257] 李智. 基于蚁群算法的煤炭运输优化方法. 中国铁道科学, 2004, 25 (3): 126~129.

[258] 樊晓平, 罗熊, 易晟等. 复杂环境下基于蚁群优化算法的机器人路径规划. 控制与决策, 2004, 19 (2): 166~170.

[259] 詹士昌, 徐婕, 吴俊. 蚁群算法在 LQ 最优控制逆问题中的应用. 科技通报, 2004, 20 (2): 138~141.

[260] 段海滨, 王道波. 蚁群算法的全局收敛性研究及改进. 系统工程与电子技术, 2004, 26 (10): 1506~1509.

[261] 徐勋倩, 王亚萍. 用蚂蚁算法处理固定需求交通平衡分配问题. 南通工学院学报 (自然科学版), 2004, 3 (2): 24~27.

[262] 孙京诰, 李秋艳, 杨欣斌等. 基于蚁群算法的故障识别. 华东理工大学学报, 2004, 30 (2): 194~198

[263] 张航, 罗熊. 蚁群优化算法的研究现状及其展望. 信息与控制, 2004, 33 (3): 318~324.

[264] 赵建有, 闫旺, 胡大伟. 配送网络规划蚁群算法. 交通运输工程学报, 2004, 4 (3): 79~81.

[265] 李智. 基于改进型蚁群算法的货物作业车发送模型优化. 铁道运输与经济, 2004, 26 (4): 73~76.

[266] 杨冬, 王正欧. 改进的蚂蚁算法求解任务分配问题. 天津大学学报, 2004, 37 (4): 373~376.

[267] 高尚, 杨静宇, 吴小俊等. 圆排列问题的蚁群模拟退火算法. 系统工程理论与实践, 2004, 24 (8): 102~106.

[268] 高尚, 杨静宇, 吴小俊. 聚类问题的蚁群算法. 计算机工程与应用, 2004, 40 (8): 90~91, 232.

[269] 范辉, 华臻, 李晋江等. 点覆盖问题的蚂蚁算法求解. 计算机工程与应用, 2004, 40 (23): 71~73.

[270] 唐泳, 马永开, 唐小我. 用改进蚁群算法求解函数优化问题. 计算机应用研究, 2004, 21 (9): 89~91.

[271] 陈昌富, 龚晓南. 启发式蚁群算法及其在高填石路堤稳定性分析中的应用. 数学的实践与认识, 2004, 34 (6): 89~92.

[272] 肖杰, 周泽魁. 蚁群算法在啤酒发酵控制优化中的应用. 信息与控制, 2004, 33 (4): 508~512.

[273] 闻育, 吴铁军. 基于蚁群算法的城域交通控制实时滚动优化. 控制与决策, 2004, 19 (9): 1057~1059, 1063.

[274] 胡新荣, 李德华, 王天珍. 基于蚁群优化算法的彩色图像颜色聚类的研究. 小型微型计算机系统, 2004, 25 (9): 1641~1643.

[275] 孙力娟, 王良俊. 蚁群算法在 QoS 网络路由中的应用. 计算机应用, 2004, 24 (9): 65~67.

[276] 刘会霞, 王霄, 蔡兰. 钣金件数控激光切割割嘴路径的优化. 计算机辅助设计与图形学学报, 2004, 16 (5): 660~665.

[277] 杨燕, 靳蕃, Mohamed Kamel. 一种基于蚁群算法的聚类组合方法. 铁道学报, 2004, 26 (4): 64~69.

[278] 王常青, 操云甫, 戴国忠. 用双向收敛蚁群算法解作业车间调度问题. 计算机集成制造系统, 2004, 10 (7): 820~824.

[279] 刘士新, 宋健海, 唐加福. 蚁群最优化 —— 模型、算法及应用综述. 系统工程学报, 2004, 19 (5): 496~502.

[280] 丁建立, 陈增强, 袁著祉. 遗传算法与蚂蚁算法融合的马尔可夫收敛性分析. 自动化学报, 2004, 30 (4): 629~634.

[281] 闻育, 吴铁军. 求解复杂多阶段决策问题的动态窗口蚁群优化算法. 自动化学报, 2004, 30 (6): 872~879.

[282] 石立宝, 郝晋. 随机摄动蚁群算法的收敛性及其数值特性分析. 系统仿真学报, 2004, 16 (11): 2421~2424.

[283] 赵中凯, 梅国建, 沈洪等. 基于混合蚂蚁算法的二维装箱问题求解. 计算机应用, 2004(增刊), 24: 297~298.

[284] 冯远静, 冯祖仁, 彭勤科. 智能混合优化策略及其在流水作业调度中的应用. 西安交通大学学报, 2004, 38 (8): 779~782

[285] 李冬冬, 王正志, 杜耀华等. 蚂蚁群落优化算法在蛋白质折叠二维亲 —— 疏水格点模型中的应用. 生物物理学报, 2004, 20 (5): 371~374

[286] 曾洲, 宋顺林. 蚁群算法不确定性分析. 计算机应用, 2004, 24 (10): 136~138.

[287] 吴启迪, 汪镭. 智能蚁群算法及应用. 上海: 上海科技教育出版社, 2004.

[288] 李士勇等. 蚁群算法及其应用. 哈尔滨: 哈尔滨工业大学出版社, 2004.

[289] 曾建潮, 介婧, 崔志华. 微粒群算法. 北京: 科学出版社, 2004.

[290] 崔雪丽, 马良, 范炳全. 车辆路径问题 (VRP) 的蚂蚁搜索算法. 系统工程学报, 2004, 19 (4): 418~422.

[291] 金彗敏, 马良. 遗传退火进化算法在背包问题中的应用. 上海理工大学学报, 2004, 26 (6): 561~564.

[292] 宁爱兵, 马良. 对称型 TSP 下界的快速估算法. 系统工程理论与实践, 2004, 24 (12): 84~88, 99.

[293] Wang Zhou Mian, Ma Liang, Ning Ai Bing. Application of ant colony optimization to PCB routing // Proc. of 2004 Int. Conf. on Management Science & Engineering (Vol.I). Harbin Institute of Technology Press, 2004, 630~634.

[294] M Solimanpura, Prem Vratb, Ravi Shankar. An ant Algorithm for the single row layout problem in flexible manufacturing systems. Computers & Operations Research, 2005, 32 (3): 583~598.

[295] 梁栋, 霍红卫. 自适应蚁群算法在序列对比中的应用. 计算机仿真, 2005, 22 (1): 100~102, 106.

[296] 赵晓怡, 杨明福, 黄桂敏. 基于蚁群法的对等网模拟器的设计与实现. 计算机应用与软件, 2005, 22 (1): 85~87.

[297] 李玉华, 王征. 蚂蚁算法在日用水量预测中的应用研究. 哈尔滨工业大学学报, 2005, 37 (1): 60~62.

[298] 段海滨, 王道波, 于秀芬等. 基于云模型理论的蚁群算法改进研究. 哈尔滨工业大学学报, 2005, 37 (1): 115~119.

[299] 游世辉, 邹传平, 冯云华等. 基于随机无网格伽辽金法和蚂蚁算法的结构可靠性分析. 工程设计学报, 2005, 12 (1): 35~38.

[300] 陈云飞, 刘玉树, 范洁等. 火力优化分配问题的小生境遗传蚂蚁算法. 计算机应用, 2005, 25 (1): 206~209.

[301] 胡小兵, 黄席樾. 基于混合行为蚁群算法的研究. 控制与决策, 2005, 20 (1): 69~72.

[302] 张勇德, 黄莎白. 多目标优化问题的蚁群算法研究. 控制与决策, 2005, 20 (2): 170~173, 178.

[303] 陈宏建, 陈崚, 徐晓华等. 改进的增强型蚁群算法. 计算机工程, 2005, 31 (2): 176~178.

[304] 李智, 常晓萍. 基于改进型蚁群算法的内燃机配气凸轮机构型线动力学优化设计. 机械强度, 2005, 27 (2): 146~150.

[305] 白俊强, 柳长安. 基于蚁群算法的无人机航路规划. 飞行力学, 2005, 23 (2): 35~38.

[306] 詹士昌, 徐婕. 蚁群算法在水位流量关系拟合中的应用. 杭州师范学院学报 (自然科学版), 2005, 4 (2): 109~113.

[307] 杨荣华, 王新洲, 牛瑞芳. 非线性最小二乘估计的蚁群单纯形混合算法. 地理空间信息, 2005, 3 (3): 51~53.

[308] 徐刚, 马光文, 梁武湖等. 蚁群算法在水库优化调度中的应用. 水科学进展, 2005, 16 (3): 397~400.

[309] 陈卓, 孟庆春, 魏振钢. 基于群体智能理论的聚类模型及优化算法. 计算机工程, 2005, 31 (4): 34~36.

[310] 王一清, 宋爱国, 黄惟一. 基于 Bayes 决策的蚁群优化算法. 东南大学学报, 2005, 35 (4): 558~562.

[311] 刘志硕, 申金升. 基于解均匀度的车辆路径问题的自适应蚁群算法. 系统仿真学报, 2005, 17 (5): 1079~1083.

[312] 王春峰, 赵欣, 韩冬. 基于改进蚁群算法的商业银行信用风险评估方法. 天津大学学报 (社会科学版), 2005, 7 (2): 81~85.

[313] 陆骏, 王小平, 曹立明. 一种基于蚁群算法的车辆导航系统模拟模型. 计算机应用与软件, 2005, 22 (4): 17~18, 98.

[314] 华山, 张洁. 应用蚂蚁算法解决 JSSP 问题时挥发系数的研究. 机械制造, 2005, 43 (5): 42~44.

[315] 李智, 李战胜, Yigong LOU. 基于蚁群算法的内燃机配气机构凸轮型线的动力学仿真. 农业工程学报, 2005, 21 (6): 64~67.

[316] 王俊峰, 朱庆保. 基于蚁群算法的知识约简. 南京师范大学学报 (工程技术版), 2005, 5 (2): 50~53.

[317] 王旭, 崔平远, 陈阳舟. 基于蚁群算法求路径规划问题的新方法及仿真. 计算机仿真, 2005, 22 (7): 60~62, 78.

[318] 刘志硕, 申金升, 柴跃廷. 基于自适应蚁群算法的车辆路径问题研究. 控制与决策, 2005, 20 (5): 562~566.

[319] 尹晓峰, 刘春煌. 二次指派问题的蚁群算法研究. 铁道运输与经济, 2005, 27 (5): 68~70.

[320] 李磊, 李彤. 两级多目标规划全局优化问题的一种算法. 电机与控制学报, 2005, 9 (5): 504~507, 511.

[321] 沈洁, 林颖, 陈志敏等. 基于增量式蚁群聚类的用户访问模式挖掘. 计算机应用, 2005, 25 (7): 1654~1657, 1660.

[322] 高尚. 解旅行商问题的混沌蚁群算法. 系统工程理论与实践, 2005, 25 (9): 100~104, 125.

[323] 胡小兵, 黄席樾. 基于蚁群优化算法的 0-1 背包问题求解. 系统工程学报, 2005, 20 (5): 520~523, 529.

[324] 周干民, 尹勇生, 胡永华等. 基于蚁群优化算法的 NoC 映射. 计算机工程与应用, 2005, 41 (18): 7~10, 150.

[325] 王秀宏, 赵胜敏. 利用蚂蚁算法求解图的着色问题. 内蒙古农业大学学报, 2005, 26 (3): 79~82.

[326] 高尚, 杨静宇. 非线性整数规划的蚁群算法. 南京理工大学学报, 2005, 29 (Supp.): 120~123.

[327] 邢文训, 谢金星. 现代优化计算方法 (第 2 版). 北京: 清华大学出版社, 2005.

[328] 段海滨. 蚁群算法原理及其应用. 北京: 科学出版社, 2005.

[329] 宁爱兵, 马良. 0/1 背包问题快速降阶法及其应用. 系统工程理论方法应用, 2005, 14 (4): 372~375.

[330] 梁静, 钱省三, 马良. 基于双层蚂蚁算法的半导体炉管制程批调度研究. 系统工程理论与实践, 2005, 25 (12): 96~101.

[331] 修春波等. 蚁群混沌混和优化算法. 计算机工程与应用, 2006, 2 (1): 43~47.

[332] 杨文国, 郭田德. 求解最小 Steiner 树的蚁群优化算法及其收敛性. 应用数学学报, 2006, 29 (2): 352~361.

[333] 刘瑞杰, 覃明, 须文波. ACS 算法在矩形件优化排料中的应用. 计算机工程与设计, 2006, 27 (2): 356~358.

[334] 郑宣耀, 滕少华. 双种群改进蚁群算法. 计算机辅助工程, 2006, 15 (2): 67~70.

[335] 陈旭, 宋爱国. 蚂蚁算法与免疫算法结合求解 TSP 问题. 传感技术学报, 2006, 19 (2): 504~507.

[336] 王雄志, 林福永. 流水车间作业排序问题蚁群算法研究. 运筹与管理, 2006, 15 (3): 80~84.

[337] 陈娟, 陈峻. 多重序列比对的蚁群算法. 计算机应用, 2006, 26 (6): 124~128.

[338] 朱勇, 周国标. 一类改进的蚁群算法及其收敛性分析. 兰州理工大学学报, 2006, 32 (2): 82~85.

[339] 郭惠昕. 基于蚂蚁算法的混合离散变量机械优化设计方法. 机械设计与研究, 2006, 22 (3): 11~12, 26.

[340] 陈歆, 罗四维. 基于蚂蚁算法的网格任务分配算法研究. 计算机技术与发展, 2006, 16 (3): 98~100.

[341] 高尚, 杨静宇. 最短路的蚁群算法收敛性分析. 科学技术与工程, 2006, 6 (3): 273~277.

[342] 练继建, 马超, 张卓. 基于改进蚂蚁算法的梯级水电站短期优化调度. 天津大学学报, 2006, 39 (3): 264~268.

[343] 刘志硕, 柴跃廷, 申金升. 蚁群算法及其在有硬时间窗的车辆路径问题中的应用. 计算机集成制造系统, 2006, 12 (4): 596~602.

[344] 于滨, 程春田, 杨忠振等. 一种改进的粗粒度并行蚁群算法. 系统工程与电子技术, 2006, 28 (4): 626~629.

[345] 赵霞. MAX- MIN 蚂蚁系统算法及其收敛性证明. 计算机工程与应用, 2006, 42 (8): 70~72, 226.

[346] 夏国成, 赵佳宝. 智能蚂蚁算法求解多目标 TSP 问题的改进研究. 计算机工程与应用, 2006, 42 (9): 56~59.

[347] 柳林, 朱建荣. 基于混合蚂蚁算法的物流配送路径优化问题研究. 计算机工程与应用, 2006, 42 (13): 203~205, 221.

[348] 秦固. 基于蚁群优化的多物流配送中心选址算法. 系统工程理论与实践, 2006, 26 (4): 120~124.

[349] 赵培忻, 马建华, 赵炳新. 随机装卸工问题的新型变异蚁群算法. 系统工程理论与实践, 2006, 26 (8): 109~115.

[350] 贺建民, 闵锐. 多 Agent 系统中蚁群算法的设计与实现. 微电子学与计算机, 2006, 23 (10): 32~34.

[351] 宋雪梅, 李兵, 李晓颖. 一种求解连续对象优化问题的改进蚁群算法. 微电子学与计算机, 2006, 23 (10): 173~175, 180.

[352] 许可证, 赵勇. 面向方案组合优化设计的混合遗传蚂蚁算法. 计算机辅助设计与图形学学报, 2006, 18 (10): 1587~1593.

[353] 李爱梅, 尤庆华. 基于蚁群智能的物流配送系统车辆线路优化算法. 上海海事大学学报, 2006(增刊), 27: 34~39.

[354] 赵玲, 刘三阳. 基于蚂蚁搜索度约束最小生成树的改进算法. 计算机仿真, 2006, 23 (10): 164~166, 198.

[355] 高尚, 杨静宇. 群智能算法及其应用. 北京: 中国水利水电出版社, 2006.

[356] Dorigo, M. (Editor). Ant colony optimization and swarm intelligence // Lecture Notes in Computer Science. Springer Verlag, 2006.

[357] Mohammad A, Miguel M. Application of an ant algorithm for layout optimization of tree networks. Engineering Optimization, 2006, 38 (3): 353~369.

[358] Bui T N. Nguyen T H. An agent-based algorithm for generalized graph colorings // Proceedings of the Genetic and Evolutionary Computation Conference (GECCO 2006). ACM Press, Seattle, 2006: 19~26.

[359] Chia-Ho Chen, Ching-Jung Ting. An improved ant colony system algorithm for the vehicle routing problem. Journal of the Chinese Institute of Industrial Engineers, 2006,23 (2): 115~126.

[360] 朱刚, 马良. 基于元胞自动机的物流系统选址模型. 上海理工大学学报, 2006, 28 (1): 19~22.

[361] 徐晓明, 王周缅, 马良, 孙泽昌. 燃料电池发动机优化控制的建模与蚂蚁算法研究. 上海理工大学学报, 2006, 28 (2): 153~158.

[362] 宁爱兵, 马良, 王周缅. 瓶颈 TSP 下界快速算法. 科学技术与工程, 2006, 6 (9): 1260~1263.

[363] 金彗敏, 马良, 王周缅. 欧氏 Steiner 最优树的快速算法. 计算机应用研究, 2006, 23 (5): 60~62.

[364] 金彗敏, 马良, 王周缅. 欧氏 Steiner 最小树的智能优化算法. 计算机工程, 2006, 32 (10): 201~203.

[365] 马良. 基础运筹学教程. 北京: 高等教育出版社, 2006.

[366] 赵霞, 田恩刚. 蚁群系统 (ACS) 及其收敛性证明. 计算机工程与应用, 2007, 43(5):67~70.

[367] 张亚南, 阚树林, 王越. 用蚁群算法解决动态设施布置问题. 工业工程, 2007, 10 (2): 107~111.

[368] Marco Dorigo, Thomas Stutzle. 蚁群优化. 张军, 胡晓敏, 罗旭耀等译. 北京: 清华大学出版社, 2007.

[369] 朱刚, 马良, 高岩. 元胞蚂蚁算法的收敛性分析. 系统仿真学报, 2007, 19 (7): 1442~1444, 1459.

[370] 朱刚, 马良. TSP 的元胞蚂蚁算法求解. 计算机工程与应用, 2007, 43 (10): 79~80, 100.

[371] 朱刚, 马良. 函数优化的元胞蚂蚁算法. 系统工程学报, 2007, 22(3):305~308.

[372] 廖飞雄, 马良. 图着色问题的启发式搜索蚂蚁算法. 计算机工程, 2007, 33(16):191~192,195.

[373] 崔雪丽, 马良. 多目标 0-1 规划的蚂蚁优化算法. 计算机应用与软件, 2007, 24 (7)：23~24, 68.

[374] 王洪刚, 李高雅, 马良. 双目标旅行商问题及其蚂蚁算法实验研究. 上海理工大学学报, 2007, 29(5): 413~416, 428.

[375] 王周缅, 马良. 元胞蚂蚁算法的收敛性研究. 系统工程, 2008, 26(2): 94~98.

[376] 朱刚, 马良, 姚俭. 若干扩展 TSP 的元胞蚂蚁算法. 系统管理学报, 2007, 16(5): 492~496.

[377] 朱刚, 马良. 多目标函数优化的元胞蚂蚁算法. 控制与决策, 2007, 22(11): 1317~ 1320.

[378] 马良. 高级运筹学. 北京: 机械工业出版社, 2008.

附　录

中国 144 城市相对坐标数据

序号	城市名	坐标位置		序号	城市名	坐标位置	
1	北京	3639	1315	38	齐齐哈尔	4153	426
2	上海	4177	2244	39	同江	4784	279
3	天津	3712	1399	40	宝鸡	2846	1951
4	保定	3569	1438	41	汉中	2831	2099
5	承德	3757	1187	42	西安	3007	1970
6	邯郸	3493	1696	43	延安	3054	1710
7	秦皇岛	3904	1289	44	榆林	3086	1516
8	石家庄	3488	1535	45	敦煌	1838	1210
9	唐山	3791	1339	46	兰州	2562	1756
10	张家口	3506	1221	47	天水	2716	1924
11	长治	3374	1750	48	玉门	2061	1277
12	大同	3376	1306	49	张掖	2291	1403
13	临汾	3237	1764	50	青铜峡	2751	1559
14	太原	3326	1556	51	银川	2788	1491
15	运城	3188	1881	52	德令哈	2012	1552
16	包头	3089	1251	53	格尔木	1779	1626
17	二连浩特	3258	911	54	西宁	2381	1676
18	海拉尔	3814	261	55	阿克苏	682	825
19	呼和浩特	3238	1229	56	阿勒泰	1478	267
20	满州里	3646	234	57	哈密	1777	892
21	锡林浩特	3583	864	58	和田	518	1251
22	鞍山	4172	1125	59	喀什	278	890
23	大连	4089	1387	60	塔城	1064	284
24	丹东	4297	1218	61	乌鲁木齐	1332	695
25	锦州	4020	1142	62	济南	3715	1678
26	沈阳	4196	1044	63	济宁	3688	1818
27	营口	4116	1187	64	青岛	4016	1715
28	白城	4095	626	65	荣成	4181	1574
29	长春	4312	790	66	潍坊	3896	1656
30	四平	4252	882	67	烟台	4087	1546
31	通化	4403	1022	68	连云港	3929	1892
32	图门	4685	830	69	南京	3918	2179
33	哈尔滨	4386	570	70	无锡	4062	2220
34	黑河	4361	73	71	徐州	3751	1945
35	鸡西	4720	557	72	扬州	3972	2136
36	佳木斯	4643	404	73	杭州	4061	2370
37	牡丹江	4634	654	74	椒江	4207	2533

序号	城市名	坐标位置		序号	城市名	坐标位置	
75	金华	4029	2498	110	郴州	3402	2912
76	宁波	4201	2397	111	衡阳	3360	2792
77	温州	4139	2615	112	怀化	3101	2721
78	安庆	3766	2364	113	岳阳	3402	2510
79	蚌埠	3777	2095	114	广州	3439	3201
80	合肥	3780	2212	115	汕头	3792	3156
81	黄山	3896	2443	116	韶关	3468	3018
82	芜湖	3888	2261	117	深圳	3526	3263
83	赣州	3594	2900	118	湛江	3142	3421
84	景德镇	3796	2499	119	肇庆	3356	3212
85	九江	3678	2463	120	北海	3012	3394
86	南昌	3676	2578	121	桂林	3130	2973
87	萍乡	3478	2705	122	柳州	3044	3081
88	鹰潭	3789	2620	123	南宁	2935	3240
89	福州	4029	2838	124	凭祥	2765	3321
90	龙岩	3810	2969	125	海口	3140	3550
91	三明	3862	2839	126	三亚	3053	3739
92	厦门	3928	3029	127	成都	2545	2357
93	高雄	4167	3206	128	重庆	2769	2492
94	台北	4263	2931	129	攀枝花	2284	2803
95	台中	4186	3037	130	绵阳	2611	2275
96	安阳	3486	1755	131	西昌	2348	2652
97	开封	3492	1901	132	宜宾	2577	2574
98	洛阳	3322	1916	133	都匀	2860	2862
99	南阳	3334	2107	134	贵阳	2778	2826
100	信阳	3479	2198	135	六盘水	2592	2820
101	郑州	3429	1908	136	遵义	2801	2700
102	黄石	3587	2417	137	大理	2126	2896
103	沙市	3318	2408	138	个旧	2401	3164
104	十堰	3176	2150	139	昆明	2370	2975
105	武汉	3507	2376	140	畹町	1890	3033
106	襄樊	3296	2217	141	拉萨	1304	2312
107	宜昌	3229	2367	142	日喀则	1084	2313
108	常德	3264	2551	143	香港	3538	3298
109	长沙	3394	2643	144	澳门	3470	3304

后　记

由于秉性低调，对于著书立说向来以为是年届夕阳之后的余事，因此近年来一直游猎百家，述而不作. 自感疏懒有余，振奋不足，冷眼观世，意兴萧然.

因数年间不断有前辈师长的无私帮助、有关同仁的积极支持、各届学生的热忱鼓励，深感歉疚，再加多次获国家和地方有关项目的资助，不由悬起一份心事，提足十分精神，于常规工作之余整理出这本小书，冀望能对各方有一个交代.

非常感谢曾经修读过 "智能优化"、"进化计算" 等相关课程的博士生、硕士生们，从他们那里得到了不少有益的反馈，并令人欣喜地感受到了新一代年轻人的敏锐和智慧.

蚁群算法（蚂蚁算法）在国内发展近十年，现已成一热点，有关成果的文献量逐年上升，纷纶浩博，散见于各学科范畴，实难遍读. 费数年之力，勒成一书，自愧见囿窥管，读之惴惴. 书成之日，蓦感汗然，一则以喜，一则以惧. 鉴于才智不逮，学识有限，书中可能存在的谬误阙漏之处，只能留待将来以作俾补，亦望各界闳览博雅之士惠指.

最后，藉此表达一个愿望，或许也是不少读书人的心声：

"风月无今古，情怀有浅深." 相信真正的学术事业自会在阳光下薪火长传，弦歌不辍，一路悠扬. 也相信在这个喧嚣浮动的繁忙尘世间，我们都会有机会坐下来，给自己泡一杯清茶，悠悠地读一首小诗、听一缕细风、赏一钩弯月、看一片星空，以一份明朗淡雅的心情，去画一幅水墨的人生 ……

马　良

农历丁亥年仲夏

《运筹与管理科学丛书》已出版书目